内燃机工作过程 ICFD-CN 多维建模

刘金武 著

北京航空航天大学出版社

内 容 简 介

本书重点介绍内燃机工作过程采用 ICFD-CN 程序包建模和仿真的方法及操作，结合案例说明了采用 ICFD-CN 进行仿真的思路，同时展示了其庞大的计算和预测功能。另外指出了 ICFD-CN 的设计、分析功能和发展趋势。

本书共 5 章，主要内容包括：绪论，ICFD-CN 软件包逻辑结构与功能，前处理，求解，后处理。侧重于实际仿真，主要针对广大初、中级仿真用户。可以作为仿真实战的指导书和工具书，也可以作为内燃机 CAE 研究的手册和参考书，还可以作为大专院校热能与动力工程专业大学生、研究生教材。

图书在版编目(CIP)数据

内燃机工作过程 ICFD-CN 多维建模/刘金武著. --北京：北京航空航天大学出版社，2010.11

ISBN 978-7-5124-0261-4

Ⅰ. ①内… Ⅱ. ①刘… Ⅲ. ①内燃机—燃烧过程—数学模型 Ⅳ. ①TK402

中国版本图书馆 CIP 数据核字(2010)第 217551 号

内燃机工作过程 ICFD-CN 多维建模

刘金武 著

责任编辑 史 东

*

北京航空航天大学出版社出版发行

北京市海淀区学院路 37 号(邮编 100191) http://www.buaapress.com.cn

发行部电话：(010)82317024 传真：(010)82328026

读者信箱：bhpress@263.net 邮购电话：(010)82316936

北京时代华都印刷有限公司印装 各地书店经销

*

开本：787×1092 1/16 印张：10.75 字数：275 千字

2010 年 11 月第 1 版 2010 年 11 月第 1 次印刷

ISBN 978-7-5124-0261-4 定价：29.80 元

前　言

ICFD-CN是笔者在美国Los Alamos国家实验室设计的著名程序KIVA-3V基础上开发的内燃机缸内流体动力学仿真平台。由于其强大的功能、先进的CAE理念、高度开放的核心代码和便于模型创新的特点，KIVA-3V现在已经成为内燃机研究主流的仿真平台。它广泛应用于内燃机缸内流体动力学、雾化、燃料、燃烧和排放的研究，以及其他流场行为的研究，对于预测正常或特殊工况下的流场行为，降低试验成本，提高设计效率具有重要的意义。近20年来，它在我国内燃机研究领域受到广泛的关注和推崇。对KIVA-3V的掌握，已经成为我国内燃机CAE方向学者技术水平的重要标志和追求目标。

为了提升我国内燃机CAE技术水平，笔者开发出适合中国微机用户的ICFD-CN(中国微机版KIVA)；为了使读者尽快掌握KIVA-3V的使用和仿真方法，笔者集多年研究和使用KIVA的经验编写了本书。本书以ICFD-CN为背景，以案例为主线，全面介绍内燃机缸内流体动力学的仿真过程、内容、条件和方法。

本书共5章，主要内容包括：绪论，ICFD-CN软件包逻辑结构与功能，前处理，求解和后处理。每章结合案例对仿真文件的设计、操作步骤、操作结果进行讲解。全书提供了2个典型的综合性案例。希望通过这种方法让读者全面了解利用ICFD-CN的仿真过程概况，高效学习并快速掌握ICFD-CN的使用方法，尽快达到利用ICFD-CN进行内燃机仿真应用和研究的水平。

本书编著中力求结构严谨，内容全面完整，语言规范，表达手段科学易懂，图表选择经典。考虑不同的仿真水平和要求，实例侧重于实际仿真，主要针对广大初、中级仿真用户，可以作为仿真实战的指导书和工具书，也可以作为内燃机CAE研究的手册和平台，还可以作为大专院校热能与动力工程专业大学生、研究生教材。

本书配备源代码，内容包括ICFD-CN软件代码和案例文件，供学习时使用。读者可登陆北京航空航天大学出版社网站：www.buaapress.com.cn下载。

感谢美国Los Alamos国家实验室提供的技术资料，感谢湖南大学杨靖教授将我引入内燃机仿真的学科方向；感谢湖南大学博士生导师钟志华院士、龚金科教授指导我在内燃机仿真研究方向越走越坚实；感谢湖南工程学院的高为国教授、黄麓升副教授、倪小丹教授、胡竟湘教授在ICFD-CN的开发过程中给予的热情关怀；感谢厦门理工学院易际明教授、许建民讲师在本书编著过程中给予的强有力支持；感谢北京航空航天大学出版社编辑的鼎力协作。

由于本人水平有限，书中如有不足之处，肯请广大读者批评指正。

作者：刘金武

2010年6月

目　　录

1 绪 论

随着计算机技术、数值技术、工程模型技术的进步，工程领域的计算机模拟技术取得了很大进展。计算机模拟技术在机械、电气、交通、航空、军事领域以及医学、气象和农业等方面得到广泛的应用并获得了巨大的成功。计算机模拟技术大大提高了人类认识自然和改造自然的能力，提高了设计产品和制造产品的质量和效率，降低了成本，也降低了人类在探索自然、认识自然和改造自然过程中的风险。可以说，有人类活动的地方就有计算机模拟技术的研究、应用和进步。计算机模拟技术的发展目标是准确模拟自然现象和客观对象。随着人类认识自然和改造自然能力的提高，计算机模拟技术也会不断进步。人类认识自然和改造自然是无止境的，计算机模拟技术也没有止境。

随着各行各业计算机模拟技术的应用，内燃机行业也在不断探索计算机的应用技术。内燃机设计最初依赖经验，采用称为零维模型的经验公式进行计算。经验公式的计算必须结合大量的实验和大量的原型机的参数才能指导内燃机设计与研发。随着技术的进步，内燃机设计经历了从零维、一维、二维、三维到多维模型的多个阶段。每个阶段的模型都具有一定的应用范围和使用条件，发挥了一定的作用。随着模型技术的进步，模型设计中考虑的因素越来越多，越来越接近现实世界，对现实世界现象的描述越来越细化和精确。内燃机零维模型只考虑内燃机系统参数与时间的关系；内燃机一维模型考虑内燃机参数在一维空间上随时间的变化；内燃机二维模型描述了内燃机参数在二维空间上随时间的变化；内燃机三维模型则描述了内燃机参数在三维空间上随时间的变化。显然，三维模型在时空关系上更加接近自然对象。内燃机多维模型除了考虑空间和时间的关系外，还考虑了内燃机参数与燃油、喷射、湍流、燃烧、排放模型，以及环境条件等自然现象的关系。

由于对时间、空间等因素的科学描述，使得内燃机多维模型的仿真可以达到高的逼真度和合理性，接近或取代了台架实验的水平。内燃机多维模型的仿真技术在内燃机研发中所占的地位越来越高。在欧美发动机研发中，采用多维模型技术代替实验占总研发周期的三分之一。

在内燃机多维模型技术中，与缸内流场有关的多维模型在流体动力学、雾化、燃烧、排放等方面仿真中得到了大量的应用，对内燃机的研究和设计，对提高内燃机的动力性、燃油经济性以及减少排放正在起着重要的作用。

内燃机缸内流体动力学多维模型是更高级的多维模型的基础，不仅在内燃机缸内流场仿真中具有重要的作用，而且在其他空间的流场分析中同样发挥着重要的作用。内燃机雾化多维模型在研究喷油器喷嘴内部流动、喷油的喷射行为、油滴的破裂和蒸发过程、射流的碰壁行为方面都有大量的成功案例。内燃机燃烧多维模型在研究点火、火焰传播、发动机动力性和燃油经济性方面具有更多的应用实例。内燃机排放多维模型在研究 NOx、CO、SOOT、CO_2 等物质的排放方面有大量的研究报告。基于流体动力学的内燃机多维模型在多种燃料的研究、非正常温度环境的内燃机性能研究、非正常大气压下内燃机性能研究方面都显示出了优越性。

目前，根据多维模型开发的内燃机仿真软件有 FIRE、STAR-CD、KIVA 等。KIVA 是用开放的 Fortran 语言编写的计算机程序，适合用户作进一步的拓展和开发。

ICFD-CN 是基于 KIVA 开发的内燃机缸内流体动力学仿真平台，对于该平台的使用是关系到我国多维模型技术能否推广和能否造福国民的重要问题。本书主要是讲解 ICFD-CN 平台的使用步骤、方法、条件和内容。以 2 个完整的案例为线索，按照仿真操作的顺序和步骤，利用操作步骤示意图、运行结果示意图、输入输出文件示意图、参数和文件表，结合文字说明，讲解 ICFD-CN 平台的使用。本章介绍本书的撰写背景、目的、思路和方法。第 2 章概要讲解 ICFD-CN 软件包整体、各个模块逻辑结构与功能。第 3 章详细讲解前处理 IPREP 文件设计、格式，K3PREP-CN 前处理模块编译操作，前处理计算操作，前处理结果解读。第 4 章详细讲解求解 ITAPE5 文件设计和格式，ITAPE18 文件设计和格式，KIVA-3V 求解模块编译操作，求解计算操作，求解结果解读。第 5 章详细讲解后处理 IPOST 文件设计、格式，ICFDPOOST-LIU 后处理模块编译操作，后处理操作与结果，后处理结果解读。

2 ICFD-CN 软件包逻辑结构与功能

2.1 ICFD-CN 软件包逻辑结构

ICFD-CN 软件包逻辑结构包括 3 个部分，如图 2.1 所示。前处理部分主要进行网格计算，为求解提供数据文件；求解主要进行物理、化学数值计算，为后处理提供数据文件；后处理主要进行求解结果的分类、整理和文件转换计算，将求解结果转换为可读性好的数据文件、2D/3D 图形文件、动画文件。

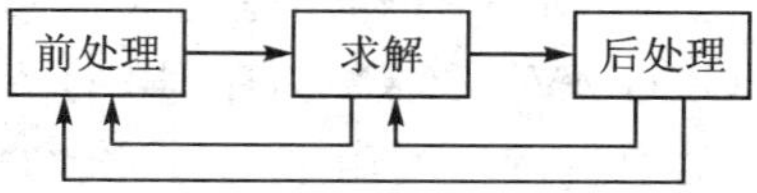

图 2.1 ICFD-CN 软件包逻辑结构

当求解过程不收敛或要进行网格比较和优化时，求解后不走后处理路线，而是直接回到前处理阶段。当后处理后需要进行网格的优化或不同造型思想比较时，后处理后不会结束操作，而是回到前处理阶段，重新前处理、求解和后处理。重新前处理的几何输入条件根据需要而改变。当后处理后只需要进行物理和化学方面的比较和优化时，后处理后也不会结束操作，还要回到求解阶段，重新求解和后处理。重新求解时，物理和化学输入条件需要根据需要而改变。

2.2 ICFD-CN 软件包功能

ICFD-CN 软件包具有强大和高水平的仿真模拟功能。其功能多而广泛，可以有多种不同的分类方法：

根据计算水平，其功能可以分为 4 个层次：缸内流体动力学，基于 CFD 的缸内雾化，基于 CFD 的缸内燃烧动力学，基于 CFD 的排放化学。缸内流体动力学为第一层次，也是低级别的基本层次。主要是根据能量守恒、动量守恒和质量守恒三大定律、热力学定律、气体状态方程以及湍流模型计算缸内流场的温度、压力、速度、湍流强度等物理量和化学成分。基于 CFD 的缸内雾化为第二层次，在第一层次计算的同时，耦合雾化模型，计算喷射后缸内燃油成分分布、燃油状态分布、其他化学成分分布情况，以及温度、压力、速度、湍流强度等物理量。基于 CFD 的缸内燃烧动力学为第三层次，在第二层次的基础上再耦合点火模型和燃烧模型，计算燃烧放热、燃烧过程中的缸内燃油成分分布、燃油状态分布、其他化学成分分布情况，以及温度、压力、速度、湍流强度等物理量。基于 CFD 的排放化学为第四个层次，在第三层次的基础上进一步耦合碳烟和氮氧化物等排放模型，计算污染物排放、燃烧放热、燃烧过程中的缸内燃油成分分布、燃油状态分布、其他化学成分分布情况，以及温度、压力、速度、湍流强度等物理量。

根据计算时考虑的几何维度，其功能可以分为：2D/3D 计算功能。2D 计算功能是假设存在一个维度，在该维度方向上物理量和化学量不会变化，只随其他两个维度方向变化。3D 计算功能是计算的物理量和化学量随三维尺度方向变化。

根据计算时几何空间的复杂和逼真程度，其功能可以分为：气缸-燃烧室 2 空间，气缸-燃烧室-气门-气道 4 空间，气缸-燃烧室-气门-气道-尾气后处理器 5 空间。

根据计算物理量的种类，其功能可以分为：压力、温度、密度、体积、质量、流场速度、分动量矩、总动量距、总动能、湍流动能、湍流耗散率、湍流长度尺度、湍流强度、油滴半径、油滴速度、液体密度、运动黏度、油膜高度等。

根据计算化学量的种类，其功能可以分为：等价率、燃油、O_2、N_2、CO、H_2O、H、H_2、O、N、OH、CO、NO、SOOT 和 NOx。

根据计算结果的输出类型，其功能可以分为：数据文件输出，二维图形文件输出，三维图形文件输出，监控文件的输出，联系文件的输出。数据文件指湍流、热力学、动力学和喷射量随时间变化的平均值。二维图形文件输出是指通过 AUTO CAD 转换操作可以方便地生成二维模型的拓展名为 PS 的图形文件。三维图形文件输出是指通过 GMV(TECPLOT 10.6)转换操作可以生成三维模型的名为 PLOTGMVXX(XX 为序号)的图形文件，适合生成三维动画文件。监控文件的输出指 3 个阶段的执行过程应用了自监控和自诊断技术，执行过程采用文件的形式记录储存，用于快速查找错误、分析问题。联系文件的输出指以数据文件的形式输出某一阶段的计算结果，用作下一阶段的计算输入文件。

2.3 K3PREP-CN 前处理模块逻辑结构与功能

2.3.1 K3PREP-CN 前处理模块逻辑结构

K3PREP-CN 前处理模块逻辑结构包括 3 个子模块：输入文件模块、前处理模块和输出文件模块，如图 2.2 所示。

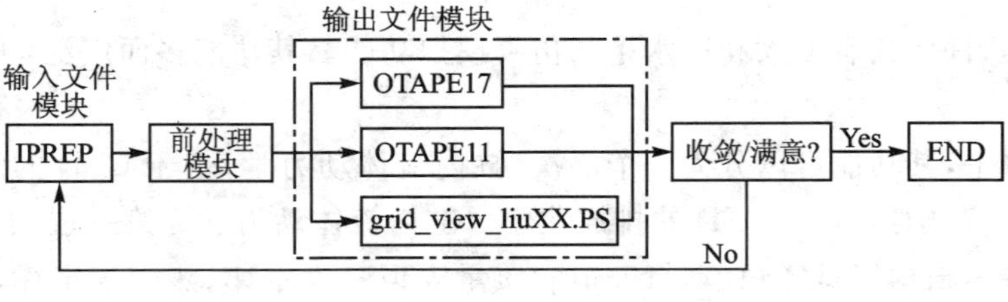

图 2.2 前处理模块的逻辑结构

输入文件模块采用数据的方式表达缸内流场几何造型、网格划分方案，物理、化学和几何边界条件，检验图形的输出请求。输入文件名为 IPREP，无拓展名。

前处理模块根据输入文件模块提供的数据，采用插值、坐标变换和光顺调整的方法进行网格计算，计算所有网格的三维坐标和物理、化学、几何边界条件，检验图形的图形数据。前处理文件名为 K3PREP-CN，拓展名为 EXE。

输出文件模块包括自诊断数据文件，名为 OTAPE11，无拓展名；前处理结果数据文件(联系文件)，名为 OTAPE17，无拓展名；检验图形文件，名称为 grid_view_liuXX(XX 为检验图形文件序号，由输入文件确定)，拓展名为 PS。当前处理不收敛，或生成的网格不理想，可以从

OTAPE11 中查找提示信息，也可以打开 grid_view_liuXX 图形文件后观察网格图形查找原因。为了前处理收敛和获得网格的优化，可以修改输入文件，循环进行前处理，直到输出结果满意为止。

2.3.2 K3PREP-CN 前处理模块功能

K3PREP-CN 前处理模块主要功能是计算网格，为求解阶段准备网格数据文件 ITAPE17。ITAPE17 由 OTAPE17 改文件名获得。根据仿真的需要，前处理模块的功能分为二维网格计算和三维网格计算两种。根据几何造型的逼真程度，可以分为气缸-燃烧室 2 空间网格计算、气门-气道-气缸-燃烧室 4 空间网格计算。前处理模块的基本功能是计算并储存缸内流场的几何坐标、网格节点坐标、边界条件数据，检验图形文件的图形数据。前处理模块具有自检功能，前处理的程序执行过程和常见问题的提示都会在实时文件 OTAPE11 中记录和储存，以便诊断和分析原因。

2.4 KIVA3V-CN 求解模块逻辑结构与功能

2.4.1 KIVA3V-CN 求解模块逻辑结构

KIVA3V-CN 求解模块逻辑结构包括 3 个子模块：输入文件模块、求解模块和输出文件模块，如图 2.3 所示。

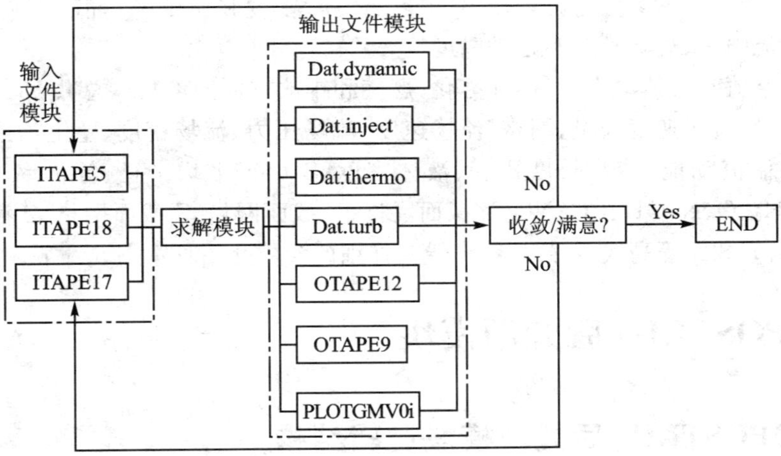

图 2.3 求解模块的逻辑结构

输入文件模块包含 3 个无拓展名的数据文件。ITAPE17 为前处理的网格计算结果，通过 OTAPE17 改文件名获得。ITAPE5 包含了发动机参数、湍流模型系数、输出请求、仿真起止时间、计算时段长度、点火参数、喷射参数、化学成分、温度、压力和速度等物理量，构成初始条件和边界条件，构建物理、几何和化学环境，并形成仿真方案。ITAPE18 包含了描述气门运动规律的数据，在考虑气门运动的仿真中需要。

求解文件名为 KIVA3V-CN，拓展名为 EXE。求解文件实质是按一定逻辑思路，根据一定的物理、化学、几何规律和数值算法，连续高速地计算缸内流场中每一时刻每个空间位置的压力、温度、速度、成分等物理和化学参数。

输出文件模块包含 4 类数据文件。第 1 类是 DAT 数据文件。DAT 文件以矩阵的格式，十进制的数据表达形式表示缸内物理量在某一时刻的平均值。DAT 文件包括 4 个，分别是 Dat. dynamic、Dat. inject、Dat. thermo 和 Dat. turb。Dat. dynamic 反映缸内动力学方面的物理量，Dat. inject 反映燃油喷射方面的物理量，Dat. thermo 反映缸内热力学方面的物理量，Dat. turb 反映缸内湍流方面的物理量。第 2 类是自检文件，名为 OTAPE12，无拓展名，记录求解过程和出错信息，帮助求解工作顺利进行。第 3 类是求解结果文件，名为 OTAPE9，无拓展名，储存所有物理、化学方面的与时间和空间有关的计算结果。将 OTAPE9 改名为 ITAPE9 作为后处理的输入文件。第 4 类是另一种求解结果文件，名为 PLOTGMV0i(0i 为文件序号)，无拓展名，同样储存所有物理、化学方面的与时间和空间有关的计算结果，可以通过 GMV 软件或 TECPLOT 10.6 转换成为三维动画文件。

2.4.2 KIVA3V-CN 求解模块功能

KIVA3V-CN 求解模块的功能是求解，即对缸内的物理和化学行为进行有限差分计算，用数据描述发动机工作时缸内的物理和化学过程。计算的结果有平均值和时空值两种。时空值的输出形式有 2D 和 3D 两种。时空值指随着曲轴转角变化和随着缸内空间位置变化的物理或化学量。

计算的平均值有缸内动力学、热力学、湍流和燃油喷射方面的参数。动力学参数有 X、Y 和 Z 三个方向的动量矩、总动量矩和总动能；燃油喷射参数有蒸发燃油量和缸内、缸壁、活塞上的燃油量；缸内热力学参数有缸内压力、温度、体积、密度和质量平均值；湍流参数有湍流动能、耗散率、湍流强度、湍流长度和运动黏度。

计算的时空值有流体动力学、燃油雾化、燃烧和排放方面的参数。总共 33 个时空参数：喷射粒子速度矢量、流场速度矢量、网格、流场速度、流场压力、流场密度、壁上油膜高度、流场温度、运动黏度、湍流动能、湍流长度比例、液体密度、Sauter 平均半径、等价率、燃油、O_2、N_2、CO、H_2O、H、H_2、O、N、OH、CO、NO、X 截面网格、Y 截面网格、Z 截面网格、Z 截面速度矢量、X 截面等高线、Y 截面等高线、Z 截面等高线。详细的参数介绍见本书 5.5 节。

2.5 K3POSTLIU 后处理模块

2.5.1 K3POSTLIU 后处理模块逻辑结构

K3POSTLIU 后处理模块逻辑结构包括 3 个子模块：输入文件模块、后处理模块和输出文件模块，如图 2.4 所示。输入文件模块包括 2 个无拓展名的数据文件：IPOST 和 ITAPE9。IPOST 是后处理方案描述文件，表达对后处理内容、结果的请求。ITAPE9 由求解输出的文件 OTAPE9 改名而来。所有求解结果的时空值全部存储在该文件中。

后处理模块只有 K3POSTLIU 文件，拓展名为 EXE，是后处理计算执行文件。根据后处理请求，对 ITAPE9 文件进行读入、分类、计算、输出操作。

输出文件模块包括 2 类文件：*.PS 和 OTAPE21。*.PS 是拓展名为 PS 的 postscript 类型文件。根据输出请求，可以获得一系列的 postscript 类型文件，以 2D 图形数据的形式描述缸内物理化学行为。OTAPE21 是后处理自检文件，自我检查、诊断和提示后处理过程。

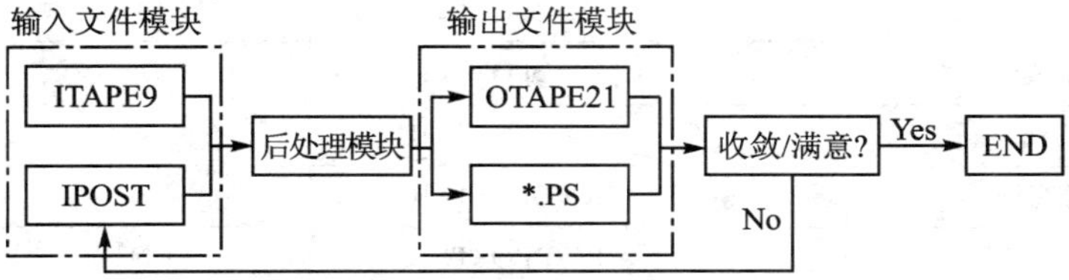

图 2.4 后处理模块的逻辑结构

2.5.2 K3POSTLIU 模块功能

K3POSTLIU 后处理模块的主要功能是仿真求解结果的分类、整理、存储和按需求输出，以图形文件的形式输出需求的计算结果，为用图形的形式展示所关心参数的计算结果作准备。K3POSTLIU 后处理可以生成 33 种反映缸内行为的 2D 图形文件。33 种 2D 图形文件如表 2.1所列。

表 2.1 后处理图形文件

序 号	参 数	文件姓	文件名	拓展名
1	喷射粒子速度矢量	ICFDPOSTLIU	spray vel	PS
2	流场速度矢量	ICFDPOSTLIU	vel	PS
3	网格	ICFDPOSTLIU	mesh	PS
4	流场速度等高线	ICFDPOSTLIU	norm vel	PS
5	流场压力等高线	ICFDPOSTLIU	pressure	PS
6	流场密度等高线	ICFDPOSTLIU	density	PS
7	缸壁油膜高度	ICFDPOSTLIU	wall film height	PS
8	流场温度等高线	ICFDPOSTLIU	temp	PS
9	运动粘度等高线	ICFDPOSTLIU	kin visc	PS
10	湍流动能等高线	ICFDPOSTLIU	tke	PS
11	湍流长度比例等高线	ICFDPOSTLIU	lenscale	PS
12	液体密度等高线	ICFDPOSTLIU	liq dens	PS
13	Sauter 平均半径等高线	ICFDPOSTLIU	smr	PS
14	等价率等高线	ICFDPOSTLIU	equivrat	PS
15	燃油等高线	ICFDPOSTLIU	fuel	PS
16	O_2 等高线	ICFDPOSTLIU	O_2	PS
17	N_2 等高线	ICFDPOSTLIU	N_2	PS
18	CO_2 等高线	ICFDPOSTLIU	CO_2	PS
19	H_2O 等高线	ICFDPOSTLIU	H_2O	PS
20	H 等高线	ICFDPOSTLIU	H	PS
21	H_2 等高线	ICFDPOSTLIU	H_2	PS

续表 2.1

序　号	参　数	文件姓	文件名	拓展名
22	O 等高线	ICFDPOSTLIU	O	PS
23	N 等高线	ICFDPOSTLIU	N	PS
24	OH 等高线	ICFDPOSTLIU	OH	PS
25	CO 等高线	ICFDPOSTLIU	CO	PS
26	NO 等高线	ICFDPOSTLIU	NO	PS
27	*X* 截面网格	ICFDPOSTLIU	xk =	PS
28	*Y* 截面网格	ICFDPOSTLIU	yk =	PS
29	*Z* 截面网格	ICFDPOSTLIU	zk =	PS
30	*Z* 截面速度矢量	ICFDPOSTLIU	vel z=	PS
31	*X* 截面等高线	ICFDPOSTLIU	contrs x=	PS
32	*Y* 截面等高线	ICFDPOSTLIU	contrs y=	PS
33	*Z* 截面等高线	ICFDPOSTLIU	contrs z=	PS

KIVA3V-CN 后处理还具有自检功能。检查对输入请求的读入、计算过程、诊断和运行过程提示，以便提高后处理速度和仿真分析的速度。

3 前处理

3.1 IPREP 文件设计

3.1.1 仿真名称

IPREP 文件的第 1 行为仿真名称定义。如图 3.1 所示，给出发动机型号和反映仿真特征的代码。不会参与计算，只是一种标记，前处理对它只进行读和写。

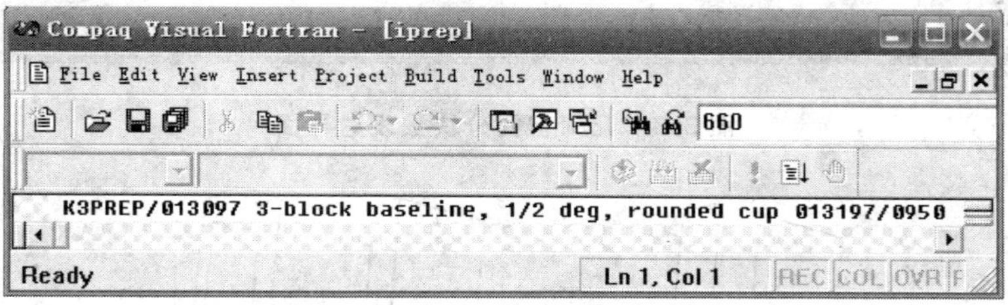

图 3.1　仿真名称定义行界面

3.1.2 发动机参数

IPREP 文件的第 2～5 行，分别定义发动机参数。发动机参数限制在缸径、活塞行程、气隙和仿真的几何类型。参数输入顺序如图 3.2 所示。仿真的几何类型 thsect＝0.5，表示 2D 仿真；thsect＝360°，表示 3D 仿真的轴对称的整周几何计算；thsect＝180°，表示 3D 仿真的面对称的半周几何计算；thsect＝60°，表示 3D 仿真的轴对称的几分之一周（扇形柱）几何计算，一个喷嘴孔对应的空间区域。

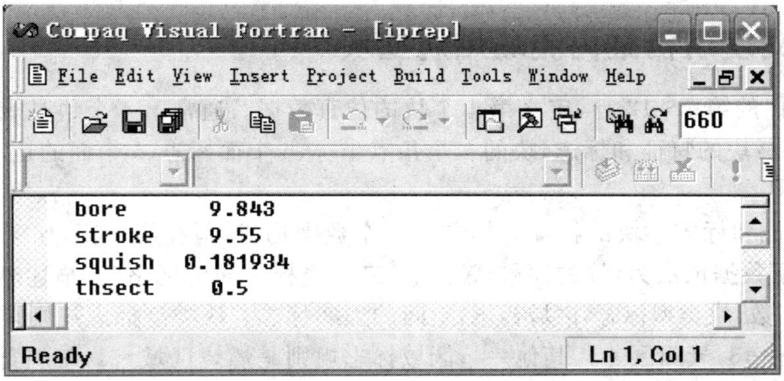

图 3.2　发动机参数定义界面

3.1.3 发动机缸内流场空间分块

IPREP 文件的第 6 行,定义发动机缸内流场几何空间划分的几何块数量。定义任何几何空间由简单形状的块组合而成。简单形状的块能够采用坐标法描述几何特征,误差小。图 3.3中定义了 3 个块。3 个块的分块思路如图 3.4 所示。图 3.4 是 2D 仿真分 3 块的思路。IPREP 文件随后将定义这 3 个块。

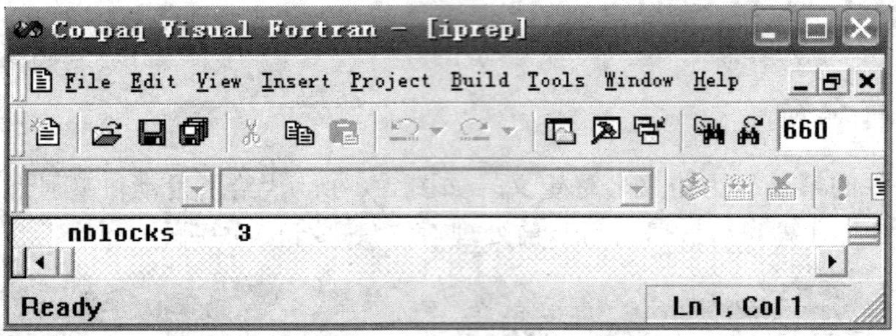

图 3.3 几何空间分块数表达界面

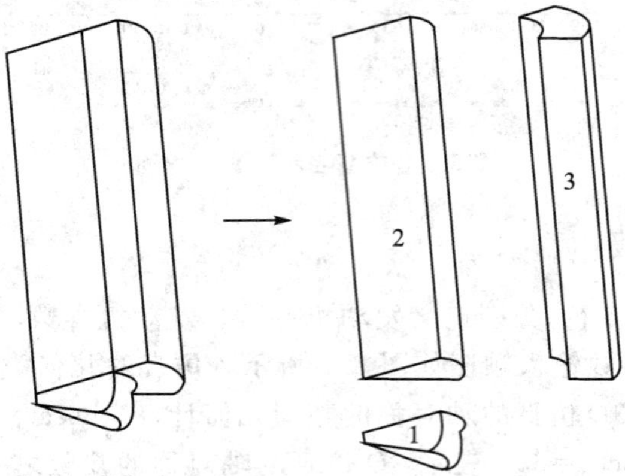

图 3.4 几何空间分块思路示意图

3.1.4 定义发动机缸内流场燃烧室块

IPREP 文件的第 7～12 行,定义第 1 个块的仿真数据。通常第 1 个块是燃烧室块。仿真数据有 5 个部分:块的特征和标志、块的 8 个角点坐标、6 个面标志、6 个面的运动标志、剖面轮廓坐标。

① 块的特征和标志。块的特征和标志由 8 个数据构成,写在第 7 行,如图 3.5 第 1 行所示。图中第 1 行数据依次为:块的序号,X、Y、Z 三个坐标方向的网格数,描述燃烧室剖面轮廓(非矩形)的坐标数,块类型标志,区域标志,空间的虚实标志。块类型标志规则是杯式燃烧室=1,气隙=2,顶室=3,气门区=5,其他=4;区域标志规则是燃烧区域=1,气道部分=2 或=3,一个独立的区一个标号;空间的虚实标志规则是气门实体=1,流场=0。

② 块的 8 个角点坐标。8 个角点序号从 $i1$ 到 $i8$,分布在每个六面体网格的 8 个角点上,如图 3.6 所示。每个角点坐标由 X、Y、Z 三维坐标组成。第 8 行从左到右依次是 $X1$ 到 $X8$,

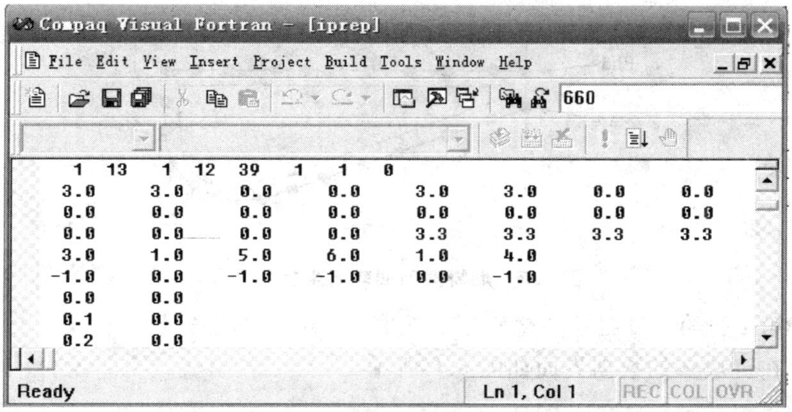

图 3.5 块描述数据界面

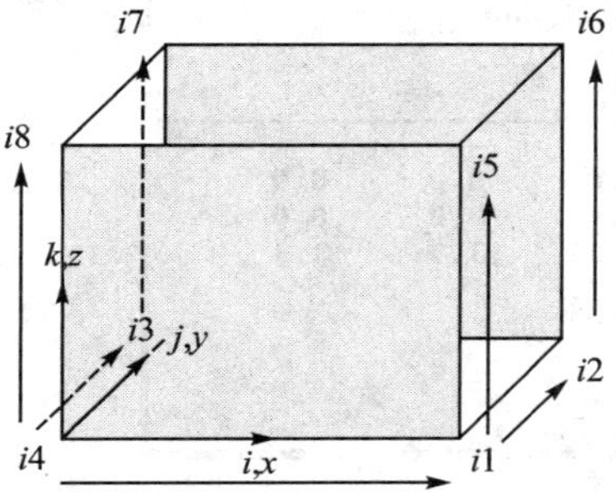

图 3.6 块的定义方法示意图

第 9 行从左到右依次是 $Y1$ 到 $Y8$，第 10 行从左到右依次是 $Z1$ 到 $Z8$。

③ 6 个面标志。6 个面标志用 6 个数据表示，写在第 11 行，如图 3.5 第 5 行所示。图中第 5 行数据依次写左、右、前、后、底、顶面的面标志。面标志的规则如表 3.1 所列。

④ 6 个面的运动标志。6 个面的运动标志用 6 个数据表示，写在第 12 行，如图 3.5 第 6 行所示。图中第 6 行数据依次写左、右、前、后、底、顶面的运动标志。面运动标志的规则如表 3.2 所列。

表 3.1 面标志的规则

名称	运动	固体面	气缸轴线	流体面	前周期面	后周期面	给定流入速度	连续流出	压力流入	压力流出
规则	1.0	2.0	3.0	4.0	5.0	6.0	7.0	8.0	9.0	10.0

表 3.2 面运动标志的规则

名称	伸缩面	非伸缩	活塞	气门顶	气门底
规则	>0.0	−1.0	0.0	偶数	奇数

⑤ 剖面轮廓坐标。剖面轮廓坐标指燃烧室的剖面，轮廓点数在图 3.5 第 1 行第 5 列(块的特征和标志)给出。有 2 种坐标表达方法:2D 法和 3D 法。对于回转体燃烧室，采用 2D 法。2D 法采用 X、Z 两个坐标值表示 1 个轮廓点，轮廓点的顺序如图 3.7 所示。3D 法采用 X、Y、Z 三个坐标值表示 1 个轮廓点，轮廓点的顺序从底面到顶面，对于每个 XOY 截面，从 X 和 Y 为 0.0 开始，逆时针 1 周。

3.1.5 定义发动机缸内流场非燃烧室块

非燃烧室块的定义方法与 3.1.4 节相同。图 3.4 所示的 2 号块和 3 号块没有剖面轮廓的

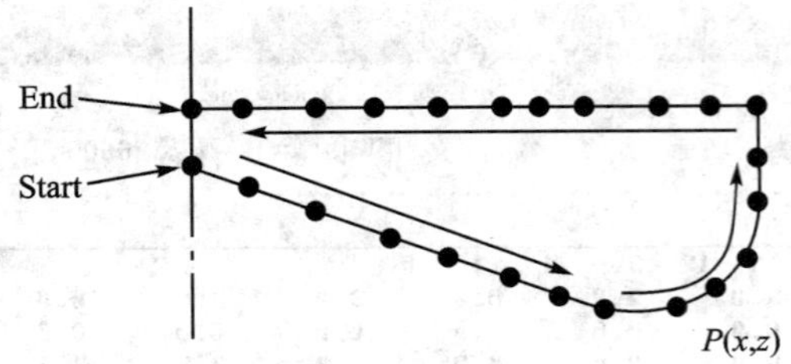

图 3.7　燃烧室剖面轮廓坐标示意图

描述。图 3.8 第 1 行第 5 列描述燃烧室剖面轮廓(非矩形)的坐标数为 0,第 6 行以后的剖面轮廓坐标行不存在。块 2 的数据界面如图 3.8 所示。

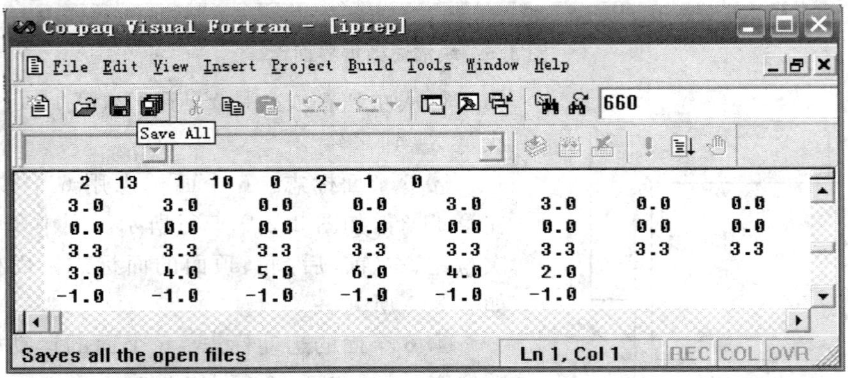

图 3.8　块 2 的数据界面

3.1.6　定义发动机缸内流场复杂结构 I

发动机缸内流场复杂结构 I 的数据文件部分如图 3.9 所示。图中,ncopy 为复制网格的数量。该接口变量置 0,指冻结该接口,没有需要复制的网格。tiltflag 为倾斜网格的标志。该接口变量置 0,指冻结该接口,没有需要倾斜的网格。pentflag 为抑制坐标变化的网格标志。在网格重构时,抑制网格变化,松弛相关部分坐标,保证网格整体的协调性。该接口变量置 0,指冻结该接口,没有需要稳固的网格。wedgeflag 为燃烧室顶边倒角网格标志。该接口变量置 0,指冻结该接口,没有倒角网格。translate 为坐标变换标志。该接口变量置 0,指冻结该接口,没有需要坐标变换的网格。nvguide 为给出气门引导口的气道数。该接口变量置 0,指冻结该接口,没有要给出气门引导口的气道。nlocxy 为 x、y 坐标定位网格数量标志。该接口变量置 0,指冻结该接口,没有需要定位的网格。reshape 为网格重构标志。该接口变量置 0,指冻结该接口,没有需要重构的网格。npentxy 为抑制 x、y 坐标变化的网格。该接口变量置 0,指冻结该接口,没有要抑制 x、y 坐标变化的网格。nvalvport 为气道标志。该接口变量置 0,指冻结该接口,没有气道网格。nrunner 为气门口过渡区网格标志。该接口变量置 0,指冻结该接口,没有气门口过渡区网格。nsiamese 为两气门口过渡区交界处网格数。该接口变量置 0,指冻结该接口,没有交界处网格。nrelaxb 为松弛的网格数。在网格重构时,松弛(调整坐标)部分网格,保证网格整体的协调性。该接口变量置 0,指冻结该接口,没有要松弛的网格。

第 1~13 行接口如果置于非 0,各行接下来要插入相关信息,详见 KIVA-3V 源代码。

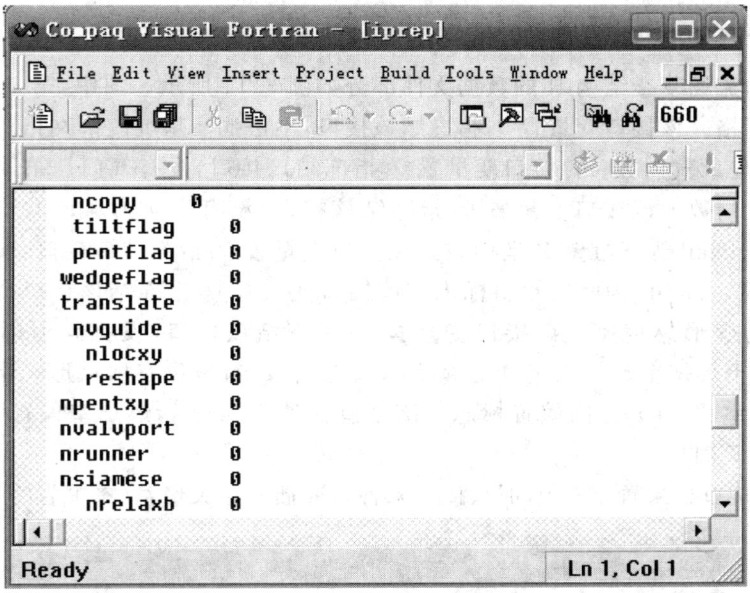

图 3.9 复杂结构 I 数据界面

3.1.7 块和网格的拼接

块的拼接是图 3.4 的逆过程。除开块的拼接外，各个块的网格也要拼接成为整体构成缸内流场仿真网格。块的拼接界面如图 3.10 所示。图中 npatch 为拼接次数，此案例拼接次数为 2 次。图中第 2 行 6 个整数依次为拼接块、拼接块的拼接面、基准块、第 1 个定位逻辑坐标、第 2 个定位逻辑坐标、拼接后保留坐标的块号。定位逻辑坐标的顺序是 I、J、K。块的 6 个面代号分别是左面=1，右面=2，前面=3，后面=4，底面=5，顶面=6。块的基准是 $I=1,J=1,K=1$。图 3.10 描述的拼接方法是先将块 2 的底面拼接在块 1 上，在 $I=1$、$J=1$ 处定位，拼接面保留块 2 的坐标；后将块 3 的左面与块 2 拼接，在 $J=1$、$K=1$ 处定位，拼接面保留块 3 的坐标。

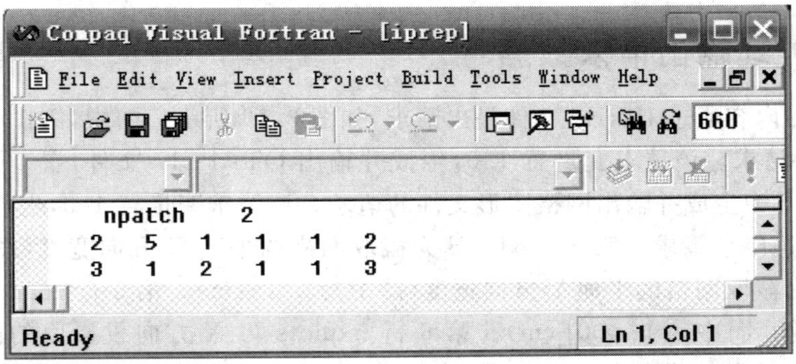

图 3.10 块的拼接界面

3.1.8 定义发动机缸内流场复杂结构 II

发动机缸内流场复杂结构 II 的数据文件部分如图 3.11 所示。图中，第 1 行 irelaxb 为松弛活塞坑内部网格。该接口变量置 0，指冻结该接口，不松弛活塞坑内部网格。第 2 行 nprovtop 为给出顶部轮廓气门数。该接口变量置 0，指冻结该接口，没有气门。第 3 行 nprovfce 为底面为碟形的气门数。该接口变量置 0，指冻结该接口，没有底面为碟形的气门或底面是平的。第 4 行 nzcylwall 为气缸壁 Z 坐标数。该接口变量置 0，指冻结该接口，没有要给定的气缸壁 Z 坐标。第 5 行 tilt 为网格倾斜标志。该接口变量置 0，指冻结该接口，没有网格倾斜。第 6 行 ndish 为碟形燃烧室。该接口变量置 0，指冻结该接口，没有碟形燃烧室。第 7 行 nscallop 为扇贝形燃烧室数。该接口变量置 0，指冻结该接口，没有扇贝形燃烧室。第 8 和第 9 行分别为燃烧室 X 和 Y 方向偏置标志。该接口变量置 0.0，指燃烧室偏置距离为 0.0 cm，360°气缸网格计算时应用。

第 1～7 行接口如果置于非 0，那么接下来各行要插入相关信息（本书省略）。

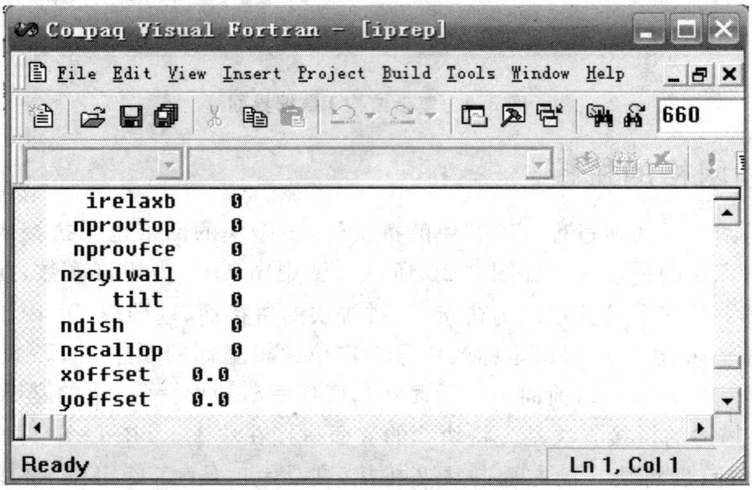

图 3.11 复杂结构 II 数据界面

3.1.9 前处理输出请求数据

前处理输出内容通过 IPREP 文件提出请求，如图 3.12 所示。图中，第 1 行 write17 为写 OTAPE17 文件请求。该请求变量置 1.0，生成并输出 OTAPE17 文件，置 0 则冻结该请求。第 2 行 plotmesh 为生成并输出网格图形文件的请求。该请求变量置 1.0，生成并输出网格图形文件，置 0 则冻结该请求。第 3 行 xband 为截取网格的平面 X 方向宽度（图中为 0.1 cm）。第 4 行 yband 为截取网格的平面 Y 方向宽度（图中为 0.15 cm）。第 5 行 zband 为截取网格的平面 Z 方向宽度（图中为 0.0001 cm）。第 6 行 nxplots 为 X 方向投影面的网格截面图数。nxplots=0，冻结该图输出；nxplots=1，输出 1 幅网格图。第 7 行 nyplots 为 Y 方向投影面的网格截面图数。nyplots=1，输出 1 幅网格图。第 8 行为 Y 方向的投影面的位置，Y=0.0 cm。第 9 行 nzplots 为 Z 方向投影面的网格截面图数。nzplots=0，冻结该图输出。第 10 行 nvhide 为消除阴影网格轴侧图数。nvhide=3，输出 3 幅消隐图。第 11 行为获取第 1 幅消隐图的位置,分别为 XOY 平面上的旋转角度等于 45.0°,XOZ 平面上的旋转角度等于 45.0°,Z 方向投影平面的高度等于 −5.0cm。其余 2 幅消隐图的位置描述略。

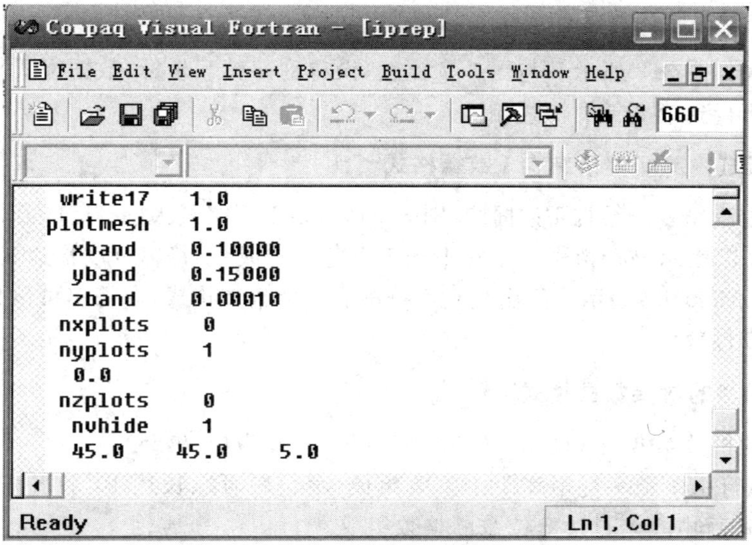

图 3.12 前处理输出请求数据界面

3.2 IPREP 文件格式

IPREP 文件格式非常重要。如果格式错误,前处理无法将其读入,前处理无法进行。

(1) 仿真名称格式

IPREP 文件的第 1 行为仿真名称(见图 3.1),格式为 a80。a80 表示可以使用 80 个字符的名称。

(2) 发动机参数格式

IPREP 文件第 2~5 行分别定义发动机的参数(见图 3.2),格式为(a8,f10.5),表示每行由 1 组字符和 1 个实型数据构成。字符组占 8 个字符长度的空间,实型数据占 10 个字符长度空间,小数位数占 5 个字符。

(3) 发动机缸内流场空间分块格式

IPREP 文件第 6 行定义发动机缸内流场空间分块(见图 3.3),格式为(a8,i5)。(a8,i5)表示该行由 1 个可以长达 8 个字符长度的字符串和 1 个可以长达 5 个字符长度的整数组成。

(4) 定义发动机缸内流场燃烧室块格式

定义发动机缸内流场燃烧室块的数据图(图 3.5)中,第 1 行的格式为(8i4),表示该行由 8 个可以长达 4 个字符长度的整数组成。第 2~4 行的格式为(8f8.3),表示该行由 8 个实型数据组成,每个实型数据可达 8 个字符长度,其小数位保证 3 个字符长度。第 5 和第 6 行的格式为(6f8.3),表示该行由 6 个实型数据组成,每个实型数据可达 8 个字符长度,其小数位保证 3

个字符长度。第 7 行以下格式为(2f8.3),表示每行由 2 个实型数据组成,每个实型数据可达 8 个字符长度,其小数位保证 3 个字符长度。

(5) 定义发动机缸内流场非燃烧室块格式

非燃烧室块如图 3.8 所示。与图 3.7 比较,没有剖面轮廓坐标,数据格式与 3.2.4 节描述的图 3.5 的第 1 行到第 6 行的格式相同。

(6) 发动机缸内流场复杂结构 I 数据格式

发动机缸内流场复杂结构 I 数据图(图 3.9)中,第 1 行格式为(a8,i5),第 2~13 行格式为(a10,i5)。(a8,i5)表示该行由 1 个字符串和 1 个整数构成,字符串可以长达 8 个字符,整数可以长达 5 位数。(a10,i5)表示该行由 1 个字符串和 1 个整数构成,字符串可以长达 10 个字符,整数可以长达 5 位数。

(7) 块和网格的拼接数据格式

块和网格的拼接数据图(图 3.10)中,第 1 行格式为(a10,i5),第 2、3 行格式为(6i4)。(a10,i5)表示该行由 1 个字符串和 1 个整数组成,字符串可以长达 10 个字符,整数长达 5 位数。(6i4)表示每行由 6 个长达 5 位数的整数组成。

(8) 发动机缸内流场复杂结构 II 数据格式

发动机缸内流场复杂结构 II 的数据结构图(图 3.11)中,第 1~7 行格式为(a10,i5)。(a10,i5)表示每行由 1 个字符串和 1 个整数组成,字符串可以长达 10 个字符,整数可以长达 5 位数。第 8、9 行格式为(a10,f8.3)。(a10,f8.3)表示每行由 1 个字符串和 1 个小数组成,字符串可以长达 10 个字符,小数部分可以长达 3 位。

(9) 前处理输出请求数据格式

前处理输出请求数据图(图 3.12)中,第 1~5 行格式为(a8,f10.5)。(a8,f10.5)表示每行由 1 个字符串和 1 个实型数组成,字符串可以长达 8 个字符,实型数总长 10 个字符,保证 5 位小数。第 6、8、9、10 行格式为(a8,i5)。(a8,i5)表示每行由 1 个字符串和 1 个整型数组成。字符串可以长达 8 个字符,整型数可以长达 5 个字符。第 7 行格式为(f8.3)。(f8.3)表示该行由 1 个实型数组成。实型数总长 8 个字符,小数位为 3 位。第 11、12、13 行格式为(2f8.5,f7.4),表示每行由 3 个实型数组成。前 2 个实型数总长 8 个字符,小数位数为 3 位;后 1 个实型数总长 7 个字符,小数位数为 4 位。

3.3 K3PREP-CN 前处理模块编译操作

编译是指将 K3PREP-CN 前处理模块源文件 k3prep.f 转换成为可执行文件 k3prep.exe 的操作。编译操作在 Fortran 语言环境下进行。编译分为环境设置、工作空间建立、编译链接和获取可执行文件。编译步骤如下:

① 准备源文件。如图 3.13 所示,准备了 2 个源文件 k3prep.f 和 comprep.i,将该文件置于同一个文件夹 K3PRE 中。

② 打开源文件 k3prep.f。双击图 3.13 中 k3prep.f 图标,在 Compaq Visual Fortran 环境

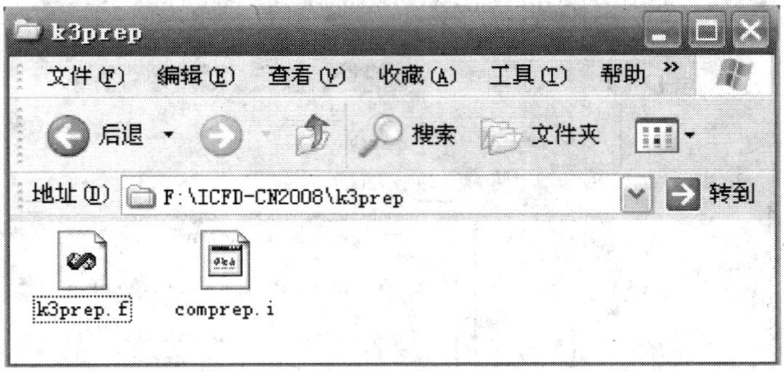

图 3.13 前处理源文件准备界面

下打开 k3prep.f，如图 3.14 所示。

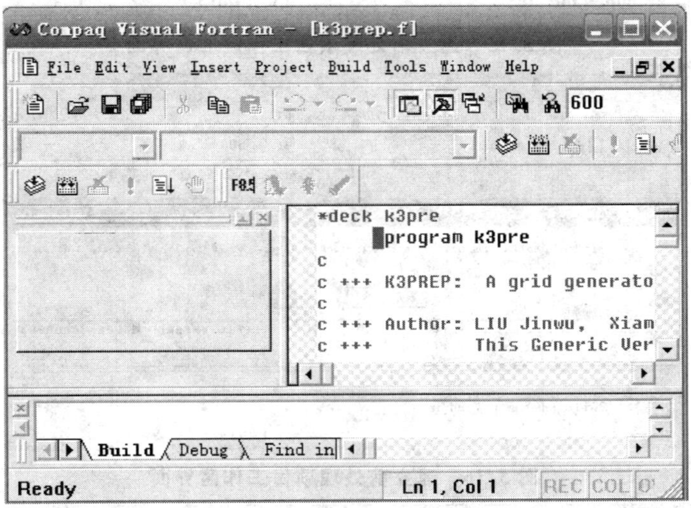

图 3.14 前处理源文件界面

③ 准备建立项目工作区。如图 3.15 所示，单击主菜单 Build 按钮，在下拉菜单中，选中 Compile k3prep.f 选项。

④ 建立项目工作区。在上一步操作后，会显示图 3.16 所示的对话框。单击“是”按钮，Compaq Visual Fortran 会建立默认的项目工作区。

⑤ 准备设置双精度环境。在建立了项目工作区后，单击主菜单 Project 按钮，在下拉菜单中，单击 Settings 选项，如图 3.17 所示。

⑥ 继续准备设置双精度环境。接上一步，单击 Settings→Fortran，在“Category:”窗口中选择 Fortran Data 选项，如图 3.18 所示。

⑦ 设置双精度环境。接上一步，在单击了 Fortran Data 选项后，在 Default Real Kind 下拉菜单中选择“8”，单击 OK 按钮完成双精度环境的设置，如图 3.19 所示。

⑧ 准备编译源文件。接上一步，单击 OK 后，回到主菜单窗口。单击 Build 菜单，在下拉菜单中，单击“Compile k3prep.f”选项，Compaq Visual Fortran 开始编译源文件，如图 3.20 所示。

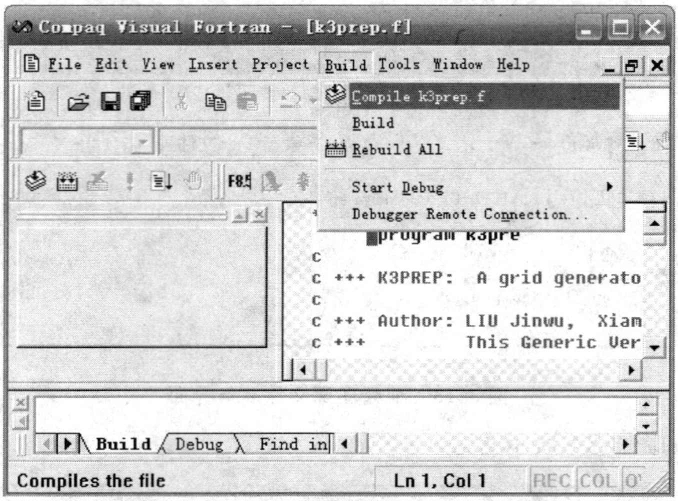

图 3.15　建立前处理项目工作区准备界面

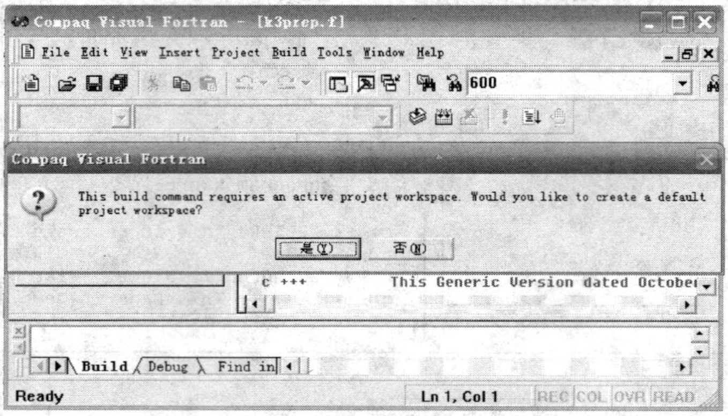

图 3.16　建立前处理项目工作区界面

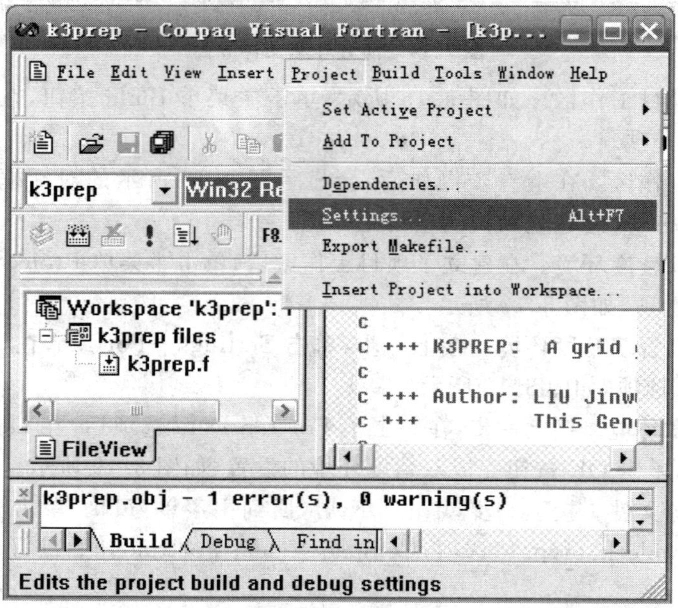

图 3.17　前处理双精度环境准备 I 界面

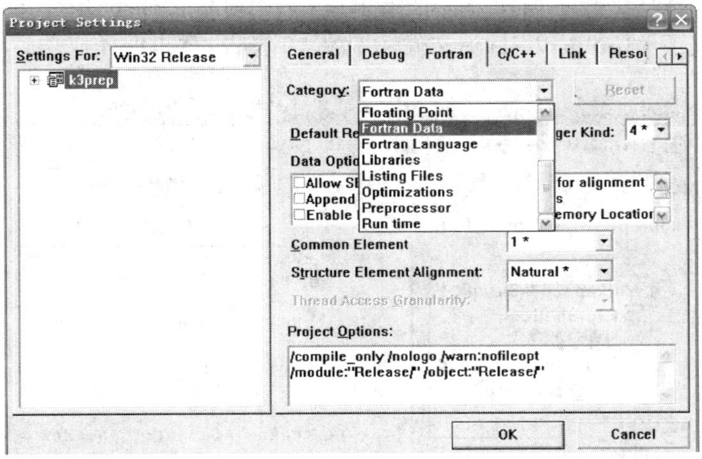

图 3.18 前处理双精度环境准备 II 界面

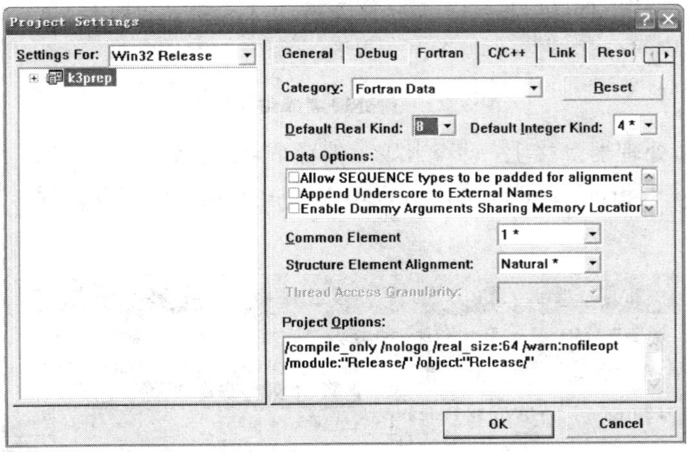

图 3.19 设置前处理双精度环境界面

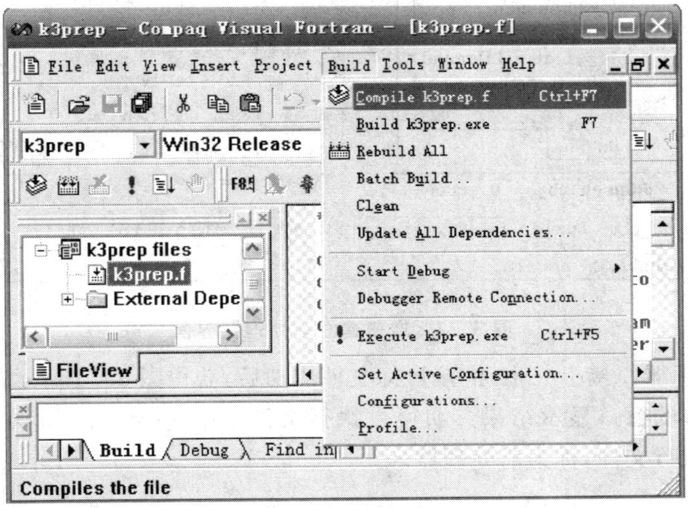

图 3.20 准备编译前处理源文件界面

⑨ 编译结果。接上一步，编译源文件结束后，编译结果会在图 3.21 的下方窗口中显示。图中显示编译生成了 k3prep.obj 目标文件、0 错误、0 警告，意指编译成功。

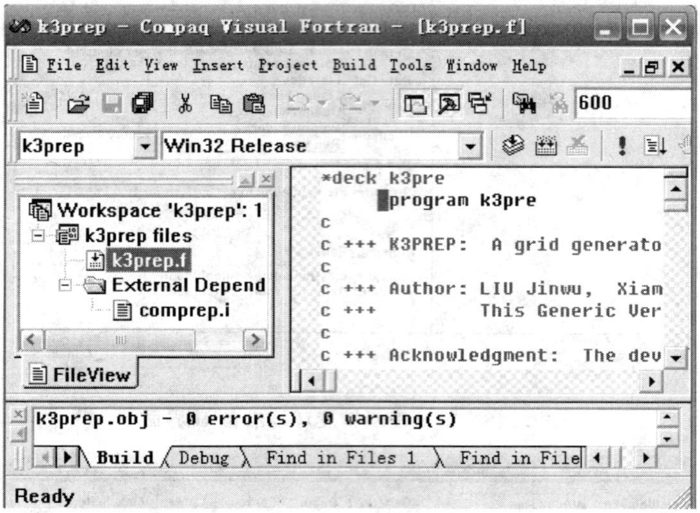

图 3.21 前处理编译结果界面

⑩ 准备建立前处理器。接上一步，当显示编译成功后，单击主菜单上 Build 按钮，在下拉菜单中，单击“Build k3prep.exe”选项，Compaq Visual Fortran 开始链接目标文件，如图 3.22 所示。

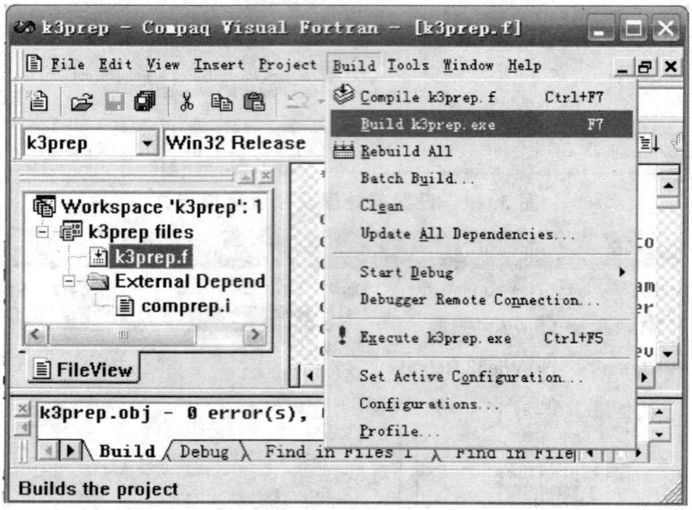

图 3.22 准备建立前处理器界面

⑪ 建立前处理器。接上一步，链接目标文件成功后，获得图 3.23 所示的结果。链接完毕后，在图 3.23 下方的窗口显示结果。获得可执行文件 k3prep.exe、0 错误、0 警告，意指链接成功。获得的可执行文件，称为前处理器。

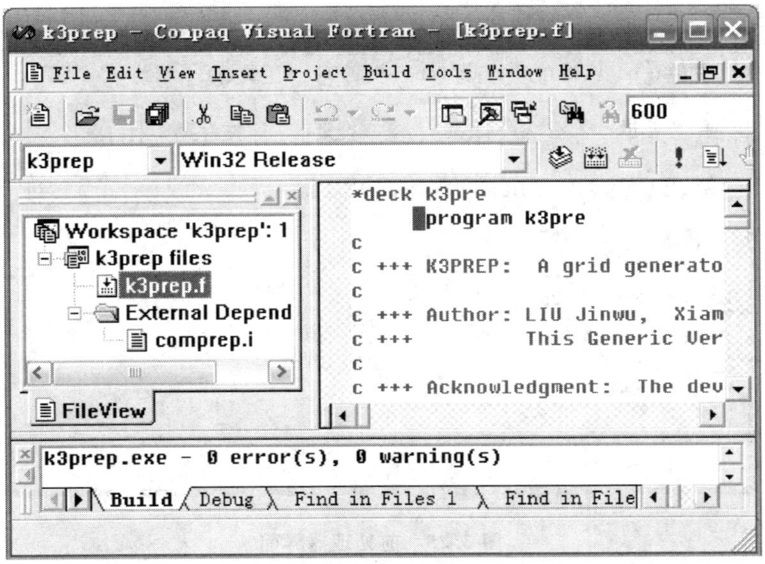

图 3.23　建立前处理器界面

⑫ 前处理器的位置。前处理器所在位置如图 3.24 所示。图中 Release 文件夹是前处理器所在的文件夹，K3prep. f、comprep. i 为源文件，k3prep. dsp、k3prep. dsw 和 k3prep 为编译和链接过程生成的中间文件。

图 3.24　前处理器的位置界面

⑬ 查看前处理器。接上一步，双击 Release 文件夹，查看文件夹中内容，如图 3.25 所示。图中 k3prep 为前处理器，k3prep. obj 为编译获得的目标文件。前处理器可以移动到其他的位置。

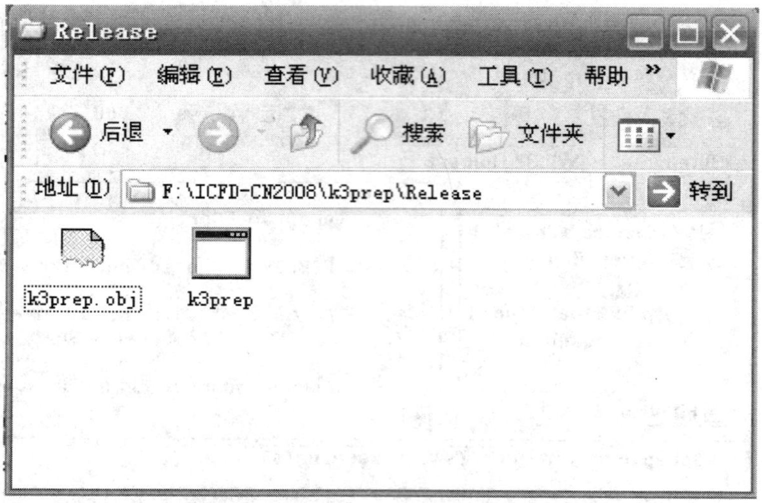

图 3.25 前处理器界面

3.4 前处理计算操作

将 iprep 文件移至前处理器所在的文件夹，如图 3.26 所示。图中 k3prep.obj 可以删去，或建立新文件夹，将 iprep 文件和前处理器 k3prep.exe 移至该新文件夹中。

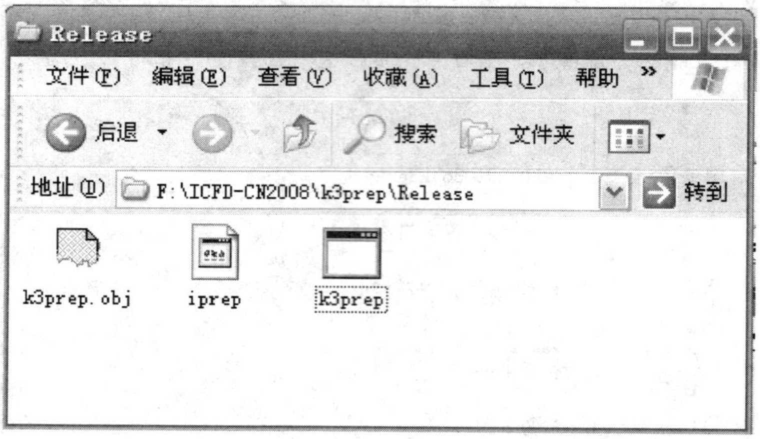

图 3.26 前处理准备界面

双击前处理器显示黑色的 DOS 窗口，计算完毕后在同一个文件夹下增加几个文件。如图 3.27所示，新生成的文件是 otape11、otape17 和 grid_view_01.ps。其中 otape11 和 otape17 是唯一而且是必须生成的。grid_view_01.ps 是系列图形文件，在需要时可以生成多个，不需要时也可以不生成(见 3.1.9 节)。

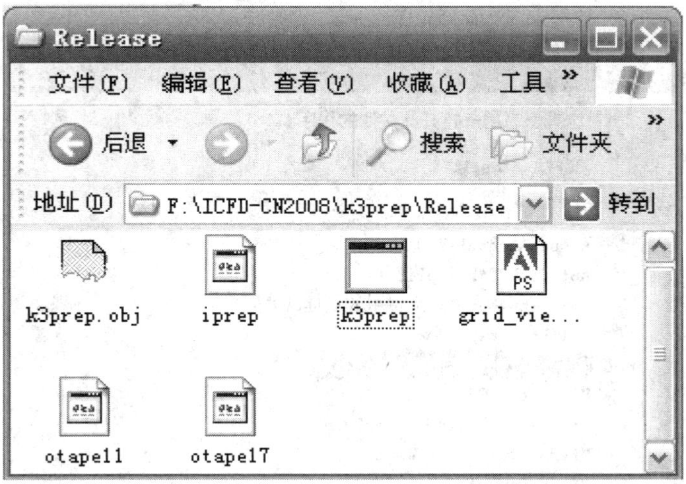

图 3.27 前处理结果界面

3.5 前处理结果解读

3.5.1 otape11 文件解读

(1) otape11 打开方式

otape11 是十进制带格式的数据文件，可以采用多种方式打开，阅读文件内容。本书采用 Compaq Visual Fortran 打开。双击图 3.27 中 otape11 图标，出现图 3.28 所示的对话框，单击“Microsoft (R) Developer Studio”选项，单击“确定”按钮，打开 otape11 文件。

(2) otape11 文件解读

otape11 文件内容分为 2 个大部分。第 1 部分是 IPREP 文件内容的重现，第 2 部分是运行申明和出错申明。图 3.29 第 1 行和第 2 行分别为版权和项目名称申明，其余内容为 IPREP 文件重现部分。

图 3.30 第 3 行为块定义结束，分块的网格总数和分块的网格节点数申明。其余内容为 IPREP 文件重现部分。

图 3.31 第 4 行为块拼接结束申明，同时依次给出开始网格数、总网格数和网格类型。其余内容为 IPREP 文件重现部分。

图 3.32 第 2 行给出区间 1(见 3.1.4 节)的总体积，第 4 行给出网格计算完成和写 otape17 文件的申明。其余内容为 IPREP 文件重现部分。

图 3.33 第 2 行给出生成网格图形文件的申明，第 4 行给出运行结束的申明。其余内容为 IPREP 文件重现部分。

图 3.29 到图 3.39 没有出错申明，是因为 IPREP 文件是正确的经过实验验证的文件，在前处理时没有错误。

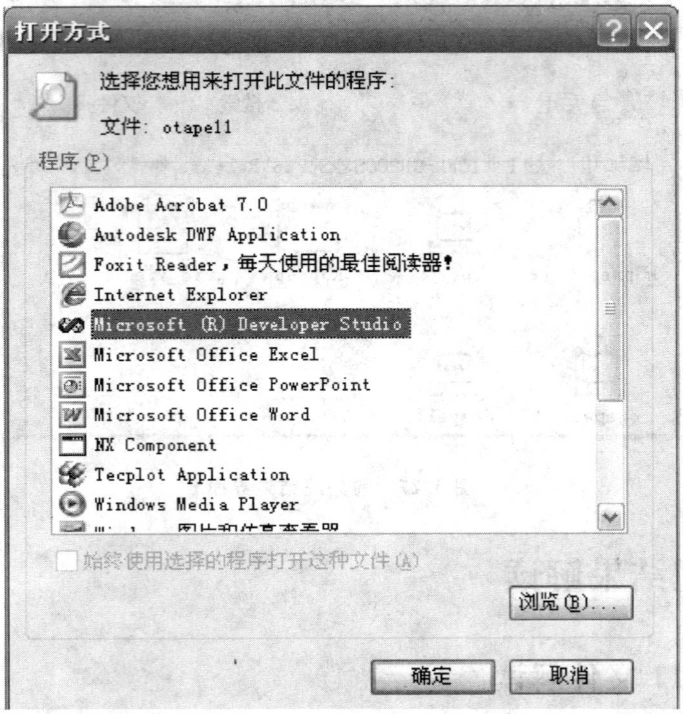

图 3.28　otape11 文件打开方式

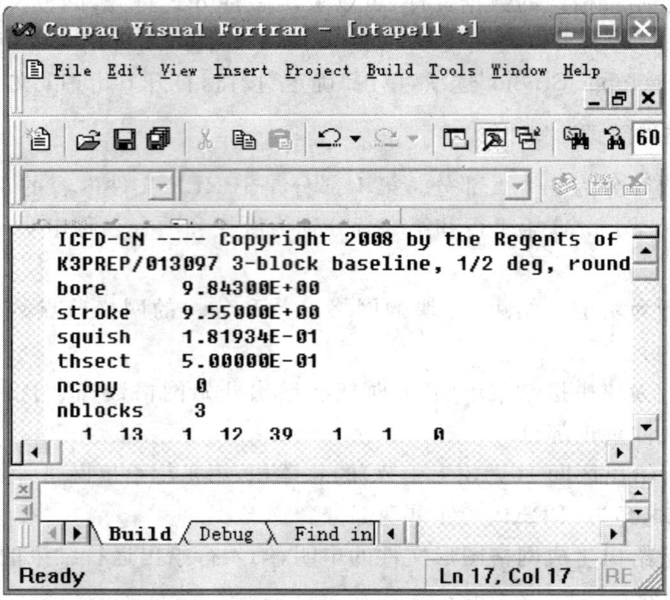

图 3.29　版权与项目申明

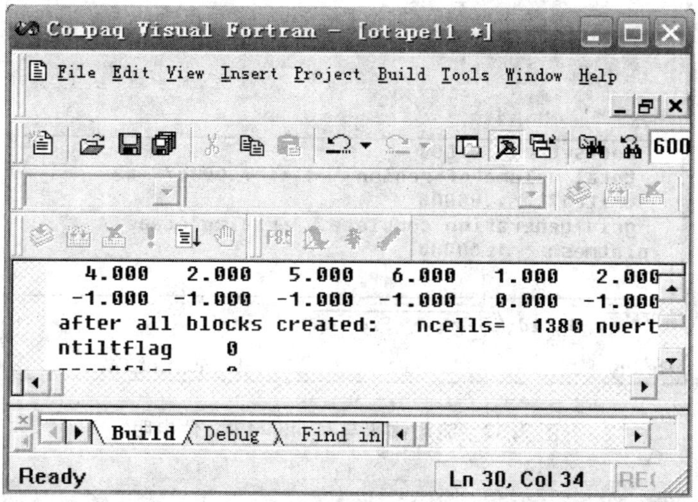

图 3.30 块构建申明

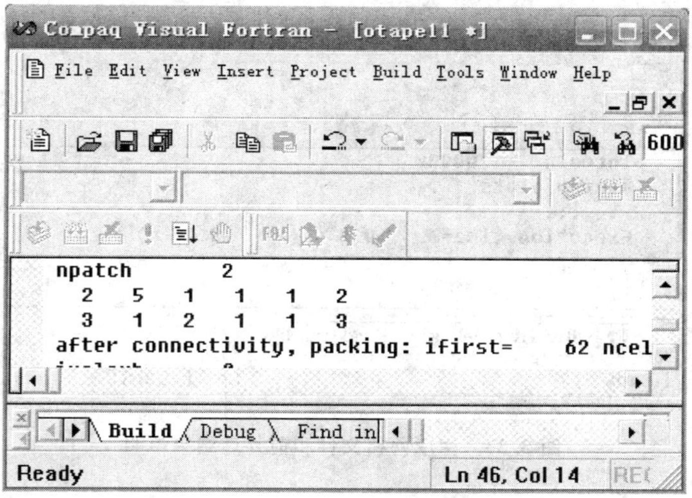

图 3.31 otape11 文件块拼接申明

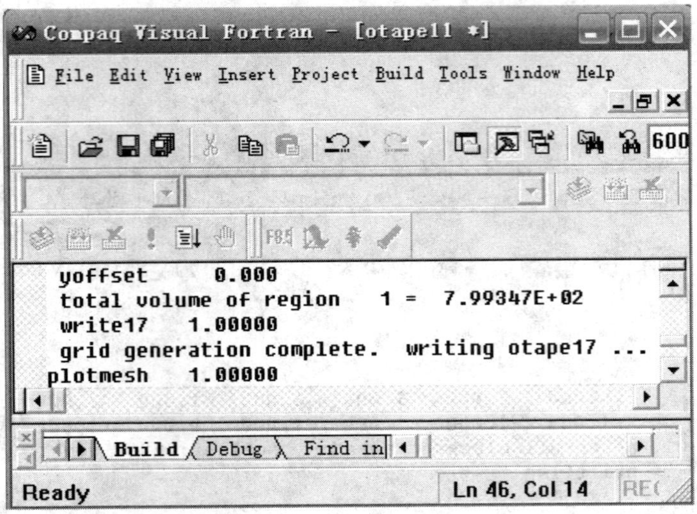

图 3.32 流场体积与写 otape17 文件申明

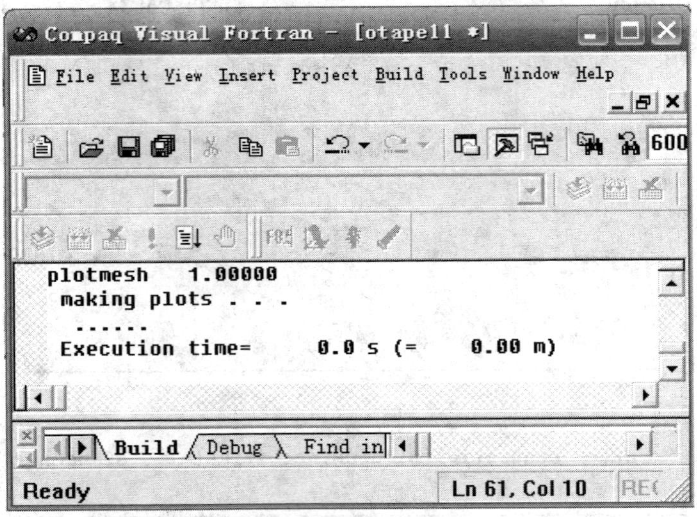

图 3.33 生成网格文件和前处理结束申明

3.5.2 otape17 文件解读

(1) otape17 打开方式

otape17 的打开方式同 otape11。

(2) otape17 文件解读

otape17 文件内容分为 6 个部分。第 1～3 部分如图 3.34 所示。图中第 1 行为仿真名称；第 2 行为网格数、网格节点数和分区号(网格数为 1330 个，网格节点数为 1363 个，区域数为 1)；第 3、第 4 行为节点序号，节点的 x、y、z 坐标，节点标志，面的运动标志，节点标志规则如表

3.3 所列(面的运动标志见表 3.2)。

表 3.3 节点标志规则

名 称	气 门	流体	活塞面	燃烧室	气隙	顶室	气缸头
节点类型	冻结	激 活					

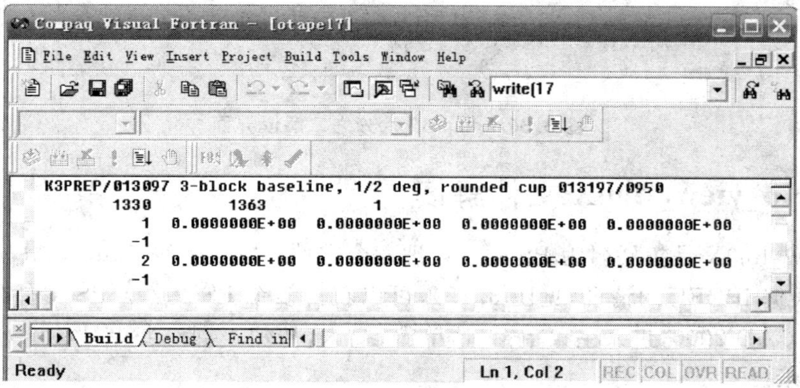

图 3.34 otape17 六分之三解读界面

图 3.35 表示 otape17 第 4 部分内容,该部分内容由 9 个数列构成的矩阵组成。第 1 个数列是第 i4(节点序号)个网格的第 1 个节点数列;第 2 个数列是第 3 个节点数列;第 3 个数列是节点序号数列,从 1 到 1363;第 4 个数列是第 8 个节点数列;第 5 个数列为网格虚实标志数列(虚网格=0.0,实网格=1.0);第 6 个数列为网格面左面标志数列(见表 3.1);第 7 个数列为网格面前面标志数列(见表 3.1);第 8 个数列为网格面底面标志数列(见表 3.1)。

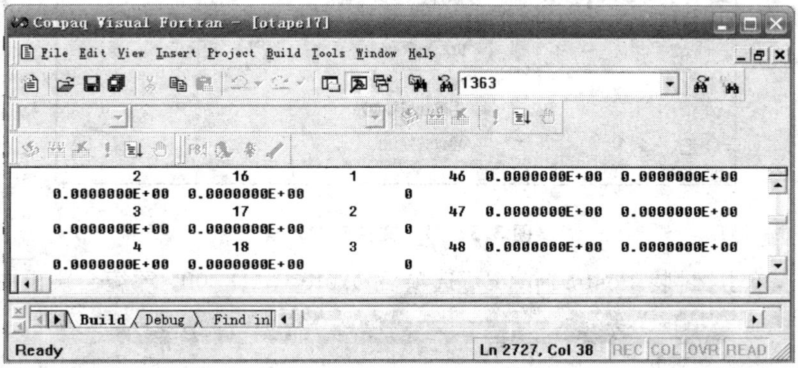

图 3.35 otape17 六分之一解读界面

图 3.36 表示 otape17 第 5 和第 6 部分内容。第 5 部分内容是申明,第 6 部分是由 4 个数列构成的矩阵。图中第 1 行为 1 是申明 K3PREP 提供 3 个数列给 ICFD-CN:左邻节点序号数列、前邻节点序号数列、下邻节点序号数列。第 1 行后是从左到右依次给出节点序号数列、左邻节点序号数列、前邻节点序号数列、下邻节点序号数列。节点序号数列为 1～1363。

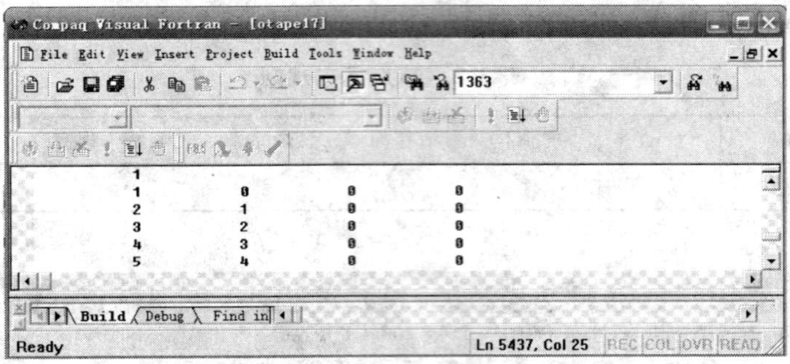

图 3.36　otape17 六分之二解读界面

3.5.3　grid_view_liu0X 文件解读

grid_view_liu0X 是拓展名为 PS 的后处理命令文件。它是一种 Auto CAD 支持的图形文件。前处理根据 IPREP 的请求(见图 3.12),可以获得多个 PS 文件。PS 文件的显示方式是先运行 Auto CAD 2000,进入主菜单窗口,单击“插入”按钮,选择“封装 Postsrcipt(P)”选项,如图 3.37 所示。

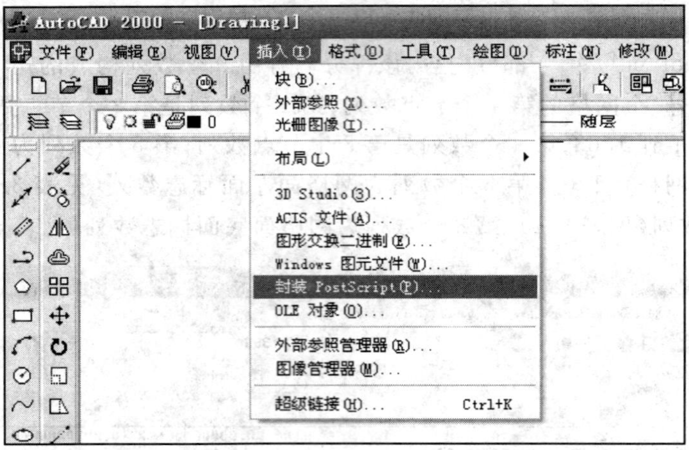

图 3.37　PS 文件转换准备

接上一步,单击“封装 Postsrcipt(P)”选项后,Auto CAD 2000 环境会跳出图 3.38 所示的

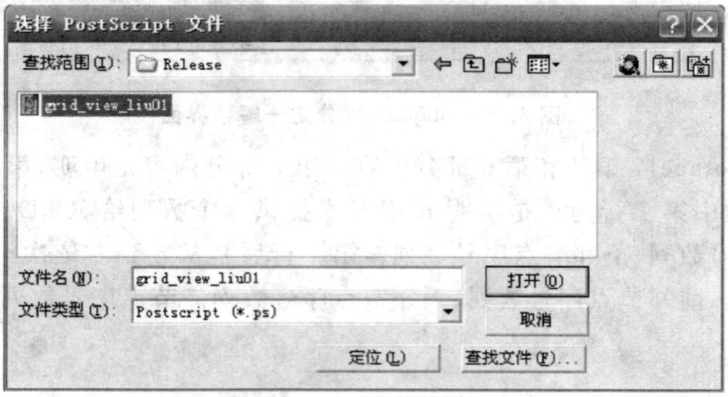

图 3.38　PS 文件的转换

对话框。单击“查找范围”窗口中下拉式按钮选择目标文件夹，单击“文件类型”窗口中下拉式按钮选择“Postscript(*.ps)”选项，单击目标文件，单击“打开”按钮。选择 PostScript，文件对话框消失，回到主菜单窗口，指定插入点和插入比例，PS 文件描述的图形会显示在主菜单窗口中。

图 3.39 为 PS 文件转换的一个案例。图形部分是气缸内的纵中截面网格；图形下方第 1 行文字为仿真项目名称，第 2 行文字为截面位置 $y=0.0\,\mathrm{cm}$ 的说明。

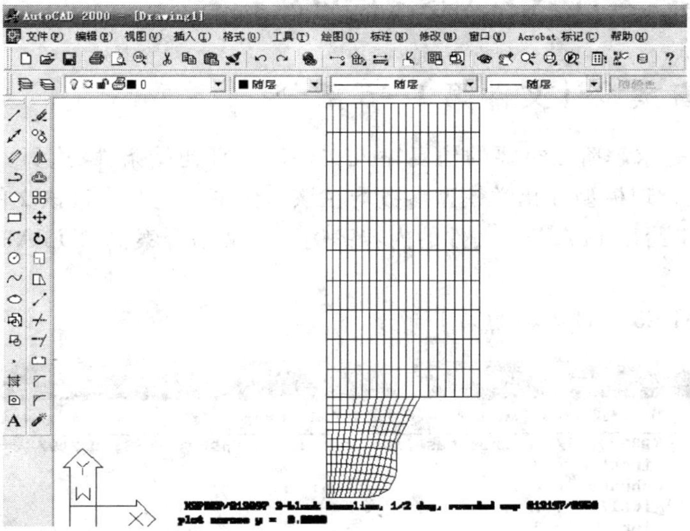

图 3.39 PS 文件的显示截面网格

图 3.40 为 PS 文件转换的另一个案例。图形部分是气缸内的三维消隐网格；图形下方第 1 行文字为仿真项目名称，第 2 行文字为视点位置：$\alpha_{xyrot}=45.0°$，$\beta_{xzrot}=45.0°$，$Z_0=15.0\,\mathrm{cm}$。

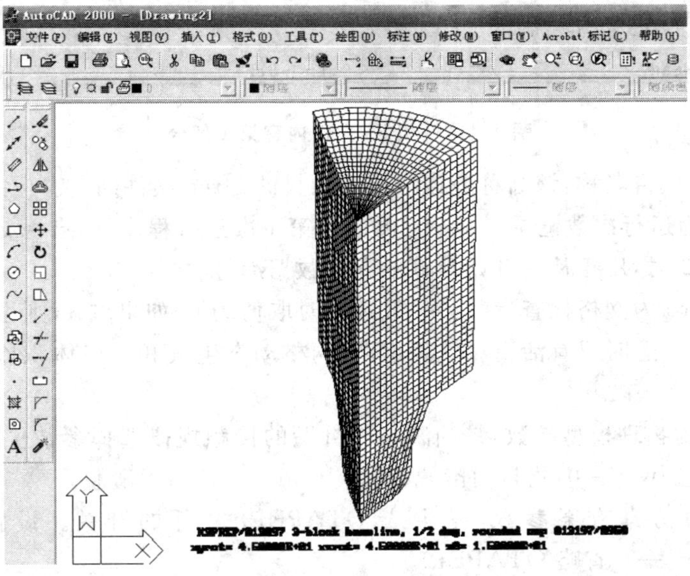

图 3.40 PS 文件显示的消隐网格

4 求 解

4.1 ITAPE5 文件设计(共 21 部分)

4.1.1 仿真方案设计文件第 1～5 部分

ITAPE5 文件是求解阶段重要的仿真输入文件。仿真初始条件、边界条件、仿真方案、喷射条件、点火条件、物理模型和化学模型参数均在该文件中描述并通过该文件在求解时读入计算。图 4.1 到 4.21 给出 ITAPE5 文件的内容案例。下文结合案例对 ITAPE5 文件的设计进行介绍。

图 4.1 为 ITAPE5 文件内容的第 1 部分。

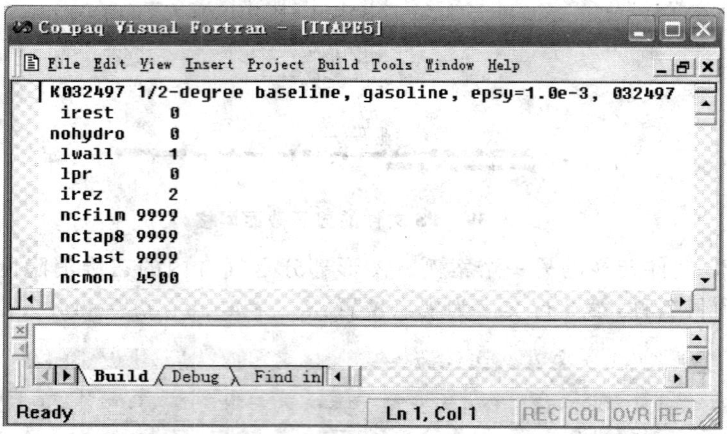

图 4.1 ITAPE5 文件内容第 1 部分

第 1 行为仿真项目名称,该名称应该与同一项目的 iprep 文件同名。

第 2 行 irest 为运行次数记录。irest＝0,表示第 1 次运行程序;irest＝n,表示第 n 次重新运行程序。当 $n>0$ 时,用于从此开始计算的存储数据编号。

第 3 行 nohydro 为网格检查参数。一般运行时取值为 0,如果取 1,则去掉所有的氢只进行网格检查的运行。这时只有活塞和气门运动,网格动态生成和网格体积检查(是否为负,是否有凹坑)。

第 4 行 lwall 为物理模型参数,是油滴与气缸壁的接触规律选择参数。设置 lwall＝＋1,指按规律接触;设置 lwall＝0,指自由滑脱;设置 lwall＝－1,指无滑脱。

第 5 行 lpr 为仿真方案参数,是生成 OTAPE12 文件的开关。设置 lpr ＝1,写入 OTAPE12;设置 lpr ＝0,省略 OTAPE12。

第 6 行 irez 为仿真方案参数,是重新分区的标志。设置 irez＝0,表示专指按欧拉分区规则进行分区；irez＝1，表示专指按拉格朗日分区规则分区；irez＝2，表示按传统的 kiva 分区规则分区（见图 4.1）；irez＝3，表示除开气隙不相同外，其余与 irez＝2 相同，以便保持有限元轴向网格间距不变；如果 irez≥4，irez 用于带有斜气门的网格重新分区。irez＝4，用于类似对称的屋顶式燃烧室气缸；irez＝5，用于二气门 OHV 楔形几何形状（倾斜）的屋顶式燃烧室气缸；irez＝6，用于既有盆形顶部燃烧室又有楔形的几何形状（倾斜）。不属于 irez＝4、5 和 6 这 3 种情况的编码可以当作一般情况考虑。

第 7 行 ncfilm 为仿真方案参数，输出胶片之间循环间隔（时步长度）。

第 8 行 nctap8 为仿真方案参数，在输出文件 OTAPE8 上从新开始存储的数据之间的循环间隔（时步长度）。

第 9 行 nclast 为仿真方案参数，是计算结束时的循环次数。图中，nclast＝9999。

第 10 行 ncmon 为仿真方案参数，在专门的输出文件（*.dat）上发动机气缸数据的简要输出之间的循环间隔。图中，ncmon＝4 500；若设置 ncmon＞5 000，则完全切断这项选择。

图 4.2 为 ITAPE5 文件内容的第 2 部分。

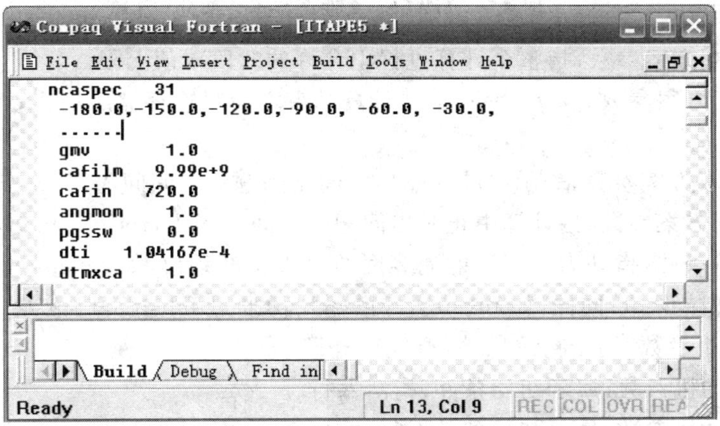

图 4.2　ITAPE5 文件内容第 2 部分

ncaspec 为仿真方案参数，表示给出输出结果的时刻（对应的曲轴转角）数。设置 ncaspec＝0，不给出输出结果；必须设置 ncaspec≤100。如果 ncaspec＞0，接下去要按自由格式列出各曲轴转角，如图第 2 行和第 3 行。

gmv 为仿真方案参数，是输出 gmv 文件的开关参数。设置 gmv＝1，输出 gmv 文件；如果 gmv＝0，切断该选项。gmv 是通用网格视图的文件，可以转换为二维云图、三维云图和动画电影。

cafilm 为仿真方案参数，表示胶片输出之间的曲轴转角间隔。图中，cafilm＝9.99e＋9。cafin 为仿真方案参数，指仿真结束时对应的曲轴转角。图中，cafin＝720.0°。

angmom 为初始条件参数。设置 angmom＝1.0，在动量变化计算 momflx 子程序中（气缸）设置角动量守恒。

pgssw 为初始条件参数，是压力梯度确定开关。设置 pgssw＝1.0，采用按比例的压力梯度；如果 pgssw＝0.0，则冻结这项选择。如果压力边界存在，则选择切断 pgs。

dti 为仿真方案参数，指输入文件中的初始设定的时段长度，量纲为秒（s）。

dtmxca 为仿真方案参数，指每时步对应的最大曲轴转角度数。如果不希望时段长度达到上限,ca 可取大值。图中,dtmxca=1.0,即 1.0°。

图 4.3 为 ITAPE5 文件的第 3 部分。

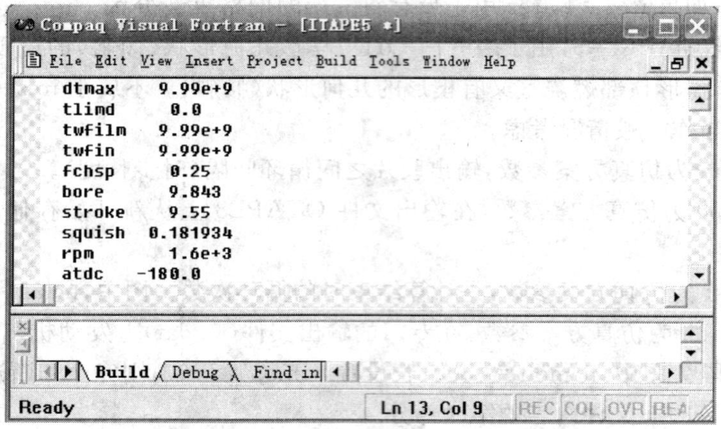

图 4.3 ITAPE5 文件内容第 3 部分

dtmax 为仿真方案参数,指整个计算过程中允许的时段取值上限。

tlimd 为仿真方案参数。tlimd=1.0,在计算结束之前强迫存储后退出;tlimd =0.0,取消存储。

twfilm 为仿真方案参数,表示在胶片输出之间出问题的时间间隔。

twfin 为仿真方案参数,指计算中止时出问题的时间。图中,twfin=9.99e+9。

fchsp 为初始条件,指动力反应和射流蒸发的时步长度系数,如 tchem(q,v)>fchsp,通过 fchsp/tchem 参数减少 dt;同样,如 tevap(q,v)>fchsp,通过 fchsp/tchem 减少 dt。

bore 为发动机参数,属于初始条件,指气缸直径 (cm)。

stroke 为发动机参数,属于初始条件,指活塞行程 (cm)。

squish 为发动机参数,属于初始条件,指气隙(cm)。

rpm 为发动机参数,属于初始条件,指发动机转速(r/min)。

otdc 为仿真方案参数,指开始仿真的曲轴转角(°)。

图 4.4 是 ITAPE5 文件的第 4 部分内容。

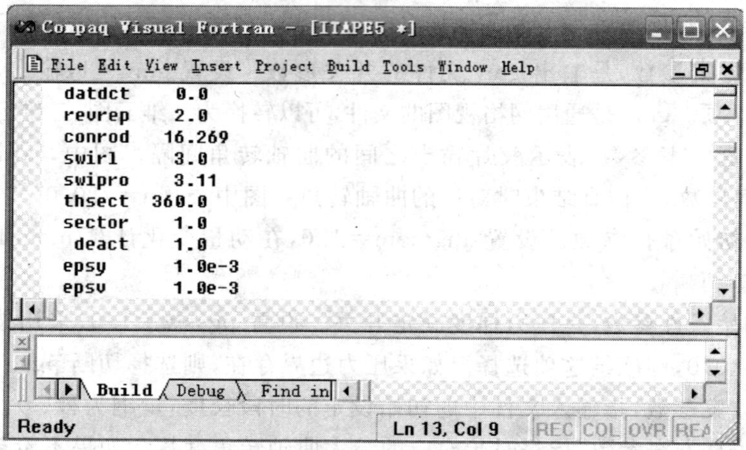

图 4.4 ITAPE5 文件内容第 4 部分

datdct 为发动机参数，属于初始条件，指上下活塞曲轴转角差值。例：上面活塞在下面活塞之前 15°达到其上止点(tdc)，那么 datdct＝－15.0。图中，datdct＝0.0。

revrep 为发动机参数，属于初始条件，指发动机作功一次转动周数。二冲程发动机，revrep＝1.0；四冲程发动机，revrep＝2.0；喷火发动机用更大值。

conrod 为发动机参数，属于初始条件，指连杆长度(cm)。

swirl 为初始条件，指初始涡流率。顺时针为正，逆时针为负。

swipro 为初始条件，是确定初始涡流速度曲线形状的无量纲常数。取值 0～3.83，一般取 3.11。

thsect 为初始条件，是扇形角。对于轴对称整周网格，thsect＝360°；对于半对称气缸网格，thsect＝180°；对于二维扇形网格，thsect＝0.5；对于三维某一角度网格，thsect＝360°的平均份数。

sector 为初始条件。对于具有周期边界的2-d 或3-d 网格，sector＝1；其他情况，sector＝0。

deact 为初始条件，是研究区域激活开关。deact＝1.0，当该区域与气缸断开时，可以冻结该区域；该区域与气缸连通时，可以激活该区域。deact＝0.0，切断该选项，保持该区域的激活状态。

epsy 为初始条件，是质量混合隐式解中允许相对误差，一般 epsy＝1.0e－3。

epsv 为初始条件，是动量混合隐式解中允许相对误差，一般 epsv＝1.0e－3。

图 4.5 为 ITAPE5 文件的第 5 部分内容。

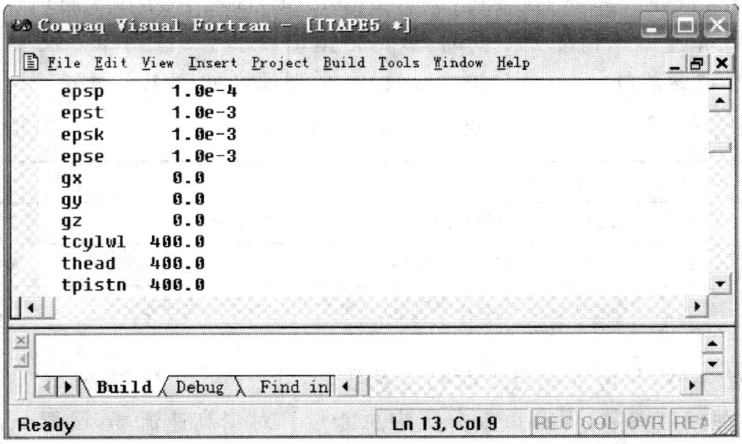

图 4.5 ITAPE5 文件内容第 5 部分

epsp 为初始条件，是压力迭代允许相对误差，一般取 1.0e－4 到 1.0e－8 之间。

epst 为初始条件，是热传导隐式解允许相对误差，一般取 1.0e－3。

epsk 为初始条件，是湍流动能传递隐式解中允许相对误差，一般取 1.0e－3。

epse 为初始条件，是湍流耗散率 epsilon 传递隐式解允许相对误差，一般取 1.0e－3。

gx 为初始条件，是发动机机体在 x 方向的加速度。

gy 为初始条件，是发动机机体在 y 方向的加速度。

gz 为初始条件，是发动机机体在 z 方向的加速度。

tcylwl 为边界条件，是缸壁温度(K)。

thead 为边界条件，是气缸头温度(K)。

tpistn 为边界条件，是活塞面温度(K)。

4.1.2 仿真方案设计文件第 6～10 部分

图 4.6 为 ITAPE5 文件的第 6 部分内容。

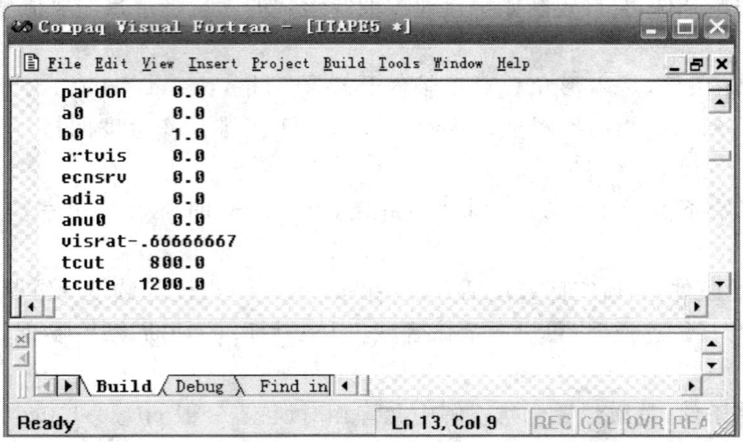

图 4.6 ITAPE5 文件内容第 6 部分

pardon 为初始条件。局部主体网格流，pardon＝1.0；对于类第 2 迎风流，pardon＝0.0。一般用 qsou，但计算速度比精度更重要时，或网格雷诺数小于 2，用 pdc。图中 a0、b0 为初始条件，是对流变化控制参数(pardon＝1.0 才有效)。限制规则如表 4.1 所列。

表 4.1 a0 和 b0 规则

a0	b0	规 则
0	0	向中心的(如果无黏性是不稳定的)
1	0	完全主体网格
0	1	内插式主体网格(用于具有 SGS 湍流情况)

artvis 为初始条件，是电火花点火时黏度系数，0.0＜artvis＜0.25。

ecnsrv 为物理模型参数，保存重新分区中总能量。对于高速流场，设置 ecnsrv＝1.0；对于正常流场，ecnsrv＝0.0。

adia 为物理参数。对于恒温壁面，adia ＝0.0；对于 adiabatic(变化)壁面，adia ＝1.0。

anu0 为物理参数，是分子量/密度 ρ 的黏度比率。当采用 sgs 或 k - e 模型时，设置anu0＝0。

visrat 为物理参数，是 lamdba(λ)与分子黏度的比率。对于零块黏度，设置 visrat＝－2/3。

tcut 为化学模型参数，如果网格温度小于 tcut，应避开动力反应计算。

tcute 为化学模型参数，与切断类似，关系到平衡化学计算。

图 4.7 为 ITAPE5 文件的第 7 部分内容。

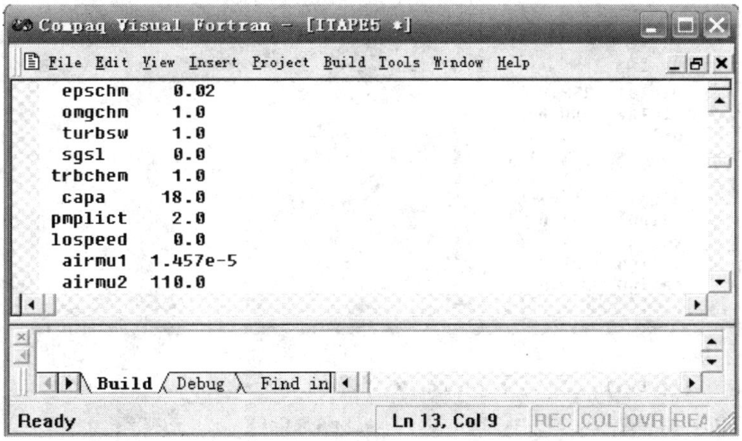

图 4.7 ITAPE5 文件内容第 7 部分

epschm 为仿真方案参数，是在化学平衡迭代计算中的允许误差，典型的取 0.02。

omgchm 为仿真方案参数，是化学平衡迭代中释放因子的倒数，典型的取 1.0。

turbsw 为仿真方案参数，是湍流模型选择开关。turbsw＝0.0，无湍流（tkesw＝0）；turbsw＝1.0，k-ε 模型（thesw＝1.0）；turbsw＝2.0，RNG k-ε 模型（thesw＝1.0）。

sgsl 为仿真方案参数，是 sgs 长度比例，通常取 4～5dz。设置 sgsl＝0.0，模型降到只使用 k-ε 模型。

trbchem 为仿真方案参数，正常情况，设置 trbchem ＝0.0；设置 trbchem ＝1.0，对于化学子例程中的燃料氧化反应，接通混合控制化学反应模型。

capa 为初始条件，是化学子例程中，确定湍流反应率的湍流模型常数。

pmplict 为仿真方案参数。正常情况，设置 pmplict＝0.0；设置 pmplict＝1.0，用隐含的压力迭代（所有 phip′s＝1.0）；设置 pmplict＝2.0，也用隐含的压力迭代，另外加上扩散程序，也是完全隐含运行（所有 phip′s＝1.0）。

lospeed 为仿真方案参数。正常情况，设置 lospeed＝0.0；设置 lospeed＝1.0，启动低速流场，使计算接近完全不可压缩流场。

airmu1 和 airmu2 为物理参数，是计算环境介质分子黏度的参数。环境介质分子黏度＝airmu1×tem1.5/(temp＋airmu2)。

图 4.8 为 ITAPE5 文件的第 8 部分内容。

airla1 和 airla2 为物理参数，是环境介质分子热传导系数计算所需参数。环境介质分子热传导系数＝airla1×temp×1.2/(temp＋airla2)。

prl 为物理参数，层流中是普朗特常数。在空气中，设置 prl＝0.74。

rpr 为物理参数，是湍流普朗特常数的倒数，rpr＝k/(c /p* mu)。

rsc 为物理参数，是湍流舒密特 schmidt 数的倒数，用于质量扩散，rsc＝ρ* d/mu。

xignit 为仿真方案参数，是化学子例程序尾部加在火花网格上点火能量的时间常数的倒数。设置 xignit＝0，冻结点火选择。

t1ign 为初始条件，是初始火花点火时间。

tdign 为初始条件，是点火周期(s)。

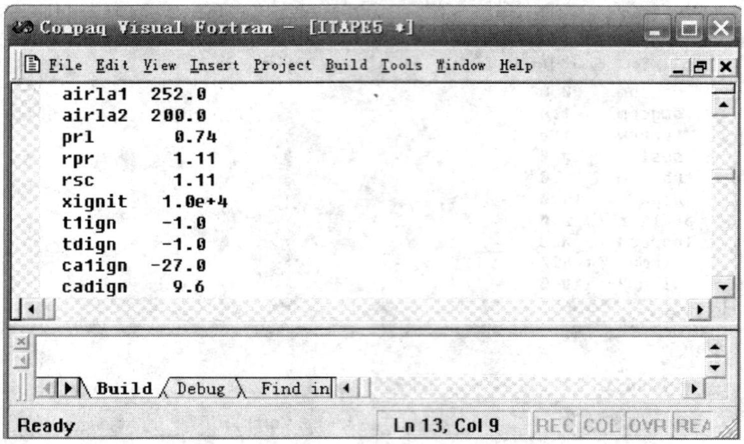

图 4.8 ITAPE5 文件内容第 8 部分

ca1ign 为初始条件，是初始火花点火时间(ATDC)，如果 t1ign 小于 0，只使用该参数。

cadign 为初始条件，是点火周期(ATDC)。

图 4.9 为 ITAPE5 文件的第 9 部分内容。

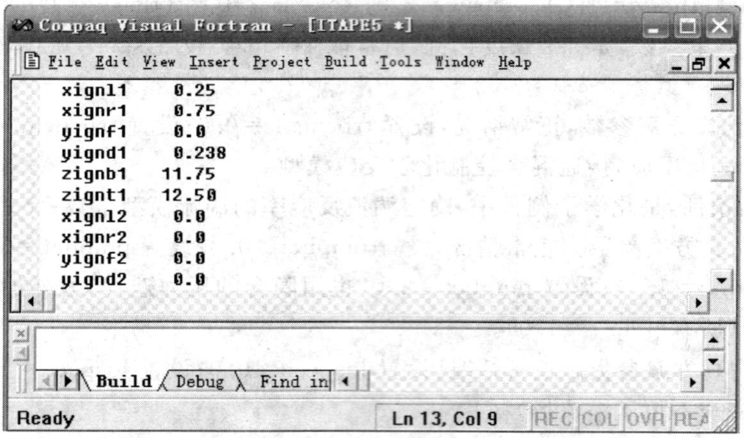

图 4.9 ITAPE5 文件内容第 9 部分

第 1～6 行 xignl1、xignr1、yignf1、yignd1、zignb1、zignt1 为化学参数，可以是单个网格和一块网格，用于描述 x、y、z 某些体积区域的物理坐标(cm)。在点火计算过程中，在靠近化学子例程末尾，网格中心坐标以 xignl1 等 6 个坐标为基准计算。如果网格中心落入点火体积区域内，该网格被点火。点火与网格紧密相关，在很多应用场合，真实火花位置的一块网格必须被点火，以获得成功的燃烧，而不是单个网格点火。

第 7～10 行 xignl2、xignr2、yignf2、yignd2 为化学参数，是第 2 点火区的 x、y 方向位置定义。

图 4.10 为 ITAPE5 文件的第 10 部分内容。

zignb2、zignt2 为化学参数，是第 2 点火区 z 方向位置定义。

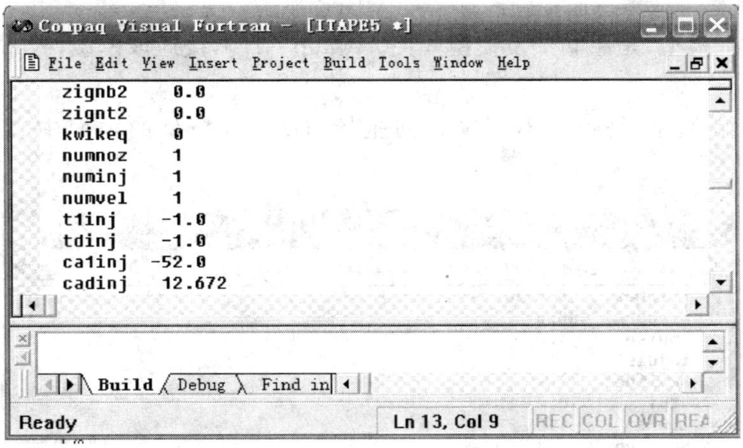

图 4.10 ITAPE5 文件内容第 10 部分

kwikeq 为化学参数，设置 kwikeq＝1，使用 6 个已建反应式的快速平衡化学反应程序 chmqgm 计算；kwikeq＝0，代之以更慢但是一般的程序 chemeq 计算。注意 Chmggm 要有 c 和 H 存在。

numnoz 为初始条件，指喷射器喷嘴数。

numinj 为初始条件，指每个发动机周期分级喷射模式时喷射脉冲数。

numvel 为初始条件，是指每个发动机周期喷射速度。

t1inj 为初始条件，是开始小滴喷射的时间。tdinj 为初始条件，是喷射脉冲的周期(s)。ca1inj 为初始条件，指开始喷射曲轴转角，只在 t1inj 小于 0 时使用。cadinj 为初始条件，指喷射脉冲周期(曲轴转角)。

4.1.3 仿真方案设计文件第 11～15 部分

图 4.11(a)为 ITAPE5 文件的第 11 部分内容。

tspmas 为初始条件，指喷射质量(g)。如果连续喷射(pulse＝0.0)，tspmas 等于单位时间喷射质量；如果脉冲喷射(pulse>1.0)，tspmas 是喷射的总质量。

tnparc 为初始条件，是喷包数。如果连续喷射(pulse＝0.0)，tnparc 为单位时间的喷包数；如果脉冲喷射(pulse>1.0)，tnparc 是喷射总喷包数。如果是 3D 仿真，典型地取 2000～5000；如果是 2D 仿真，取 500～1000。

pulse 为初始条件，是喷射模式。对于连续射流喷射，pulse＝0.0；对于半正弦波喷射，pulse＝ 1.0；对于方波喷射，pulse＝2,0；按照喷射速度表定义的速度喷射，pulse ＝3.0。

injdist 为初始条件，指喷射小滴尺寸。Injdist＝1，小滴按 smr(i)尺寸分布；Injdist＝0，按同一个尺寸分布，等于被转换成为喷嘴半径的 smr(i)。

kolide 为物理模型参数，是小滴碰撞模型的开关。设置 kolide＝＋1，接通小滴碰撞计算；kolide＝0，避开小滴碰撞计算。

tpi 为初始条件，指燃油小滴流入温度(K)。

turb 为物理模型参数。turb ＝1.0，考虑小滴的湍流速度。

breakup 为物理模型参数，是物理模型开关。breakup＝1.0，接通小滴破碎模型；breakup

=0.0,避开该模型。

evapp 为物理模型,是小滴蒸发模型开关。evapp=1.0,接通该模型;evapp=0.0 ,避开该模型。

drnoz 为初始条件,是喷射器喷嘴径向坐标(cm),以模型的顶面中心为坐标原点,如图4.11(b)所示。

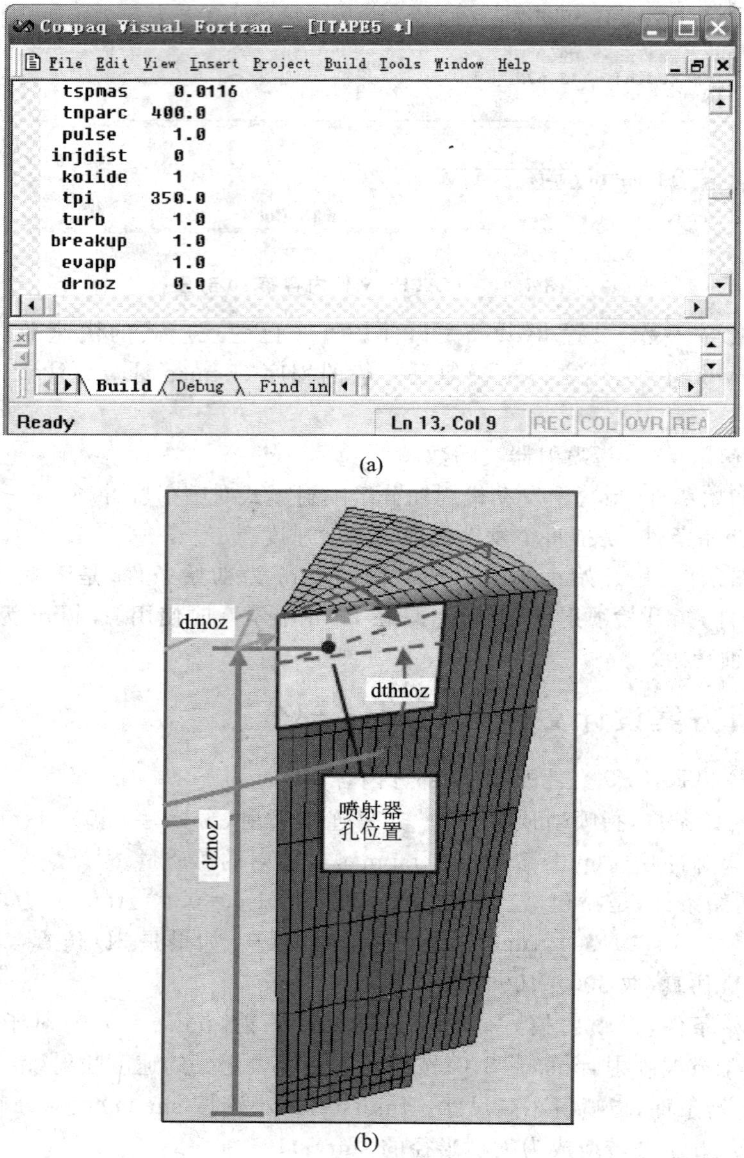

图 4.11 ITAPE5 文件内容第 11 部分

图 4.12(a)为 ITAPE5 文件的第 12 部分内容。dznoz 为初始条件,是喷油器 z 坐标(cm),是 z=0.0 以上的绝对坐标位置,见图 4.11(b)。

图 4.12(a)中 dthnoz 为初始条件，是喷嘴孔与 $y=0$ 平面的方向角。从上向下看逆时针为正，如图 4.11(b)。

tiltxy 为初始条件，是喷射器在 x-y 平面内的旋转角。设置 tiltxy=0.0，指向三点钟的方向。

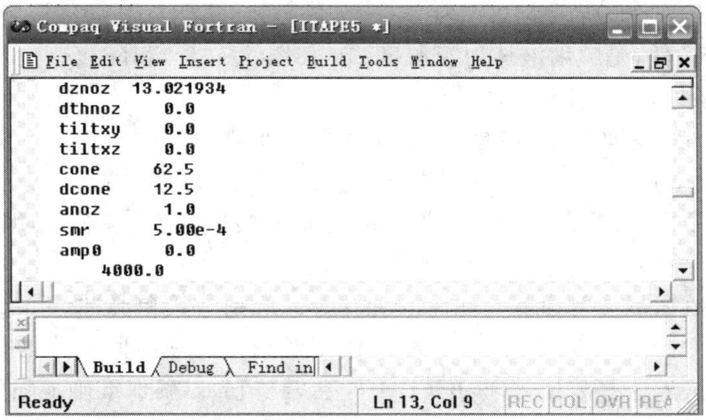

(a)

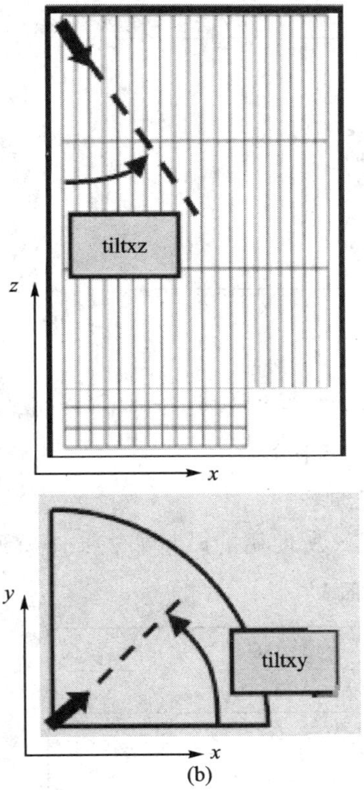

(b)

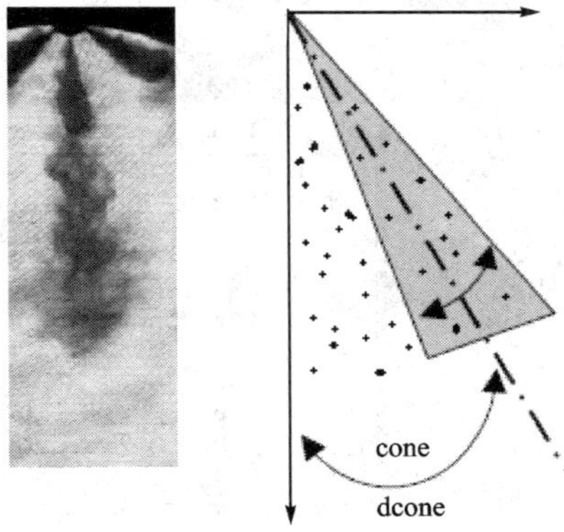

实心锥喷

(c)

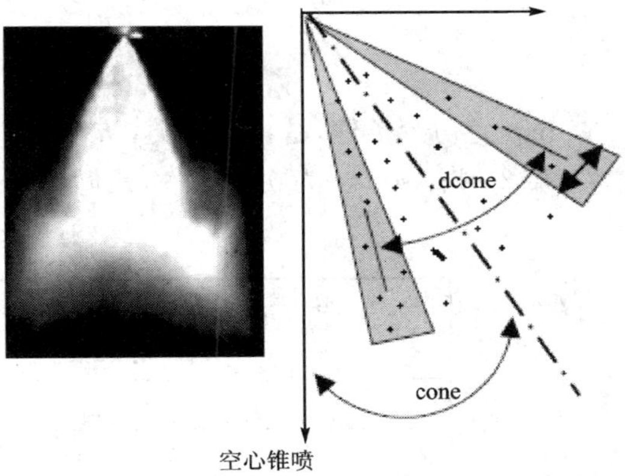

空心锥喷

(d)

图 4.12 ITAPE5 文件内容第 12 部分

tiltxz 为初始条件，喷射器在 $x-z$ 平面斜角。设置 tiltxz=0.0，喷射器向下；tiltxz>0.0，向 x 方向斜；tiltxz<0，向 $-x$ 方向斜。

cone 为初始条件，是空心锥型燃油喷射器平均锥角(°)。对于实心锥形喷射，设置 cone = dcone，如图 4.12(c)和(d)所示。

dcone 为初始条件，是喷射液体射流厚度(°)，如图 4.12(c)和(d)。

anoz 为初始条件，是喷孔截面积。

smr 为物理参数，是厘米克秒制单位下喷射器处小滴索特平均半径。如果 injdist=0，设置 smr=喷嘴半径；injdist=1，列出油包平均半径分布。

amp0 为初始条件，是喷射器处小滴振动的初始振幅。以韦伯数为基础估计，只有在破裂模型接通时使用。

图中第 10 行数据是喷射速度(cm/s)。对于连续喷射或简单脉冲(pulse < 3.0)，给出一个速度值；对于通常情况(pulse = 3.0)，喷射速度是一系列随时间变化的数据。无论用户希望用何种方式，在读入这些数据之前，ICFD-CN 会调整它，以确保准确地喷射出总燃油喷射质量(tspmas)。

图 4.13 是 ITAPE5 文件的第 13 部分内容。

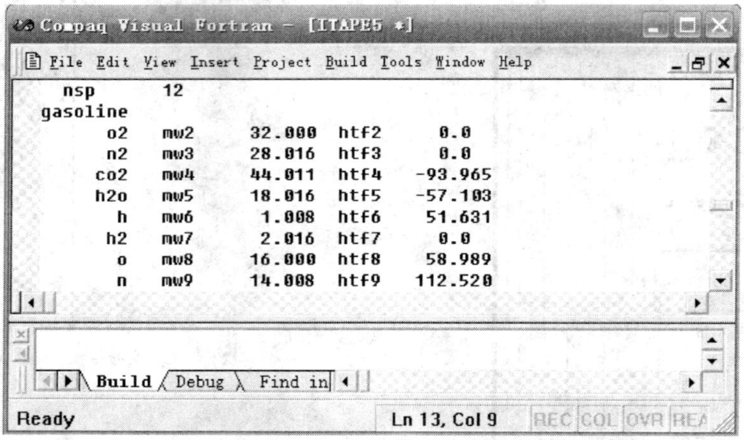

图 4.13　ITAPE5 文件内容第 13 部分

nsp 为初始条件，是物质种类，从 isp=1 到 nsp 进行编号。

第 2 行 gasoline 为初始条件，是燃油代号。ICFD-CN 所使用的燃料如表 4.2 所列。

表 4.2　燃料变量名称对照表

序　号	英文名称	分子式(模型)
1	methane	(ch4)
2	ethane	(c2h6)
3	propane	(c3h8)
4	n-butane	(c4h10)
5	isobutane	(c4h10)
6	n-pentane	(c5h12)

续表 4.2

序 号	英文名称	分子式(模型)
7	isopentane	(c5h12)
8	n-hexane	(c6h14)
9	n-heptane	(c7h16)
10	n-octane	(c8h18)
11	isooctane	(c8h18)
12	n-nonane	(c9H20)
13	n-decane	(c10H22)
14	n-dodecane	(c12H26)
15	n-tridecane	(c13H28)
16	n-tetradecane	(c14h30)
17	n-hexadecane	(c16h34)
18	ethylene	(ethene) (c2h4)
19	propylene	(propene) (c3h6)
20	1-octene	(c8h16)
21	benzene	(c6h6)
22	methylbenzene	(toluene) (c7h8)
23	ethylbenzene	(c8h10)
24	methanol	(methyl alcohol) (ch3oh)
25	ethanol	(ethyl alcohol) (c2h5oh)
26	dme	(dimethyl ether) (c2h6o)
27	acetylene	(ethyne) (c2h2)
28	natural gas	(mixture of first 7 paraffins above)
29	gasoline	(c8h17)
30	kerosene	(c12h23)
31	jet-a	(c12h23, univ. of south florida model)
32	diesel #2	(df2) (c12h26, cummins model)
33	diesel #2	(di) (c13h23, univ. of illinois model)
34	hydrogen	(H_2)
35	water	(H_2O)
36	helium	(he)
37	argon	(ar)

第 3～10 行为初始条件,是化学参数。第 1 列是流场中第 i 种物质的分子式,第 2 列为第 i 种物质分子量代号,第 3 列为分子量,第 4 列为第 i 种物质在热力学温度 0 K 时的生成热代号,第 5 列为第 i 种物质在热力学温度 0 K 时的生成热(cal/mol) * 。

图 4.14 为 ITAPE5 文件的第 14 部分内容。

第 1～3 行为初始条件,是化学参数。第 1 列为流场中第 i 种物质的分子式,第 2 列为第 i 种物质分子量代号,第 3 列为分子量,第 4 列为第 i 种物质在热力学温度 0 K 时的生成热代

* cal 为非法定计量单位,1 cal=4.186 8 J。

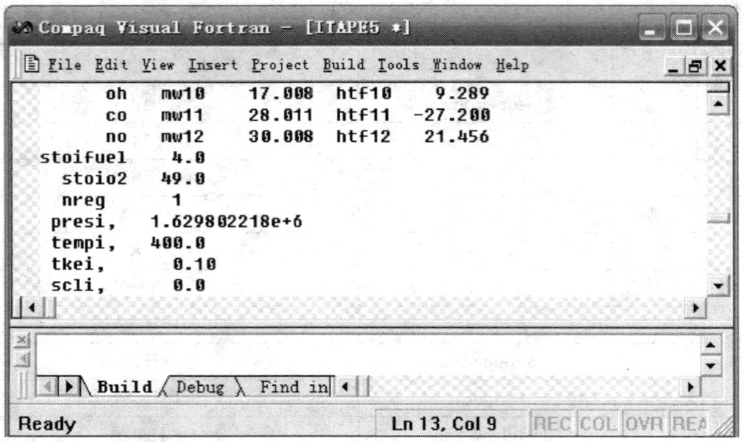

图 4.14 ITAPE5 文件内容第 14 部分

号,第 5 列为第 i 种物质在热力学温度 0 K 时的生成热(cal/mol)。

stoifuel 和 stoio2 为燃烧反应式的分子配平系数,在燃烧计算时需要。

nreg 为物理参数,是分区编号,presi、tempi、tkei、sgsl、er 和 mfrac 等读入时用。

presi 为初始条件,是 nreg 区初始压力(dyn/cm^2)*。

tempi 为初始条件,是 nreg 区内初始温度(K)。

tkei 为初始条件,是 nreg 区内初始湍流动能密度。在 I. C. 发动机中,tkei(n) 是分数,代表动能百分比(基于平均活塞速度,活塞速度是行程/半个周期),也是湍流动能。在非发动机应用中(rpm=0.0),tkei(n)是实际的 tke,单位是(cm/s)^2,典型的值是平均流场动能 0.5* u^2 的 10% 。

scli 为初始条件,是 nreg 区初始湍流长度尺度(cm)。如果 scli > 0.0,在 SETUP 子例程中初始化 EPS 时,它的值被用于统一长度尺度。如果 scli=0.0,当采用子网格尺度湍流模型时,初始的 EPS 会代之以与最近的固体壁面距离成比例,代码会确保初始长度尺度小于 sgsl。

图 4.15 为 ITAPE5 文件的第 15 部分内容。

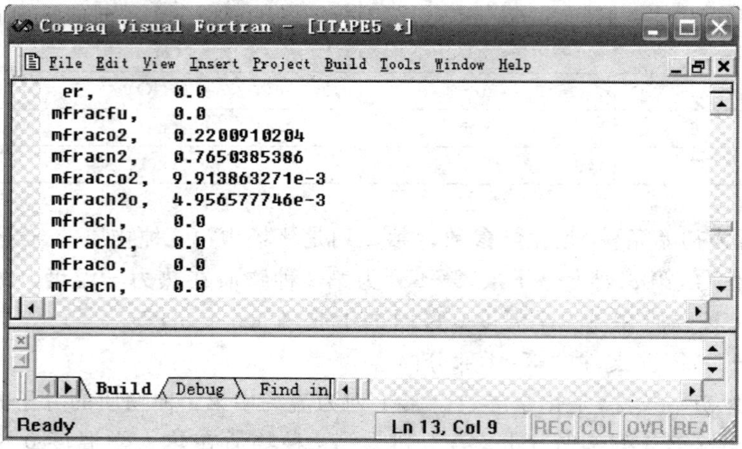

图 4.15 ITAPE5 文件内容第 15 部分

* dyn 为非法定计量单位,1 dyn=10^{-5} N。

第 1 行 er 为初始条件，是 nreg 区初始混合物的等价率，空燃比的倒数。

第 2～10 行为初始条件，是一个矩阵。第 1 列为第 i 种物质的质量分数变量，第 2 列为第 i 种物质的质量分数。在子例程 setupro 中，mfrac 会变成物质密度。注意，如果有摩尔分数，用户可以将它们变成质量分数。方法是用每个摩尔分数乘以该物质的分子重量，然后用每个物质除以所有物质的总量。

4.1.4 仿真方案设计文件第 16～21 部分

图 4.16 为 ITAPE5 文件的第 16 部分内容。

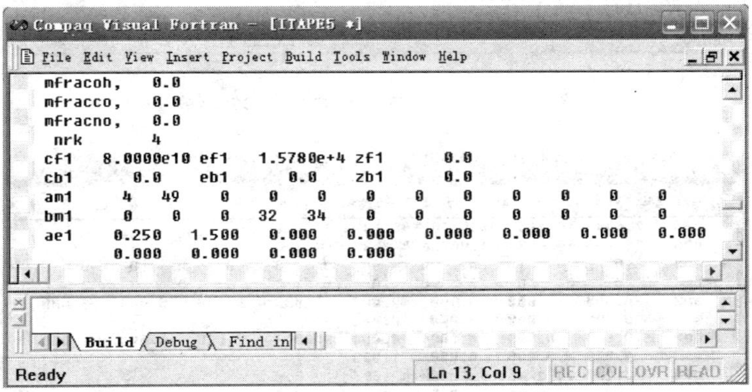

图 4.16 ITAPE5 文件内容第 16 部分

第 1～3 行为初始条件，是一个矩阵。矩阵内容同上一段落对图 4.15 第 2～10 行的描述。

第 4 行 nrk 为仿真方案参数，指动力化学反应数。反应式的编号是 1 到 nrk。

第 5、6 行为化学参数，是一个矩阵。第 1 列为第 i 个化学反应正向和逆向反应指前因子变量符号；第 2 列为第 i 个化学反应分别为正向和逆向反应指前因子；第 3 列为第 i 个化学反应正向和逆向反应的激活温度变量符号；第 4 列为第 i 个化学反应正向和逆向反应的激活温度。第 5 列为第 i 个化学反应正向和逆向反应的温度指数变量符号；第 6 列为第 i 个化学反应正向和逆向反应的温度指数。

第 7 行 am1 为化学参数，是第 1 个动力反应方程式第 i 种物质（nsp＝12 种物质）左边分子配平系数。

第 8 行为化学参数，是 bm1 第 1 个动力反应方程式第 i 种物质右边分子配平系数。

第 9、10 行 ae1 为第 1 个动力反应正向反应率第 i 种物质浓度指数。

图 4.17 为 ITAPE5 文件的第 17 部分内容。

第 1、2 行 be1 为化学参数，是第 1 个动力反应逆向反应率第 i 种物质的浓度指数。

第 3～10 行为化学参数，同上述第 1 个动力反应一样，描述了第 2 个动力反应的化学模型参数。

图 4.18 为 ITAPE5 文件的第 18 部分内容。

第 1～8 行为化学参数，同上述第 1、2 个动力反应一样，描述了第 3 个动力反应的化学模型参数。

第 9、10 行为化学参数，同上述第 1、2、3 个动力反应一样，描述了第 4 个动力反应的化学

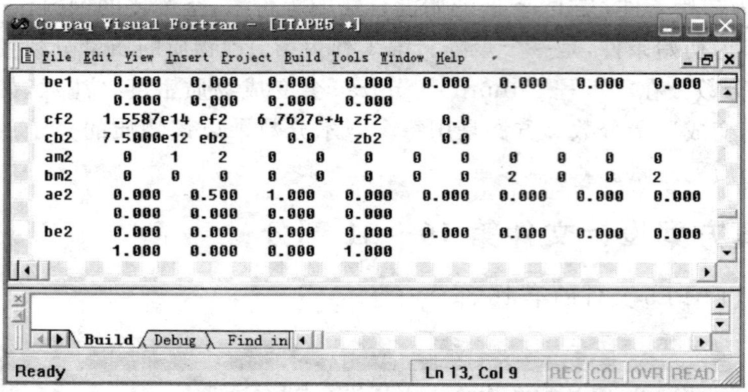

```
be1     0.000    0.000    0.000    0.000    0.000    0.000    0.000    0.000
        0.000    0.000    0.000    0.000
cf2   1.5587e14 ef2    6.7627e+4 zf2        0.0
cb2   7.5000e12 eb2        0.0   zb2        0.0
am2      0    1    2    0    0    0    0    0    0    0    0    0
bm2      0    0    0    0    0    0    0    0    2    0    0    2
ae2     0.000    0.500    1.000    0.000    0.000    0.000    0.000    0.000
        0.000    0.000    0.000    0.000
be2     0.000    0.000    0.000    0.000    0.000    0.000    0.000    0.000
        1.000    0.000    0.000    1.000
```

图 4.17　ITAPE5 文件内容第 17 部分

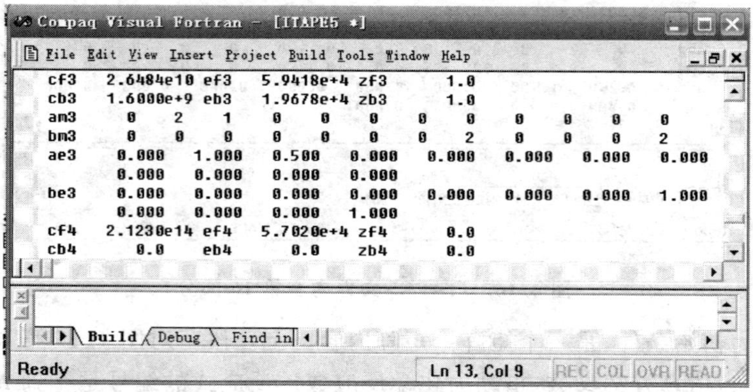

```
cf3   2.6484e10 ef3    5.9418e+4 zf3        1.0
cb3   1.6000e+9 eb3    1.9678e+4 zb3        1.0
am3      0    2    1    0    0    0    0    0    0    0    0    0
bm3      0    0    0    0    0    0    0    2    0    0    0    2
ae3     0.000    1.000    0.500    0.000    0.000    0.000    0.000    0.000
        0.000    0.000    0.000    0.000
be3     0.000    0.000    0.000    0.000    0.000    0.000    0.000    1.000
        0.000    0.000    0.000    1.000
cf4   2.1230e14 ef4    5.7020e+4 zf4        0.0
cb4      0.0    eb4        0.0   zb4        0.0
```

图 4.18　ITAPE5 文件内容第 18 部分

模型参数。

图 4.19 为 ITAPE5 文件的第 19 部分内容。

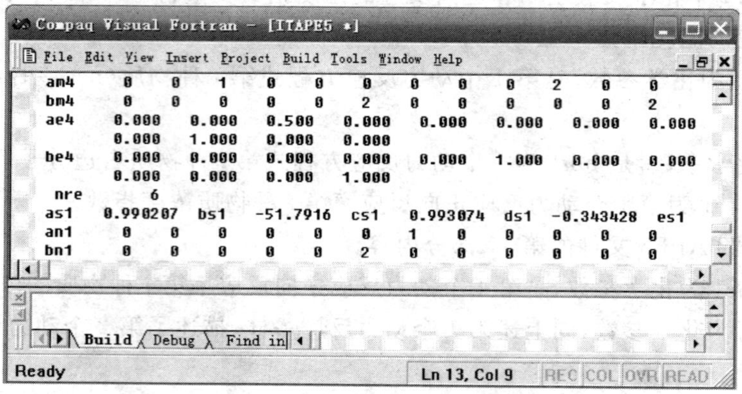

```
am4      0    0    1    0    0    0    0    0    0    2    0    0
bm4      0    0    0    0    0    2    0    0    0    0    0    2
ae4     0.000    0.000    0.500    0.000    0.000    0.000    0.000    0.000
        0.000    1.000    0.000    0.000
be4     0.000    0.000    0.000    0.000    0.000    1.000    0.000    0.000
        0.000    0.000    0.000    1.000
 nre      6
as1    0.990207   bs1    -51.7916   cs1    0.993074   ds1   -0.343428   es1
an1      0    0    0    0    0    0    1    0    0    0    0    0
bn1      0    0    0    0    0    2    0    0    0    0    0    0
```

图 4.19　ITAPE5 文件内容第 19 部分

第 1～6 行同图 4.18 第 9、10 行。

第 7 行 nre 为初始条件，是平衡反应数。平衡反应编号从 1 到 nre。注意：如果 kwikeq=

1，子例程 rinput 不读入 nre 行或任何系列数据，如 as、bs、cs、ds、es、an 或 bn。

第 8 行 as1、bs1、cs1、ds1、es1 分别为第 1 个平衡反应平衡常数的函数形式中 ar、br、cr、dr、er 系数。

第 9 行 an1 为第 1 个平衡反应左边第 i 种物质分子式配平系数。

第 10 行 bn1 为第 1 个平衡反应右边第 i 种物质分子式配平系数。

图 4.20 为 ITAPE5 文件的第 20 部分内容。第 1～9 行为化学参数，按照图 4.19 第 8～10 行所描述的方法描述了第 2～4 个平衡反应的化学模型参数。图 4.20 第 10 行和图 4.21 前 5 行按照同上的方法描述了第 5、6 个平衡反应的化学模型参数。

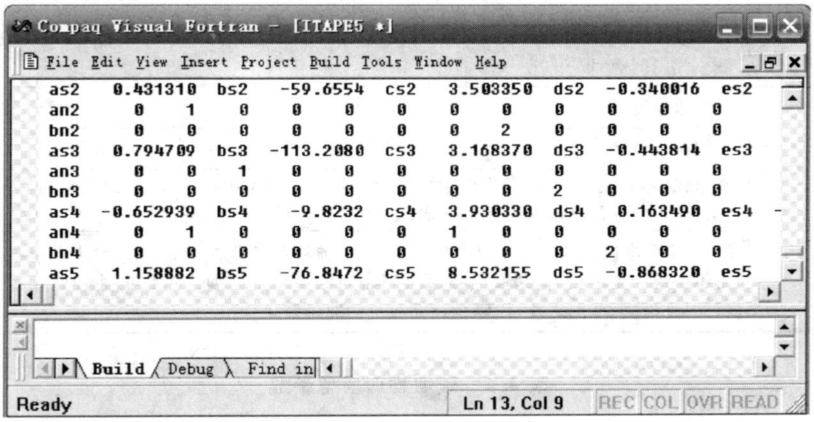

图 4.20　ITAPE5 文件内容第 20 部分

图 4.21 为 ITAPE5 文件的第 21 部分内容。第 6 行 nvalves 为初始条件，是运动气门数（0～5 个）。如果 nvalves > 0，接着输入气门参数，如表 4.3 所列。

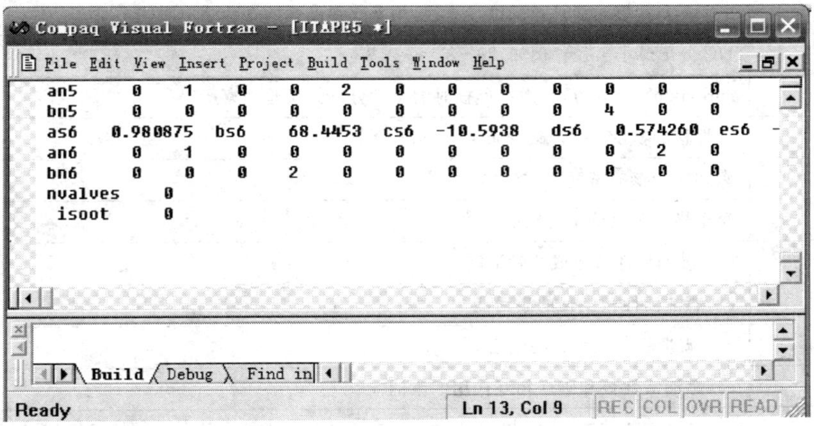

图 4.21　ITAPE5 文件内容第 21 部分

第 7 行 isoot 为仿真方案参数。设置 isoot=1，接通碳烟计算；否则，设置 isoot=0。如果 isoot=1，碳烟输入数据被读入，如表 4.4 所列。

表 4.3　气门初始条件

变量名称	设计说明
vliftmin(mm)	最小气门间隙,取 0.05～0.1 cm
skirtth(mm)	气门边厚度(cm)
tmove(mm)	气门温度(K)
vtiltxz(mm)	气门在(x,z)空间斜度,假设曲轴平行于 Y 轴。如果 vtiltxz ＜ 0,气门杆斜向 $-X$ 轴方向;如果 vtiltxz＞ 0,气门杆斜向 $+X$ 轴方向;如果 vtiltxz ＝ 0,气门垂直
nlift(mm)	ITAPE18 中位置数。对于每个接口,给出曲轴转角和升程(cm)。只给出非 0 的升程。曲轴转角不必统一留空格,但是取值必须从开始到结束增加。如果给出的曲轴转角位于 0 到 degrep (720 or 360) 范围之外,代码会计算等价的曲轴转角
vliftmin(mm)	最小气门间隙,取 0.05～0.1 cm
skirtth(mm)	气门边厚度(cm)
tmove(mm)	气门温度(K)
vtiltxz(mm)	气门在(x,z)空间斜度,假设曲轴平行于 Y 轴。如果 vtiltxz ＜ 0,气门杆斜向 $-X$ 轴方向;如果 vtiltxz＞ 0,气门杆斜向 $+X$ 轴方向;如果 vtiltxz ＝ 0,气门垂直
nlift(mm)	ITAPE18 中位置数。对于每个接口,给出曲轴转角和升程(cm)。只给出非 0 的升程。曲轴转角不必统一留空格,但是取值必须从开始到结束增加。如果给出的曲轴转角位于 0 到 degrep (720 or 360) 范围之外,代码会计算等价的曲轴转角

表 4.4　碳烟物理模型参数

变量名称	设计说明
tcuts	如果网格温度小于 tcuts,避开碳烟计算
drni	长大的燃油活性核初始直径
dnuci	长大的碳烟粒子核初始直径
drncr	d(r-n,cr),燃油活性核的临界直径,用来获得准确的燃油感应时间
ra	HC 分子最小半径。例如,2e−8 ＝2 Å *
surf	surovikin′s 系数 f,考虑在形核时的化学分支。实验观察所得
rhorn	活性核的密度, 对于碳,rhorn＝2 g/cm^3
rhopn	碳烟粒子核的密度,有类似的值
xnc	每个燃油碳氢分子的碳原子数
ee1	e1, 燃油活性核形成的激活能
ee2	e2,燃油活性核生长的激活能
ee3	e3, 碳烟粒子核生长的激活能
ee4	e4,燃油活性核和碳烟相互作用的激活能
eka,ekb,ekt,ekz	a、b、t、z 是激活能;fka、fkb、fkt、fkz 是氧化中的碳烟粒子对应于实验常数 ka、kb、kt、kz 的因子(nagle & strickland-constable model)。注意:8 个激活能输入单位是 kcal/mol;它们在子例程 rinput 中被转换为 erg/g *
fka,fkb,fkt,fkz	见上述 eka、ekb、ekt、ekz 描述

* Å 与 erg 为非法定计量单位,1 Å＝10^{-10} m,1 erg＝10^{-7} J。

4.2 ITAPE5 文件格式(共 21 部分)

4.2.1 仿真方案设计文件第 1～5 部分

图 4.1 为 ITAPE5 文件内容的第 1 部分。如图 4.1 所示，第 1 行格式为(a80)，表示可以列出 80 个字符的字符串作为仿真课题名称。第 2～10 行格式为(a8,i5)，表示由 1 个字符串和 1 个整型数组成。字符串长度为 5 个字符，整型数长度为 5 位数。

图 4.2 为 ITAPE5 文件内容的第 2 部分。如图 4.2 所示，第 1 行格式为(a8,i5)，表示由 1 个字符串和 1 个整型数组成。字符串长度为 5 个字符，整型数长度为 5 位数。第 2 行到 GMV 之前一行为自由格式，数据之间用逗号隔开。第 3～10 行格式为(a8,f10.5)，表示由 1 个字符串和 1 个实型数组成。字符串长度为 8 个字符；实型数占 10 位，小数位为 5。

图 4.3 为 ITAPE5 文件内容的第 3 部分。如图 4.3 所示，第 1～10 行格式为(a8,f10.5)，表示由 1 个字符串和 1 个实型数组成。字符串长度为 8 个字符；实型数占 10 位，小数位为 5。

图 4.4 为 ITAPE5 文件内容的第 4 部分。如图 4.4 所示，第 1～10 行格式为(a8,f10.5)，表示由 1 个字符串和 1 个实型数组成。字符串长度为 8 个字符；实型数占 10 位，小数位为 5。

图 4.5 为 ITAPE5 文件内容的第 5 部分。如图 4.5 所示，第 1～10 行格式为(a8,f10.5)，表示由 1 个字符串和 1 个实型数组成。字符串长度为 8 个字符；实型数占 10 位，小数位为 5。

4.2.2 仿真方案设计文件第 6～10 部分

图 4.6 为 ITAPE5 文件内容的第 6 部分。如图 4.6 所示，第 1～10 行格式为(a8,f10.5)，表示由 1 个字符串和 1 个实型数组成。字符串长度为 8 个字符；实型数占 10 位，小数位为 5。

图 4.7 为 ITAPE5 文件内容的第 7 部分。如图 4.7 所示，第 1～10 行格式为(a8,f10.5)，表示由 1 个字符串和 1 个实型数组成。字符串长度为 8 个字符；实型数占 10 位，小数位为 5。

图 4.8 为 ITAPE5 文件内容的第 8 部分。如图 4.8 所示，第 1～10 行格式为(a8,f10.5)，表示由 1 个字符串和 1 个实型数组成。字符串长度为 8 个字符；实型数占 10 位，小数位为 5。

图 4.9 为 ITAPE5 文件内容的第 9 部分。如图 4.9 所示，第 1～10 行格式为(a8,f10.5)，表示由 1 个字符串和 1 个实型数组成。字符串长度为 8 个字符；实型数占 10 位，小数位为 5。

图 4.10 为 ITAPE5 文件内容的第 10 部分。如图 4.10 所示，第 1、2 行和第 7～10 格式为(a8,f10.5)，表示由 1 个字符串和 1 个实型数组成。字符串长度为 8 个字符；实型数占 10 位，小数位为 5。第 3～6 行格式为(a8,i5)，表示由 1 个字符串和 1 个整型数组成。字符串长度为 8 个字符，整型数长度为 5 位数。

4.2.3 仿真方案设计文件第 11～15 部分

图 4.11(a)为 ITAPE5 文件内容的第 11 部分。如图 4.11(a)所示，第 1～3 行和第 6～10 行格式为(a8,f10.5)，表示由 1 个字符串和 1 个实型数组成。字符串长度为 8 个字符；实型数占 10 位，小数位为 5。第 4、5 行格式为(a8,i5)，表示由 1 个字符串和 1 个整型数组成。字符串长度为 8 个字符，整型数长度为 5 位数。

图 4.12(a)为 ITAPE5 文件内容的第 12 部分。如图 4.12(a)所示，第 1～9 行格式为(a8,

f10.5)，表示由 1 个字符串和 1 个实型数组成。字符串长度为 8 个字符；实型数占 10 位，小数位为 5。第 10 行格式为自由格式。

图 4.13 为 ITAPE5 文件内容的第 13 部分。如图 4.13 所示，第 1 行格式为(a8,i5)，表示由 1 个字符串和 1 个整型数组成。字符串长度为 8 个字符，整型数长度为 5 位数。第 2 行为 a8，表示只有 1 个字符串，长度为 8 个字符。第 3～10 行格式为(a8,2x,2(a6,f10.5))，表示由 4 个部分组成。1 个 8 个字符的字符串，1 个 2 字节的空位，2 组(a6,f10.5)字段。a6 表示 6 个字符的字符串，f10.5 表示长度为 10 位，小数位数为 5 位的实型数。

图 4.14 为 ITAPE5 文件内容的第 14 部分。如图 4.14 所示，第 1～3 行格式为(a8,2x,2(a6,f10.5))，表示由 4 个部分组成。1 个 8 个字符的字符串，1 个 2 字节的空位，2 组(a6,f10.5)字段。a6 表示 6 个字符的字符串，f10.5 表示长度为 10 位，小数位数为 5 位的实型数。第 4、5 行格式为(a8,f10.5)，表示由 1 个字符串和 1 个实型数组成。字符串长度为 8 个字符；实型数占 10 位，小数位为 5。第 6 行格式为(a8,i5)，表示由 1 个字符串和 1 个整型数组成。字符串长度为 8 个字符，整型数长度为 5 位数。第 7～10 行为自由格式。

图 4.15 为 ITAPE5 文件内容的第 15 部分。如图 4.15 所示，第 1～10 行格式为自由格式。

4.2.4 仿真方案设计文件第 16～21 部分

图 4.16 为 ITAPE5 文件内容的第 16 部分。如图 4.16 所示，第 1～3 行格式为自由格式。第 4 行格式为(a8,i5)，表示由 1 个字符串和 1 个整型数组成。字符串长度为 8 个字符，整型数长度为 5 位数。第 5、6 行为(3(6x,f10.5))，表示由 3 组(6x,f10.5)组成。6x 表示 6 个空位，f10.5 表示长度为 10 位，小数位数为 5 位的实型数。第 7、8 行格式为(5x,15i5)，表示由 5 个空位加 15 个 i5 组成。i5 表示 5 位整数。第 9 行格式为(5x,8f8.3)，表示由 5 个空位加 8 个 f8.3 组成。f8.3 表示长度为 8 位，小数位数为 3 位的实型数。第 10 行格式为(5x,4f8.3)，表示由 5 个空位加 4 个 f8.3 组成。f8.3 表示长度为 8 位，小数位数为 3 位的实型数。

图 4.17 为 ITAPE5 文件内容的第 17 部分。第 1、第 7、第 9 行格式为(5x,8f8.3)，表示由 5 个空位加 8 个 f8.3 组成。f8.3 表示长度为 8 位，小数位数为 3 位的实型数。第 2、第 8、第 10 行格式为(5x,4f8.3)，表示由 5 个空位加 4 个 f8.3 组成。f8.3 表示长度为 8 位，小数位数为 3 位的实型数。第 3、第 4 行的格式为(3(6x,f10.5))，表示由 3 组(6x,f10.5)组成。其中 6x 为 6 个空位，f10.5 表示长度为 10 位，小数部分位数为 5 位。第 5、第 6 行格式为(5x,15i5)，表示由 5 个空位和 15 个 i5 构成，i5 为 5 位整型数。

图 4.18 为 ITAPE5 文件内容的第 18 部分。第 1、第 2、第 9、第 10 行格式为 (3(6x,f10.5))，表示由 3 组(6x,f10.5)组成。其中 6x 为 6 个空位，f10.5 表示长度为 10 位，小数部分位数为 5 位。第 3、第 4 行的格式为(5x,15i5)，表示由 5 个空位和 15 个 i5 构成。i5 为 5 位整型数。第 5、第 7 行的格式为(5x,8f8.3)，表示由 5 个空位加 8 个 f8.3 组成。f8.3 表示长度为 8 位，小数位数为 3 位的实型数。第 6、第 8 行的格式为(5x,4f8.3)，表示由 5 个空位加 4 个 f8.3 组成。f8.3 表示长度为 8 位，小数位数为 3 位的实型数。

图 4.19 为 ITAPE5 文件内容的第 19 部分。第 1、第 2、第 9、第 10 行格式为(5x,15i5)，表示由 5 个空位和 15 个 i5 构成。i5 为 5 位整型数。第 3、第 5 行格式为(5x,8f8.3)，表示由 5 个空位加 8 个 f8.3 组成。f8.3 表示长度为 8 位，小数位数为 3 位的实型数。第 4、第 6 行的格

式为(5x,4f8.3),表示由5个空位加4个f8.3组成。f8.3表示长度为8位,小数位数为3位的实型数。第8行格式为(5(6x,f10.5)),表示由5组(6x,f10.5)构成。6x表示6个空位,f10.5表示长度为10位,小数位数为5位的实型数。第7行格式为(a8,i5),表示长度为8的字符串和长度为5的整型数。

图4.20为ITAPE5文件内容的第20部分。第1、第4、第7、第10行为(5(6x,f10.5)),表示由5组(6x,f10.5)构成。6x表示6个空位,f10.5表示长度为10位,小数位数为5位的实型数。第2、第3、第5、第6、第8、第9行格式为(5x,15i5),表示由5个空位和15个i5构成。i5为5位整型数。

图4.21为ITAPE5文件内容的第21部分。第1、第2、第4、第5行格式为(5x,15i5),表示由5个空位和15个i5构成。i5为5位整型数。第3行格式为(5(6x,f10.5)),表示由5组(6x,f10.5)构成。6x表示6个空位,f10.5表示长度为10位,小数位数为5位的实型数。第6、第7行的格式为(a8,i5),表示长度为8的字符串和长度为5的整型数。

4.3 ITAPE18文件设计

ITAPE18文件是求解阶段重要的仿真输入文件,表示气门运动参数。ITAPE18文件内容如图4.22所示,由2列数据组成。第1列为曲轴转角(°),基准位置在上止点,顺时针方向为正。曲轴转角的个数由ITAPE5定义。nvalves大于0时,定义nlift(mm)。nlift(mm)表示曲轴转角个数和气门位置数。曲轴转角必须是从0增加到360°(720°),曲轴转角数据差没有限制。第2列为气门顶面位置(cm),位置数据等于nlift(mm)。

图4.22中前5行是气门1的位置,第4行为省略号。后5行是气门2的位置,第9行为省略号。

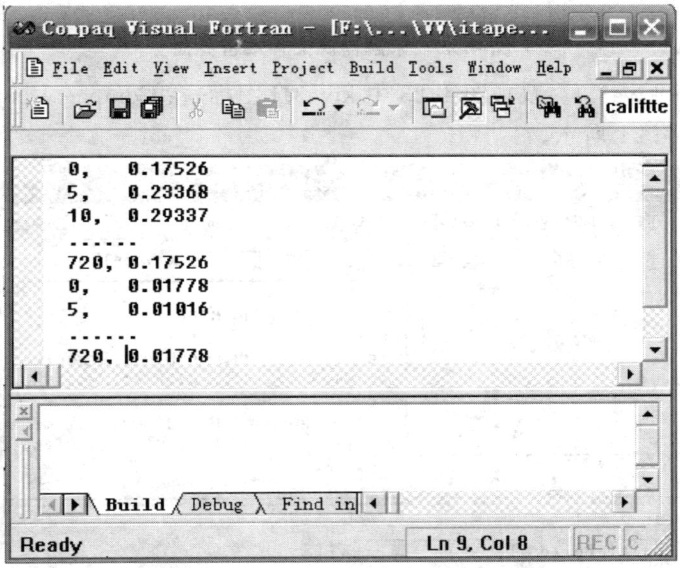

图4.22 ITAPE18文件内容

4.4 ITAPE18 文件格式

ITAPE18 文件格式为自由格式，第 1 列曲轴转角与第 2 列气门位置之间用“，”隔开。

4.5 KIVA3V-CN 求解模块编译操作

编译指将 KIVA3V-CN 求解模块源文件转换成为可执行文件 KIVA3.exe 的操作。编译操作在 Fortran 语言环境下进行。编译分为环境设置、项目建立、编译链接和获取可执行文件 4 个步骤。编译步骤如下：

① 准备源文件。如图 4.23 所示，准备了 6 个源文件 kiva3.f、second.f、utility.f、fdate.f、comfuel 和 comkiva，将该文件置于同一个文件夹 KIVA3V-CN 中。

图 4.23 求解器源文件准备界面

② 打开源文件 kiva3.f。双击图 4.23 中 kiva3.f 图标，在 Compaq Visual Fortran 环境下打开 kiva3.f，如图 4.24 所示。

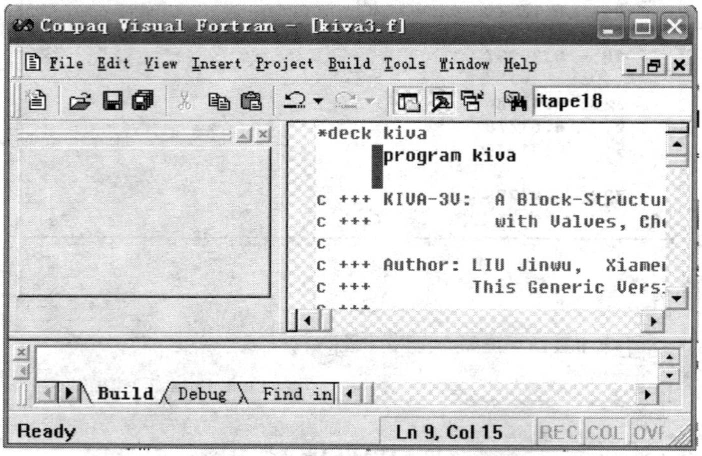

图 4.24 求解器源文件界面

③ 准备建立项目工作区。如图 4.25 所示，单击主菜单 Build 按钮，在下拉菜单中选择 compile kiva3.f 选项。

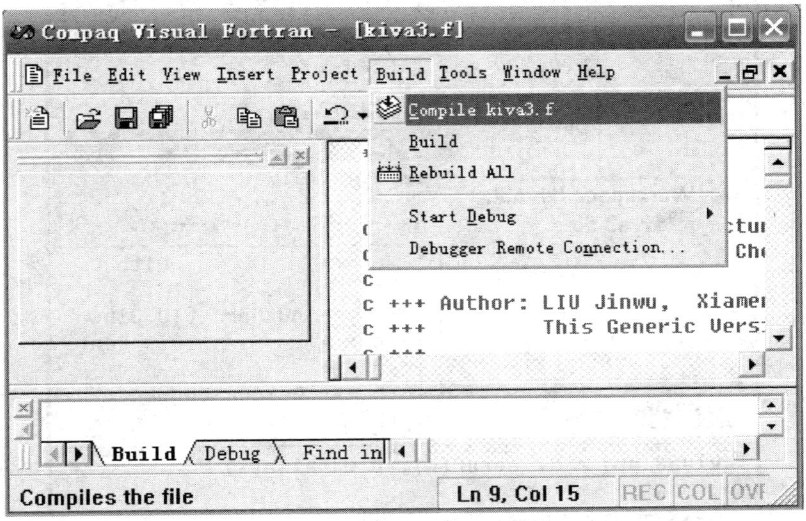

图 4.25 建立求解器项目工作区准备界面

④ 建立项目工作区。单击 compile kiva3.f 选项后，会显示如图 4.26 所示的对话框，单击“是”按钮，Compaq Visual Fortran 会建立默认的项目工作区。

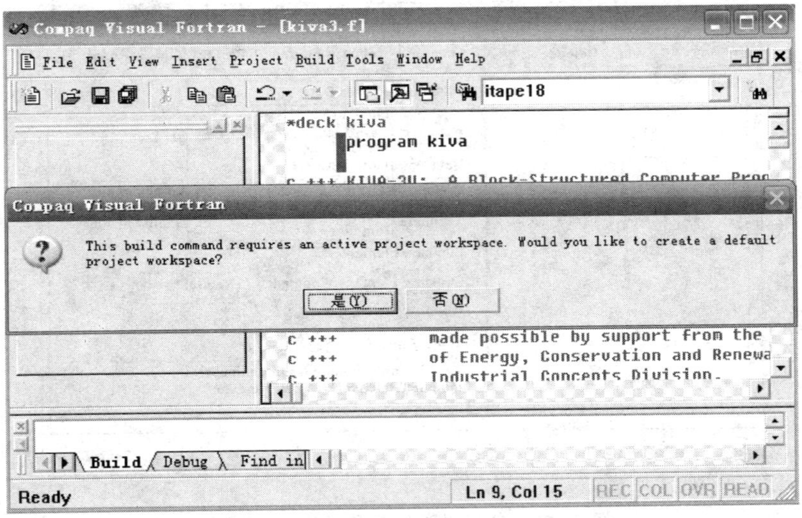

图 4.26 建立求解器项目工作区界面

⑤ 准备设置双精度环境。在建立了项目工作区后，单击主菜单 Project 按钮，在下拉菜单中选择 Settings 选项，如图 4.27 所示。

⑥ 继续准备设置双精度环境。接上一步，单击 Settings 选项后，出现对话框。单击 Fortran 菜单，在 Category 窗口中选择 Fortran Data 选项，如图 4.28 所示。

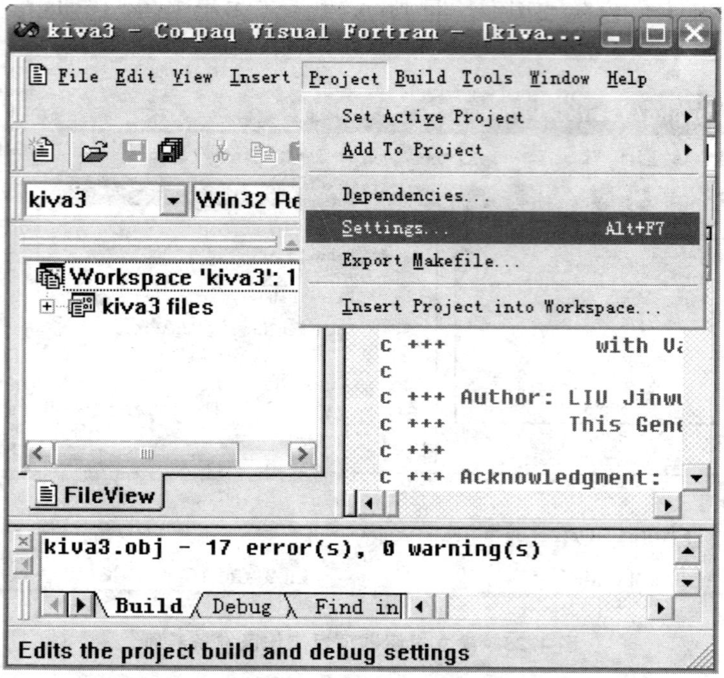

图 4.27　求解器双精度环境准备 I 界面

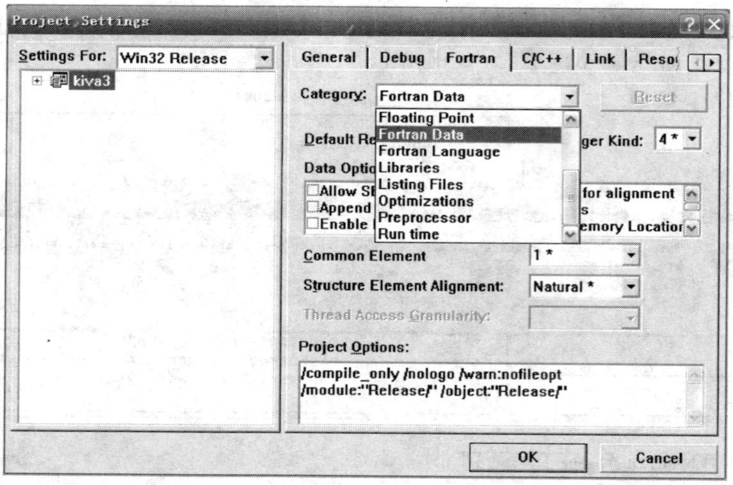

图 4.28　求解器双精度环境准备 II 界面

⑦ 设置双精度环境。接上一步，单击 Fortran Data 选项后，在 Default Real Kind 下拉菜单中选择“8”，点击 OK 按钮，完成双精度环境的设置，如图 4.29 所示。

⑧ 准备编译源文件。接上一步，单击 OK 后，回到主菜单窗口。单击 Build 菜单，在下拉菜单中选择“Compile kiva3. f”选项，Compaq Visual Fortran 开始编译源文件，如图 4.30 所示。

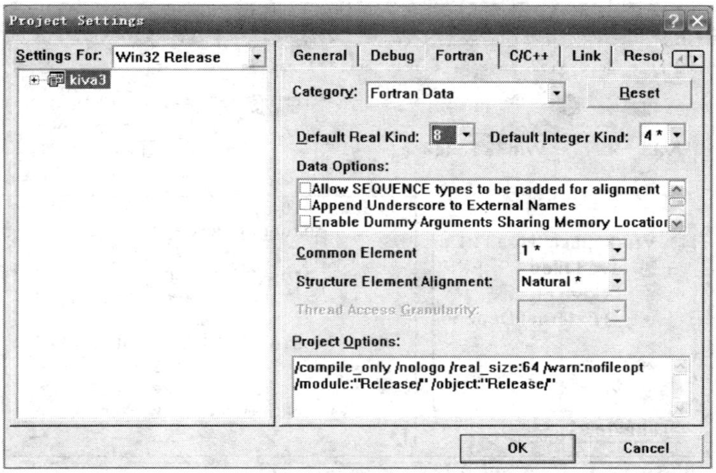

图 4.29 设置求解器双精度环境界面

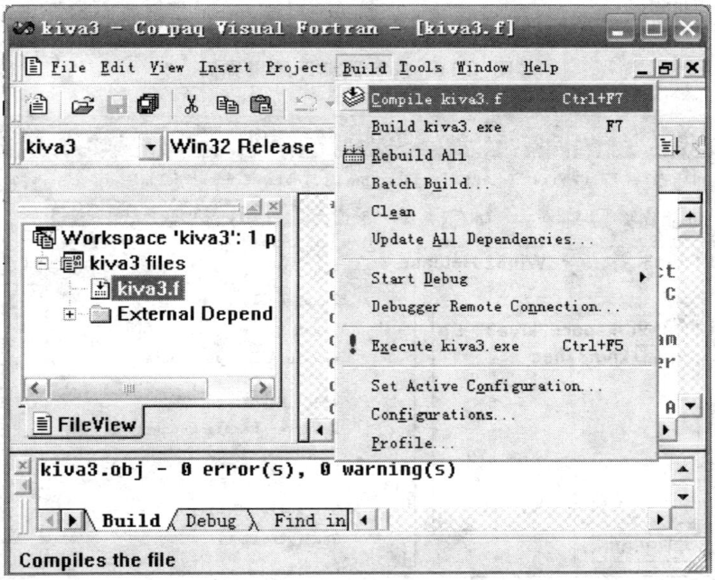

图 4.30 准备编译求解器源文件界面

⑨ 编译结果。接上一步，编译源文件结束后，编译结果会在图 4.31 的下方窗口中显示。图中显示编译生成了 kiva3.obj 目标文件、0 错误、0 警告，意指编译成功。

⑩ 在主菜单项目空间中加入 second.f 源文件。双击 second.f 图标，打开该文件。单击主菜单 build 按钮，在下拉菜单中选择“Compile second.f”选项，如图 4.32 所示。Compaq Visual Fortran 弹出对话框，如图 4.33 所示。单击“是”按钮，开始编译源文件 second.f，编译结果如图 4.34 所示。

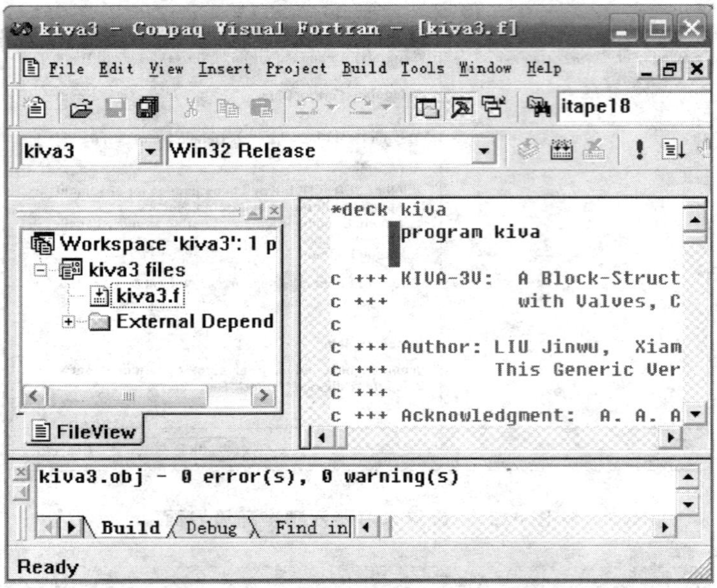

图 4.31 求解器编译结果界面

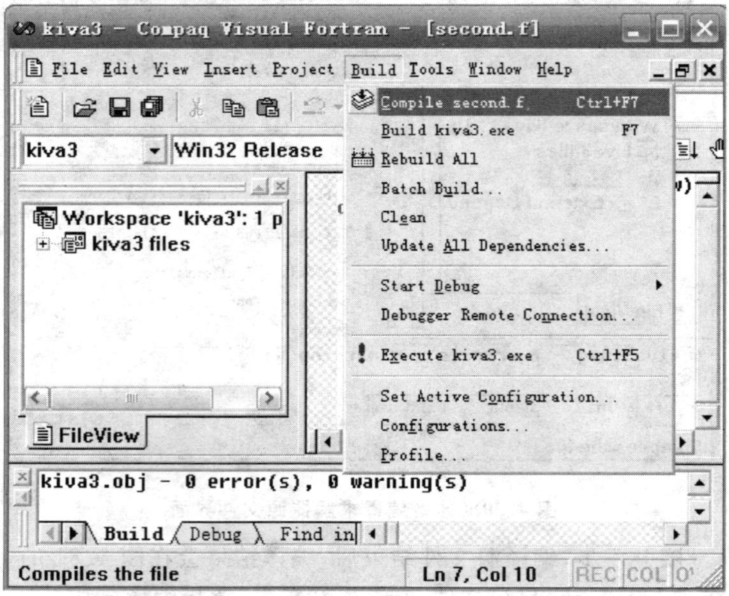

图 4.32 second.f 文件编译界面

⑪ 在主菜单项目空间中加入 utility.f 源文件。双击 utility.f 图标，打开该文件。单击主菜单 build 按钮，在下拉菜单中选择“Compile utility.f”选项，如图 4.35 所示。Compaq Visual Fortran 弹出对话框，如图 4.36 所示。单击“是”按钮，开始编译源文件 utility.f，编译结果如图 4.37 所示。

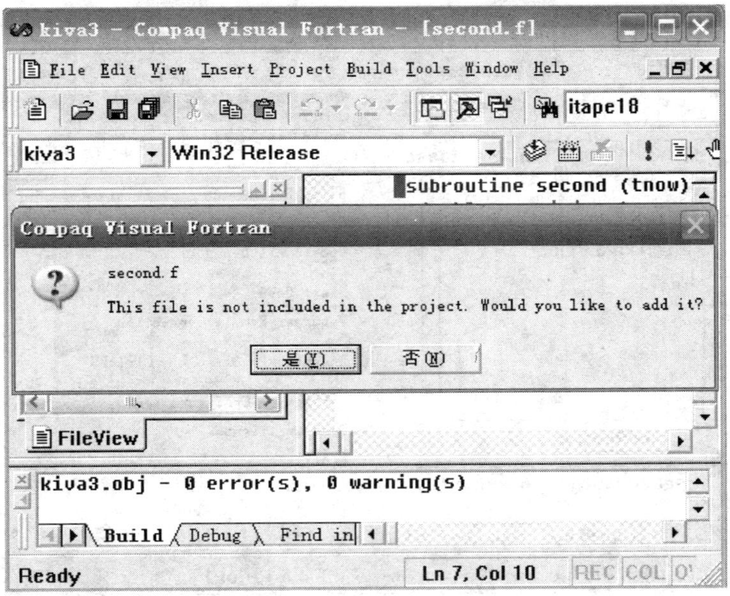

图 4.33 second.f 加入项目界面

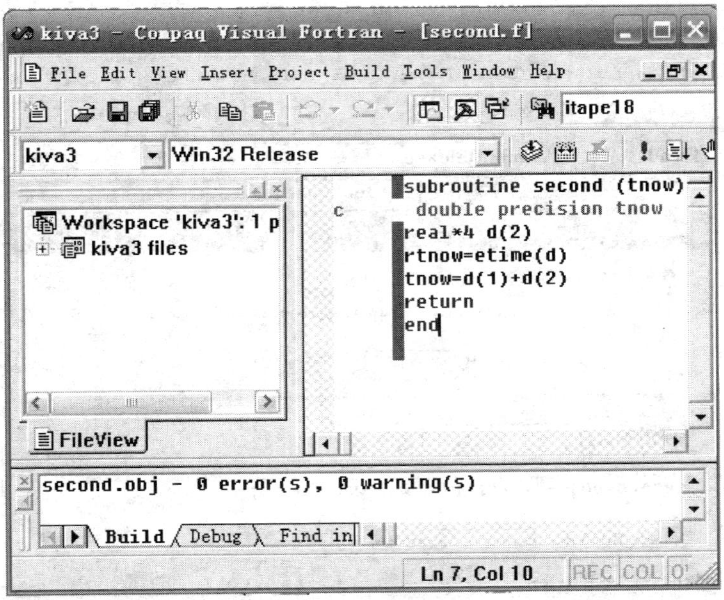

图 4.34 second.f 编译结果界面

⑫ 在项目空间中加入 fdate.f 源文件。双击 fdate.f 图标，打开该文件。单击主菜单 build 按钮，在下拉菜单中选择“Compile fdate.f”选项，如图 4.38 所示。Compaq Visual Fortran 弹出对话框，如图 4.39 所示。单击“是”按钮，开始编译源文件 fdate.f，编译结果如图 4.40 所示。

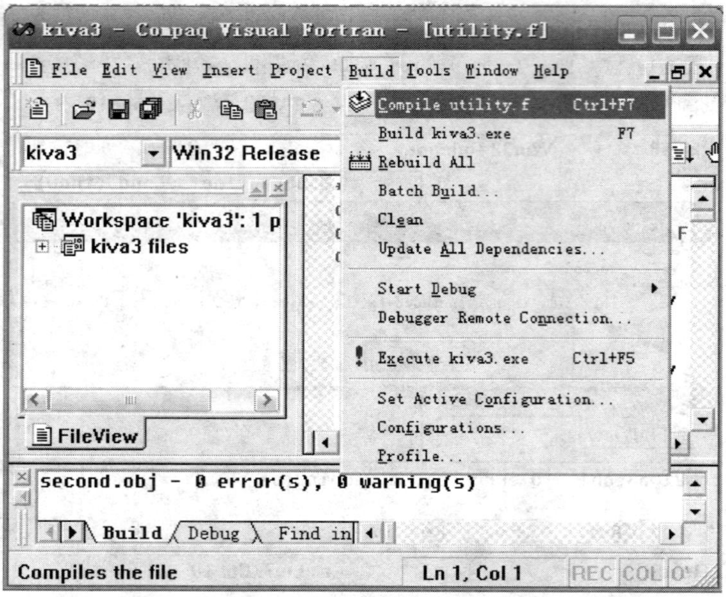

图 4.35　utility.f 文件编译界面

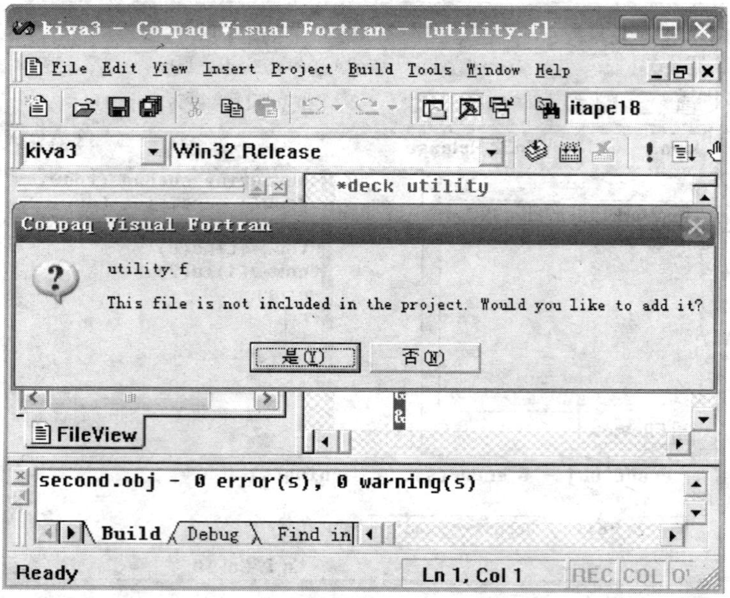

图 4.36　utility.f 加入项目界面

⑬ 准备建立求解器。接上一步，当显示编译成功后，单击主菜单上 Build 按钮，在下拉菜单中选择“Build kiva3.exe”选项，Compaq Visual Fortran 开始链接目标文件，如图 4.41 所示。

⑭ 求解器的位置

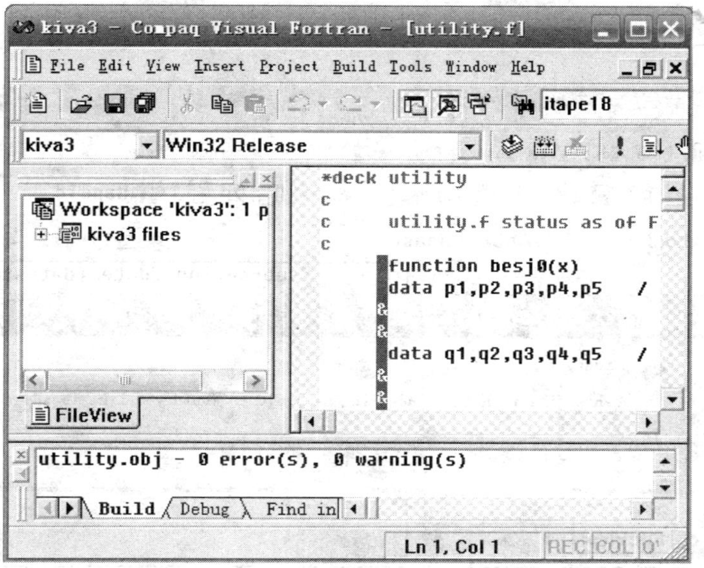

图 4.37 utility.f 编译结果界面

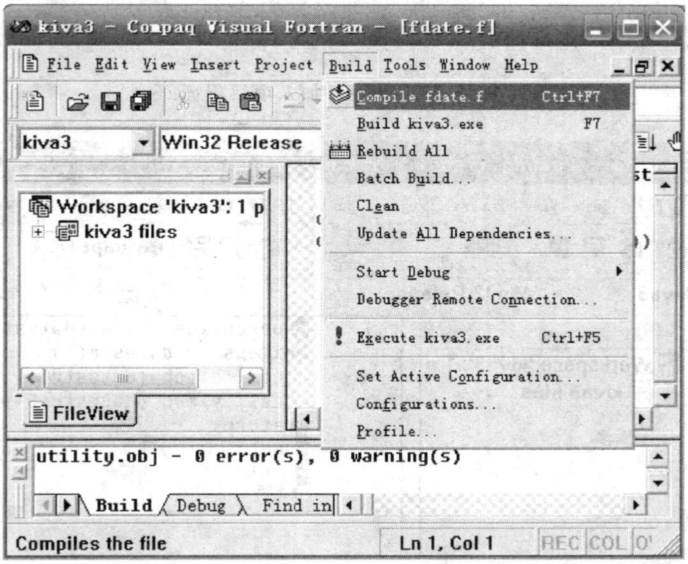

图 4.38 fdate.f 编译界面

求解器所在位置如图 4.42 所示。图中 Release 文件夹是求解器所在的文件夹，上面 5 个文件为源文件，下方 kiva3.dsp、kiva3.dsw、kiva3 为编译和链接过程生成的中间文件。

⑮ 查看求解器

接上一步，双击 Release 文件夹，查看文件夹中内容如图 4.43 所示。图中 kiva3 为求解器，其余 4 个拓展名为 obj 的文件为编译获得的目标文件。图中求解器可以移动到其他的位置使用。

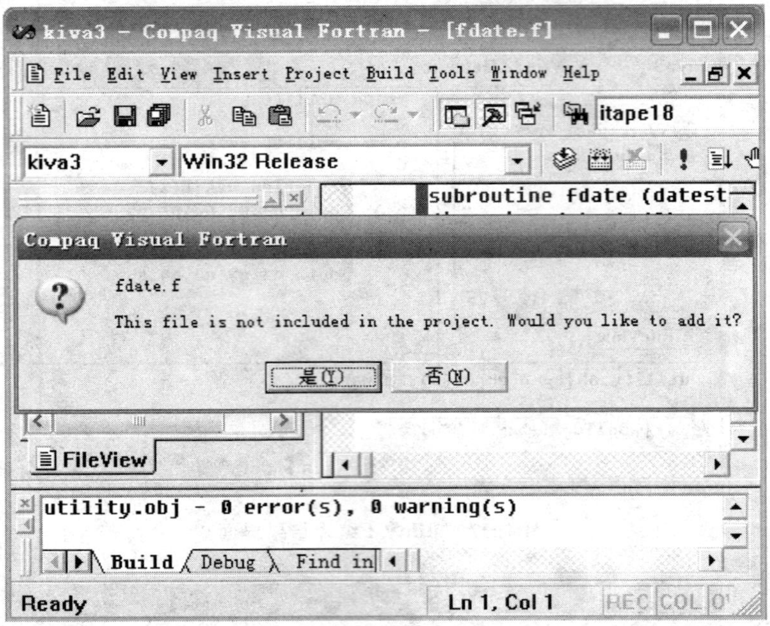

图 4.39　fdate.f 加入项目界面

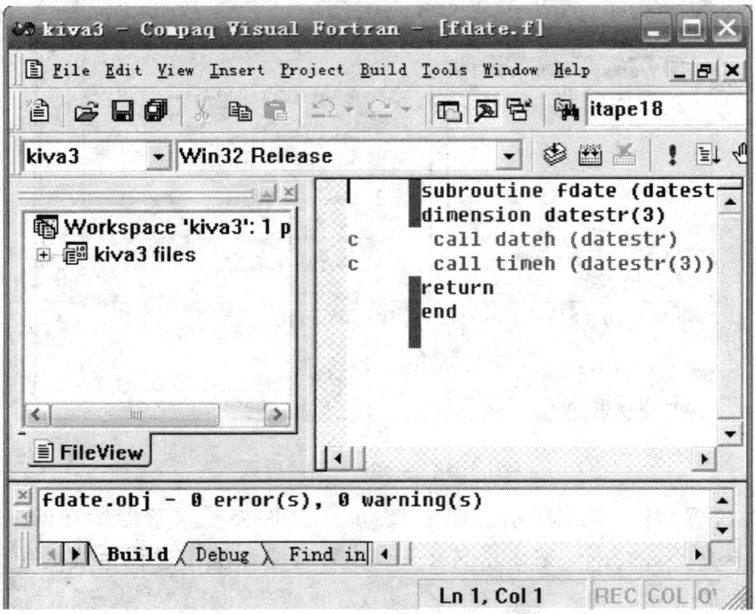

图 4.40　fdate.f 编译结果界面

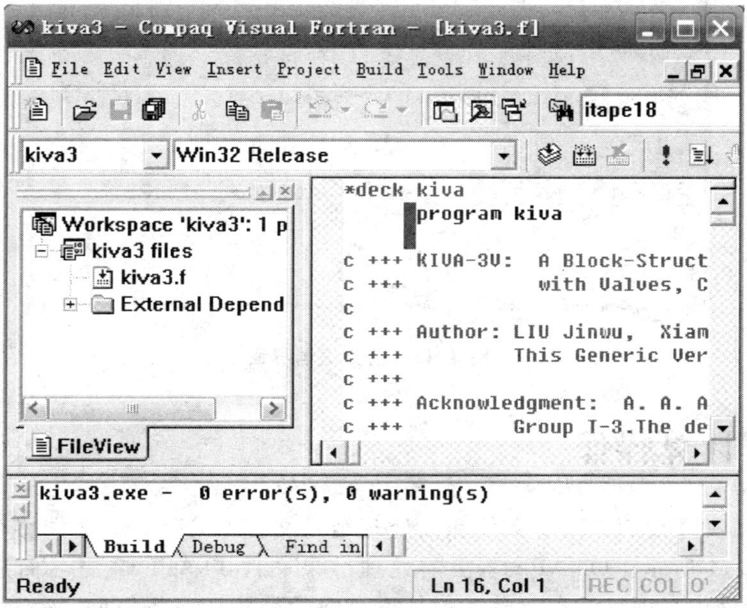

图 4.41 建立求解器界面

图 4.42 求解器的位置界面

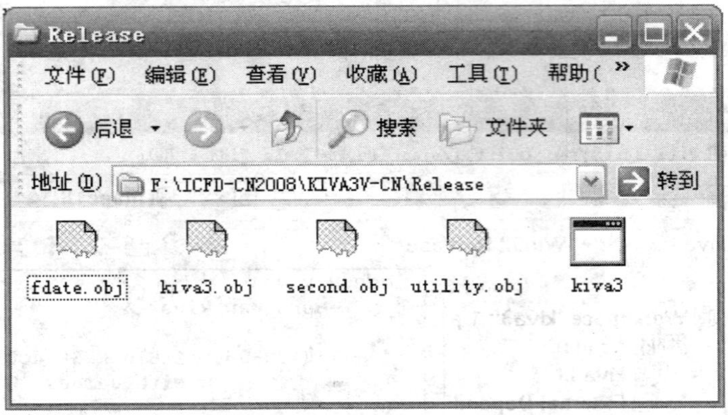

图 4.43　前处理器界面

4.6　求解计算操作

将相同仿真项目的 ITAPE5 文件和前处理结果文件 OTAPE17 文件移至求解器所在的文件夹，如图 4.44 所示。OTAPE17 由前处理结果文件 ITAPE17 更名而来。图中未移入 ITAPE18，表示该仿真项目没有考虑气门气道存在的简化的流场空间，该空间只包含燃烧室和气缸部分几何空间。图中拓展名为 obj 的文件可以删去，或建立新文件夹，将 ITAPE5 文件、前处理结果文件 OTAPE17 和求解器 kiva3.exe 置于所建新文件夹中。

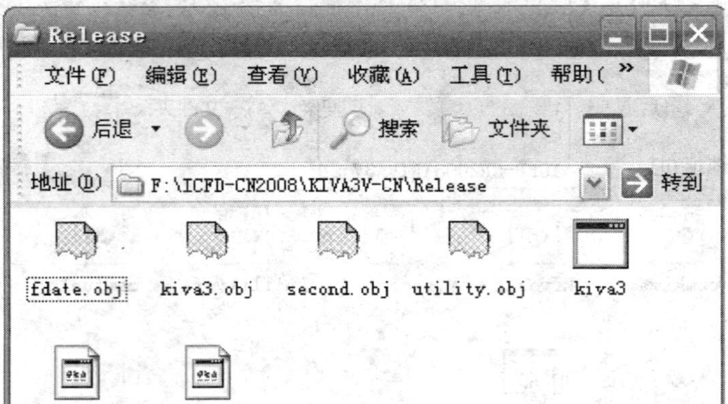

图 4.44　求解准备示意图

双击前处理器显示黑色的 DOS 窗口，如图 4.45 所示。计算完毕后在同一个文件夹下增加几个文件，如图 4.46 所示。新生成的文件是 OTAPE12、OTAPE9 和 4 个 dat 文件。其中 OTAPE12 和 OTAPE9 是必须生成的，4 个 dat 文件由 ITAPE5 中 ncmon 参数决定是否生成。

图 4.45 DOS 窗口示意图

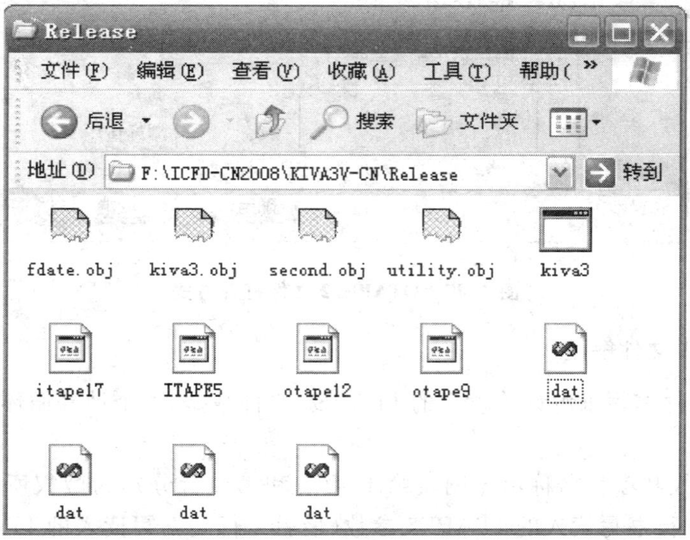

图 4.46 求解结果示意图

4.7 求解结果解读

4.7.1 OTAPE12 文件解读

(1) OTAPE12 打开方式

OTAPE12 是十进制带格式的数据文件，可以采用多种方式打开，阅读文件内容。本书采用 Compaq Visual Fortran 打开。双击图 4.46 中图标 OTAPE12，出现图 4.47 所示的对话框，单击“Microsoft (R) Developer Studio”选项，单击“确定”按钮，打开 OTAPE12 文件。

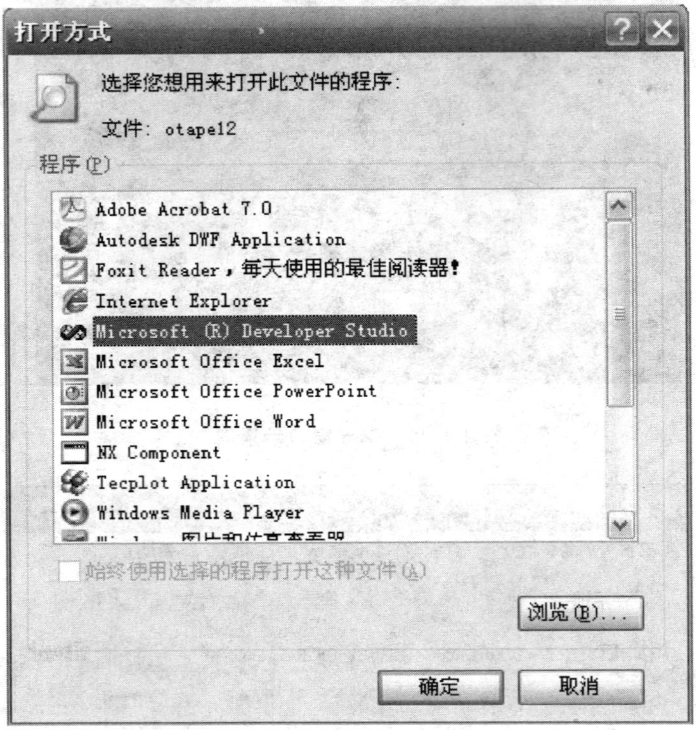

图 4.47　OTAPE12 文件打开方式

(2) OTAPE12 文件解读

OTAPE12 文件书写求解计算读入的 ITAPE5 文件数据，每个计算循环缸内物理参数、化学参数和管理数据。

图 4.48 为版权和项目名称示意图。第 1、第 2 和第 3 行分别为版权所有者、版本日期和项目名称。最后 2 行书写读入的 ITAPE5 参数(最后 2 行是书写读入的 ITAPE5 参数的前面 2 行)。

图 4.49 为 1 号区域平均物理参数 I 示意图。第 1 行为读入的 ITAPE5 参数 mfrac，第 2 行开始书写 1 号区域平均物理参数 I，包括等价率、非油各种物理平均分子重量和总密度 3 项物理量。

图 4.50 为 1 号区域平均物理参数 II 示意图。第 1、第 2 行同前述，第 3～5 行为单位体积总分子数、压力和温度。最后一行开始书写该区质量分数和密度的说明。

图 4.51 为 1 号区域 12 种物质密度和质量分数示意图(12 种物质名称和顺序见图 4.13 第 2～10 行和图 4.14 第 1～3 行)。图 4.51 中第 1 行如上述，为说明语句。第 2～4 行为 12 种物质的前 3 种物质的密度和质量分数，第 5 行是本书作者给出的省略号，第 6 行是 12 种物质中最后一种物质的密度和质量分数。

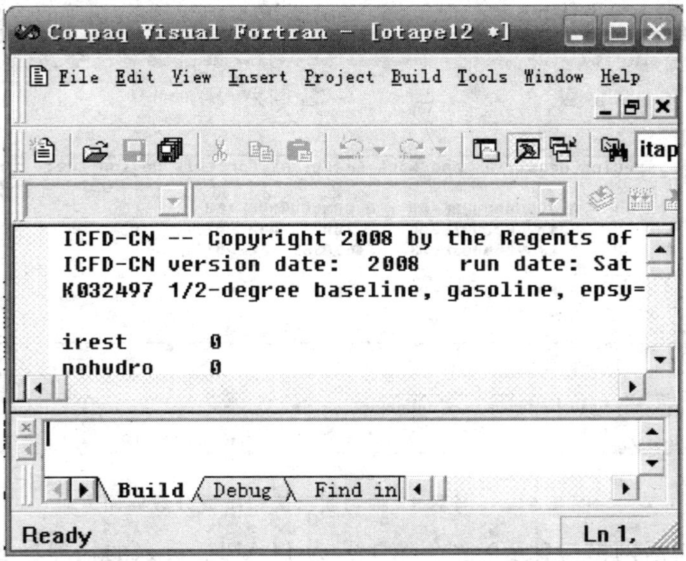

图 4.48　版权与项目名称界面

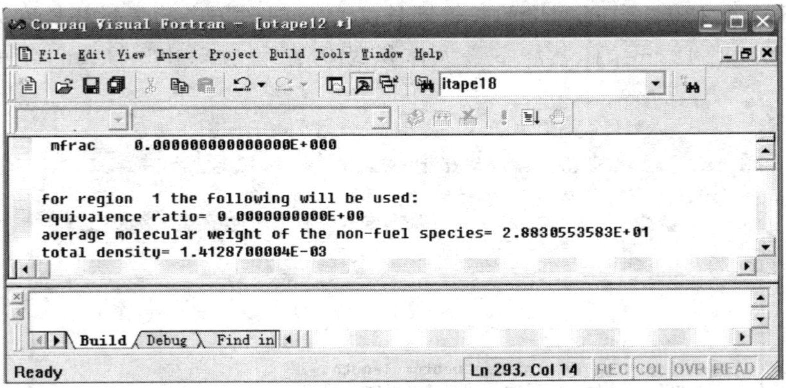

图 4.49　1 号区平均物理参数 I 界面

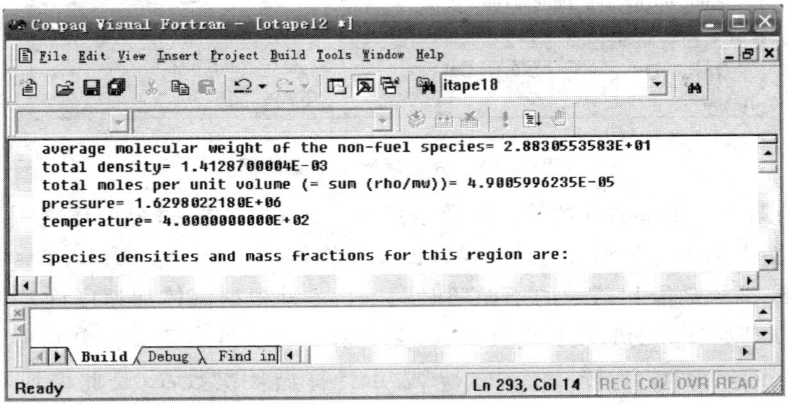

图 4.50　1 号区平均物理参数 II 界面

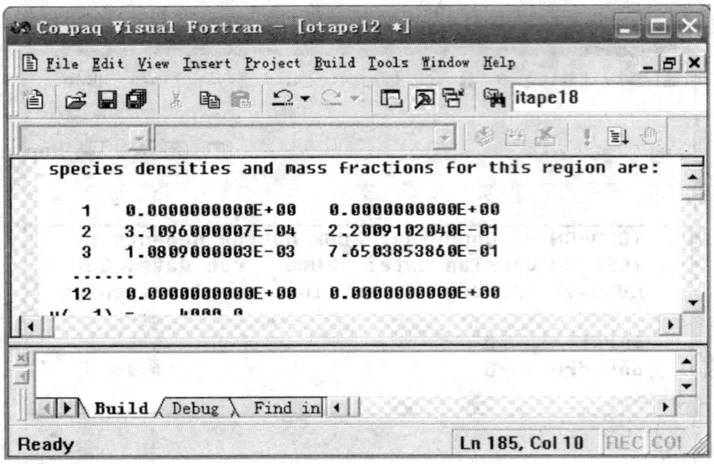

图 4.51　1 号区 12 种物质密度和质量分数界面

图 4.52 为分类后网格信息示意图。第 1 行为 ITAPE5 读入的物理参数。虚线以下书写内容是为了使矢量长度最小而分类后的网格计算结果，依次说明网格基准点数为 566 个，网格数为 921 个，顶点数 1363 个，过网格的矢量环长度为 356，过顶点的矢量环长度为 798，杯燃烧室最小体积为 5.882 42 cm^3，杯燃烧室最大体积为 0，总和为 5.882 42 cm^3，定能燃烧室体积为 0。

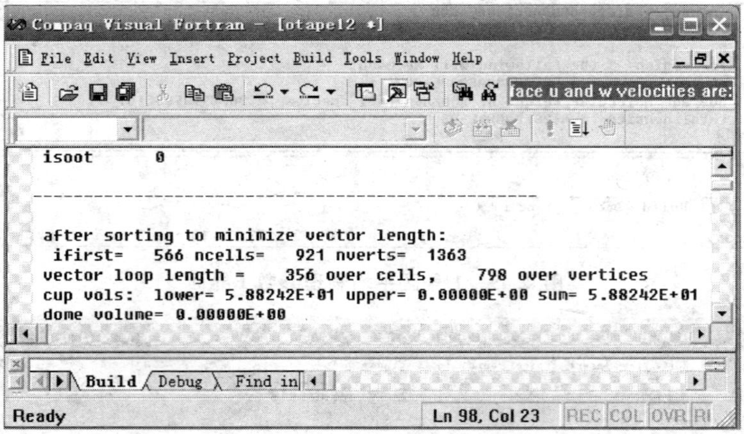

图 4.52　分类后网格信息界面

图 4.53 为第 0 个求解循环的管理参数示意图。otape12 中，每个循环书写 1 次求解循环的管理参数。图中第 1 行分别书写计算循环的 4 个物理时间：dtcon、dtacc、dtrst、dt。dtcon 是计算质量、能量、湍流动能和动量的子循环时间，dtacc 是根据流体加速度确定的时段长度极限，dtrst 是重新开始计算的时段长度极限，dt 是计算时段长度。第 2 行分别书写计算循环的 6 个物理时间：ncyc、ca、t、dt、gr、tmax。ncyc 表示计算循环次数，ca 是此循环对应的曲轴转角，t 表示此循环对应的计算时间，dt 表示此循环的计算时段长度，tmax 表示此循环整个计算期间允许的最大时段长度。第 3 行分别表示 gasoline、pm、pcyl、avt、mxca 五个物理参数。

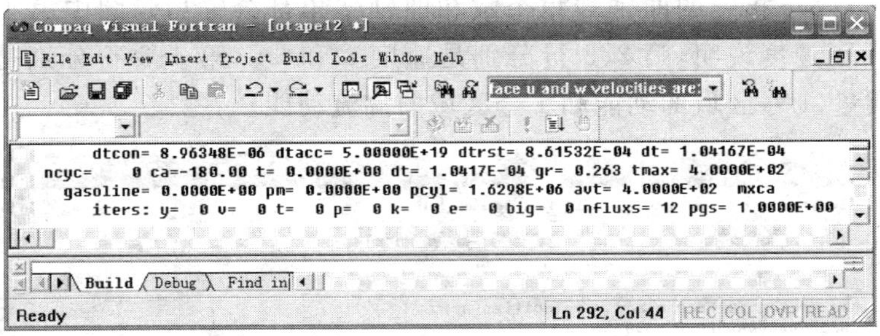

图 4.53 第 0 个求解循环的管理参数界面

gasoline 表示喷射的燃料是汽油，此循环喷射质量为 0；pm 表示此循环喷射小滴质量；pcyl 表示缸内压力；avt 表示缸内平均温度；mxca 表示此循环计算时段长度极限由最大曲轴转角决定。第 4 行表示 9 个迭代管理参数：y、v、t、p、k、e、big、nFluxs、pgs。y 是质量扩散隐含计算的迭代次数；v 为速度隐含求解的迭代次数；t 为温度隐含求解的迭代次数；p 为压力隐含求解的迭代次数；k 为湍流动能隐含求解的迭代次数；e 是湍流动能计算子例程中 ε 迭代次数；big 是完成包括速度、温度和压力迭代的大迭代次数；nFluxs 是流量子计算循环次数；pgs 是按照压力梯度标尺方法声波速度增加系数。

图 4.54 是第 0 个求解循环的缸内物理参数示意图。otape12 中书写求解循环的缸内物理参数多次，ncaspec 指定的曲轴转角个数和曲轴转角都会输出。第 1 行有 4 个物理参数：t、cyc、tot e、tot i。t 是此循环对应的时间，cyc 是此循环的次序，tot e 是 1 号区总能量，tot i 是 1 号区域总内能。第 2 行有 3 个物理参数：crank、tot k、tot q。crank 是此循环对应的曲轴转角，tot k 为此循环对应的动能，tot q 是此循环对应的湍流动能。第 3 行有 2 个物理参数：tot m、u mom。tot m 是此循环对应的总质量，u mom 是此循环对应的 X 方向动量总和。第 4～7 行有 8 个物理参数：v mom、w mom、tot s、ang m、volume、pmass、wpist、zpist。v mom 是此循环对应的 Y 方向动量总和，w mom 是此循环对应的 Z 方向动量总和，tot s 是此循环动量矩增量，ang m 是此循环动量矩，volume 是此循环总体积，pmass 是此循环喷射油滴质量，wpist 是此循环活塞的 Z 向速度，zpist 是此循环活塞 Z 向位置。

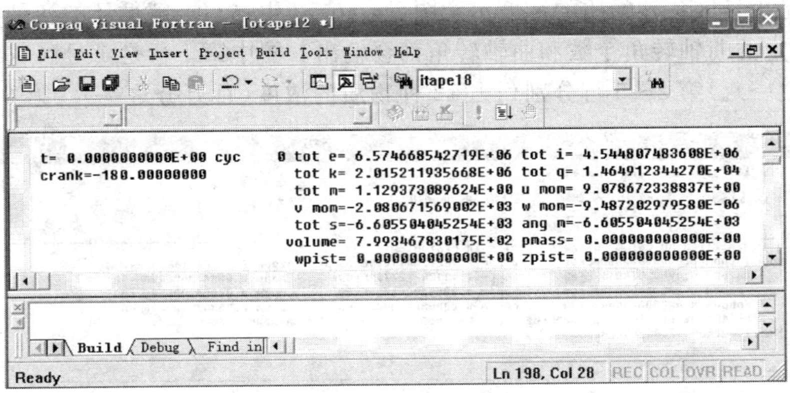

图 4.54 第 0 个循环求解的缸内物理参数界面

图 4.55 是运动表面的速度和 1 号区的物理参数示意图。otape12 中书写求解循环的 u、w

速度参数多次，ncaspec 指定的曲轴转角个数和曲轴转角都会输出。图中第 1 行是运动表面 X、Z 方向速度 u、w 速度说明，第 2、3 行分别是速度 u 和 w。第 4、5 行分别是 1 号区域的体积、1 号区域的质量、1 号区域的动能和 1 号区域的湍流动能。

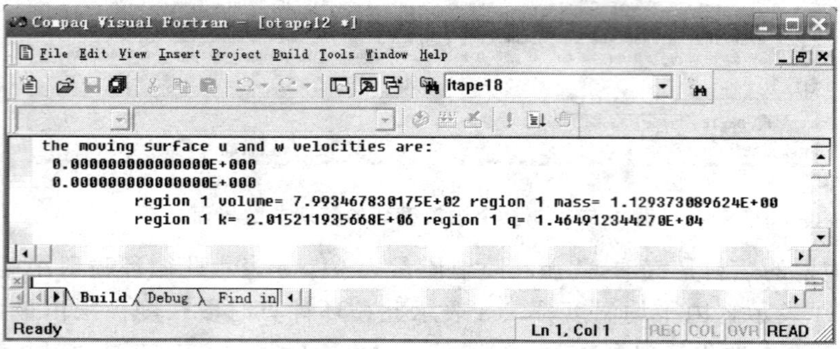

图 4.55　运动表面的速度和 1 号区的物理参数界面

图 4.56 是缸内各种物质的质量示意图。otapel2 中书写求解循环的 12 种物质的质量多次，ncaspec 指定的曲轴转角个数和曲轴转角都会输出。图中第 1 行是所有网格中各种物质的质量(g)说明。第 2～5 行分别列出 12 种物质的质量大小。

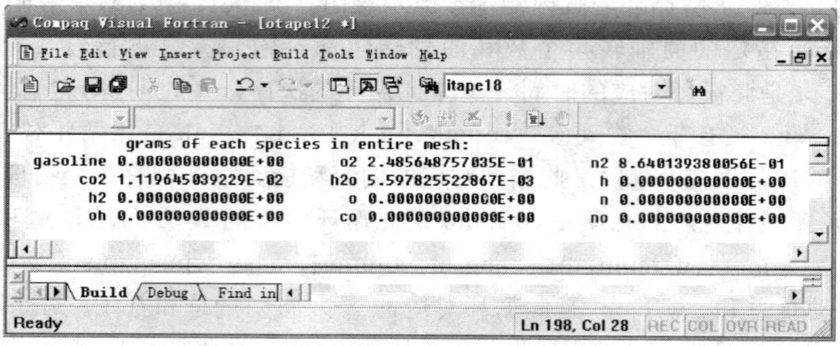

图 4.56　缸内各种物质的质量界面

图 4.57 是 1 号区各种物质的浓度示意图。otapel2 中书写求解循环的各种物质的浓度多次，ncaspec 指定的曲轴转角个数和曲轴转角都会输出。图中第 1 行是 1 号区域各种物质浓度说明(百万分之一)。第 2～5 行分别列出 12 种物质的浓度(百万分之一)。第 6～7 行分别列

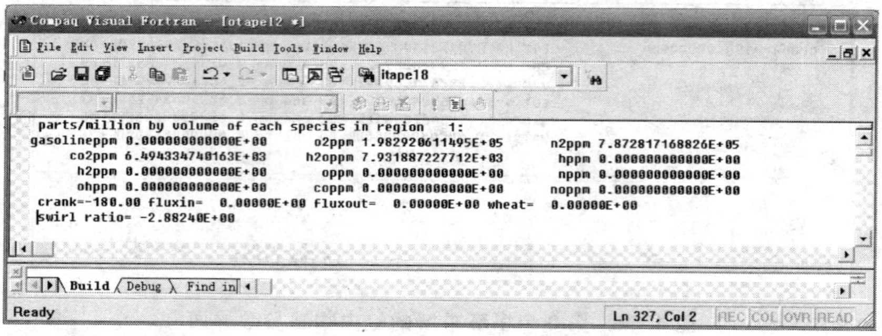

图 4.57　1 号区各种物质的浓度界面

出 crank、fluxin、fluxout、wheat、swirl ratio 五个参数。crank 是此循环对应的曲轴转角，flux-in 是此循环对应的累积流入质量，fluxout 是此循环对应的累积流出质量，wheat 是 1 号区域的累积缸壁热耗，swirl ratio 是涡流率。

图 4.58 是第 120 个循环缸内和 1 号区物理参数以及运动表面速度示意图。图中物理参数和运动表面参数含义同图 4.55 和图 4.56，循环次序为 120，对应曲轴转角为 −60°，对应时刻为 0.00125 s。

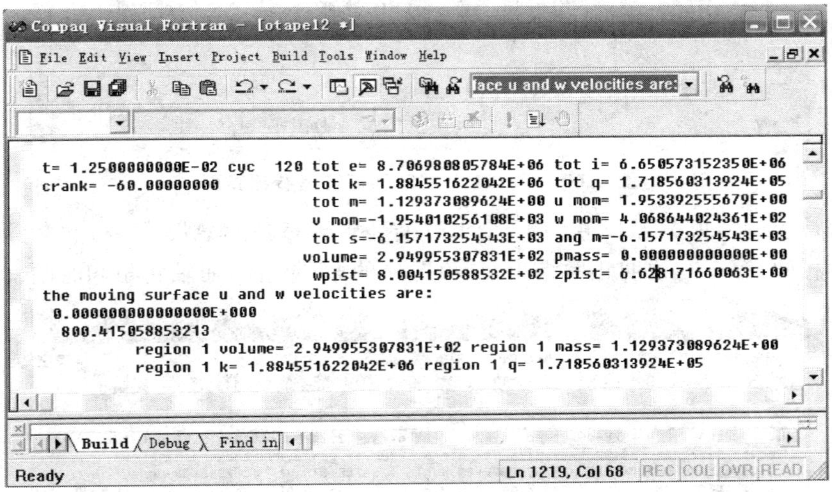

图 4.58 第 120 个循环缸内和 1 号区物理参数以及运动表面速度界面

图 4.59 为第 120 个循环缸内各种物质的质量和浓度示意图。图中 12 种物质的质量和浓度，以及物理参数的含义见图 4.56 和图 4.57。第 13、14 行列出 2 个物理参数：crenb、cremi。crenb 是能量平衡数据的说明，后接对应的曲轴转角、所有化学反应的放热、1 号区域的总能量差、累积缸壁散热、活塞对气体做的压力功和预混合燃油总质量 5 项数据；cremi 是排放数据的说明，后接对应的曲轴转角、CO_2、CO、NO 排放数据（$\times 10^{-10}$）。

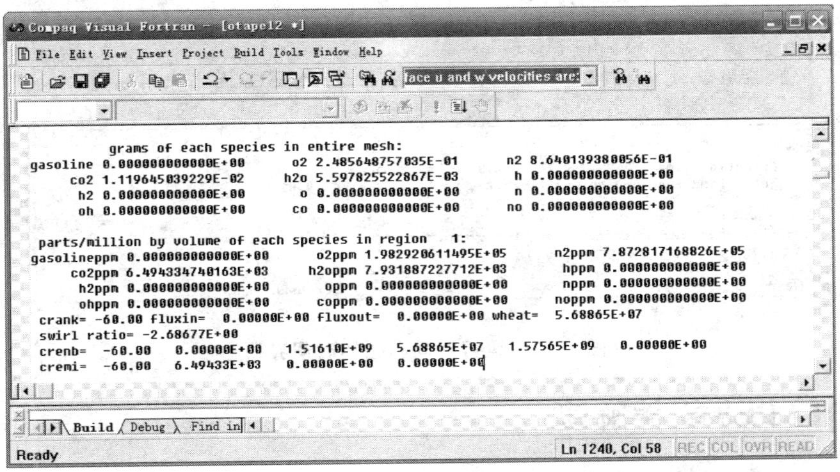

图 4.59 第 120 个循环缸内各种物质的质量和浓度界面

图 4.60 是第 121 个求解循环管理参数示意图。各个参数的含义见图 4.53,图中循环次序为 121,对应的曲轴转角为−59°。

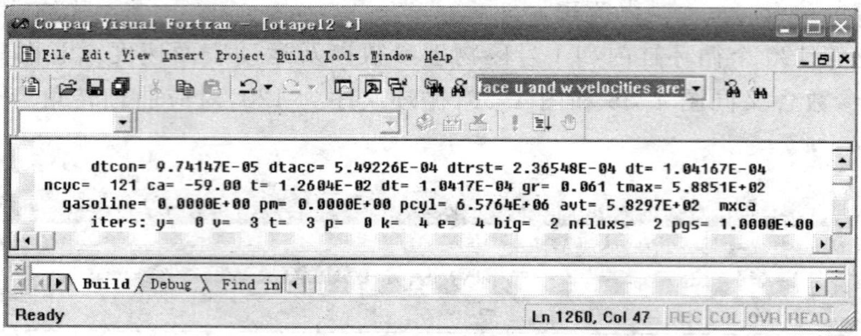

图 4.60　第 121 个求解循环管理参数界面

图 4.61 是求解结束标志和第 1157 个求解循环管理参数示意图。第 1~4 行各个参数含义与图 4.53 相同;第 5 行说明正常结束,结束对应的循环次序、曲轴转角和时间。

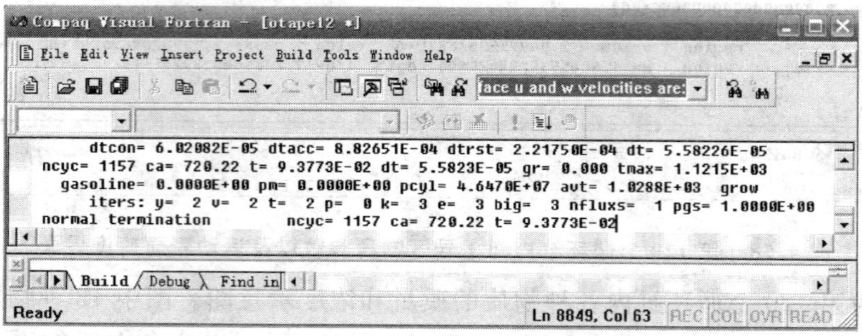

图 4.61　求解结束标志和第 1157 个求解循环管理参数界面

图 4.62 是运行时间和循环时间示意图。第 1 行为运行时间,第 2 行为从循环开始到结束的时间。

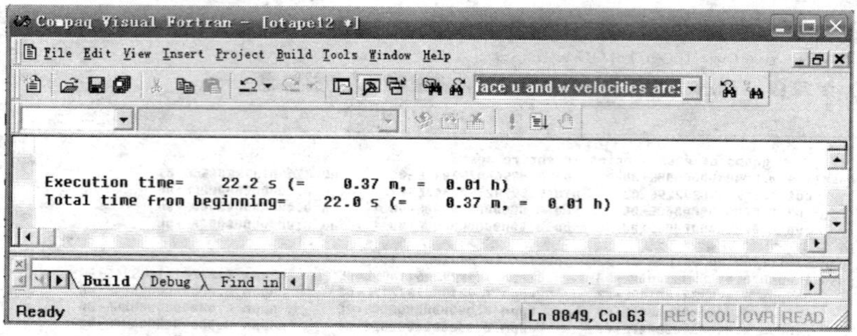

图 4.62　运行时间和循环时间界面

4.7.2　OTAPE9 文件解读

4.7.2.1　OTAPE9 打开方式

OTAPE9 文件的打开方式同 OTAPE12,见图 4.47。

4.7.2.2 OTAPE9 文件解读

OTAPE9 文件如图 4.63 所示，是机器码写出的无格式数据文件。数据文件内容包括 6 个部分：仿真方案、缸内 3D 物理参数、缸内 3D 化学参数、缸内 3D 网格、缸内轴对称网格和油团 3D 物理参数。

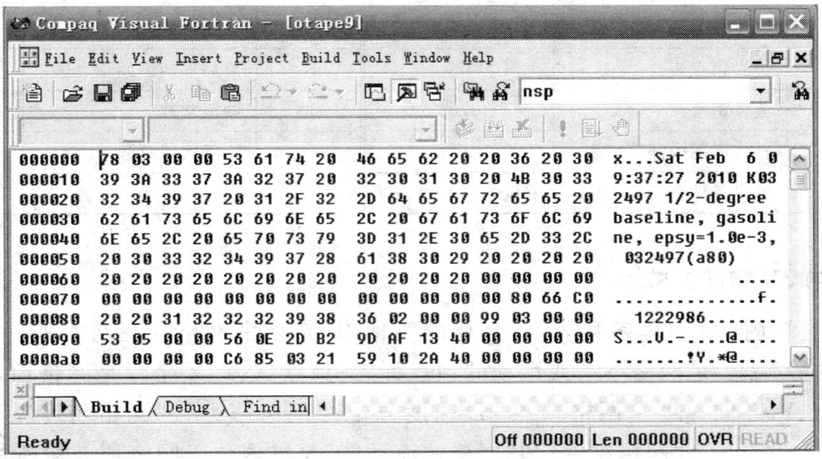

图 4.63 OTAPE9 文件内容界面

(1) 仿真方案

仿真方案如表 4.5 所列。表中“日期”、“时间”和“项目名称”是执行仿真的实时信息；“循环次序”是计算时刻记录；“曲轴转角”是计算时刻曲轴所处的位置，也是活塞所处的位置和缸内的几何情况；“识别日期”是日期的表达格式；“网格基点”是网格和网格顶点的起点序号；“网格数”是网格总数和最后一个网格的序号；“顶点数”是网格顶点的总数和最后一个网格的序号；“气缸半径”是气缸的主要几何参数；“活塞位置”是活塞顶最低点的 Z 坐标；“气缸头高度”是下止点时气缸头最高点到燃烧室最低点距离；“油滴数”是喷射的燃油拟合成为油滴的数目；“化学反应动力学数目”是仿真采用的动力学化学反应数目；“物质种类数”是假设缸内存在的物质种类数；“重新分区标志”是按照一定的规则对 3.1 节所述块的区域代号重新划分；“边界顶点表”是边界上顶点的存储表格；“前后周期表面顶点表”是存储前后周期表面上顶点的表格；“流体密度”指燃料的密度；“湍流常数 ε”是湍流模型中的耗散率参数；“轴线周围内部区域表”是存储轴线周围内部区域的数据表；“流场区域总数”是按照 3.1 节规则划分的流场区域数目；“边界条件表”定义边界顶点的边界条件。

表 4.5 仿真方案

序　号	变量名称	符　号	序　号	变量名称	符　号
1	日期	datestr	2	项目名称	name
3	时间	t	4	循环次序	ncyc
5	曲轴转角	crank	6	识别日期	jnm
7	网格基点	ifirst	8	网格数	ncells

续表 4.5

序　号	变量名称	符　号	序　号	变量名称	符　号
9	顶点数	nverts	10	气缸半径	cylrad
11	活塞位置	zpistn	12	气缸头高度	zhead
13	油滴数	np	14	化学反应动力学数目	nrk
15	物质种类数	nsp	16	重新分区标志	irez
17	边界顶点表	ibv	18	前后周期表面顶点表	iper
19	流体密度	rhop	20	湍流常数 ε	cmueps
21	轴线周围内部区域表	naxisj	22	流场区域总数	nregions
23	边界条件表	i4bc(n),n=1,ibv			

(2) 缸内 3D 物理参数

表 4.6 是缸内 3D 物理参数表。“网格虚实标志”是区别网格存在与否的标志(见 3.1.4 节);“网格动静标志”是网格不动或运动的顶点标志;顶点 X、Y、Z 坐标是网格顶点的 3D 几何位置;顶点 X、Y、Z 向速度是网格顶点 3D 速度分量;“网格压力”、“网格密度”、“网格体积”、“网格温度”、“耗散率”、“网格粘度”和“网格湍流动能”是缸内位于网格顶点物理参数值。

表 4.6　缸内 3D 物理参数表

序　号	变量名称	符　号	序　号	变量名称	符　号
1	网格虚实标志	$f(n)$,n=1,nverts	2	网格动静标志	fv(n),n=1,nverts
3	顶点 X 坐标	$x(n)$,n=1,nverts	4	顶点 Y 坐标	$y(n)$,n=1,nverts
5	顶点 Z 坐标	$z(n)$,n=1,nverts	6	顶点 X 速度	$u(n)$,n=1,nverts
7	顶点 Y 速度	$v(n)$,n=1,nverts	8	顶点 Z 速度	$w(n)$,n=1,nverts
9	网格压力	$p(n)$,n=1,nverts	10	网格密度	ro(n),n=1,nverts
11	网格体积	vol(n),n=1,nverts	12	网格温度	temp(n),n=1,nverts
13	网格黏度 μ	amu(n),n=1,nverts	14	网格湍流动能	tke(n),n=1,nverts
15	耗散率 ε	eps(n),n=1,nverts			

(3) 缸内 3D 化学参数

缸内 3D 化学参数如表 4.7 所列。“物质密度”是与顶点位置和物质种类有关的物理参数;“物质分子量”是缸内只与物质种类有关化学参数;“油氧系数”是缸内与物质种类和动力学化学反应式有关的化学参数;“分子式”是与物质种类有关的化学参数。

表 4.7　缸内 3D 化学参数

序　号	变量名称	符　号	序　号	变量名称	符　号
1	物质密度	spd(n,isp),n=1,nverts	2	物质分子量	mw(isp)
3	油氧系数	fam(isp,nk),nk=1,nrk	4	分子式	idsp(isp),isp=1,nsp

(4) 缸内 3D 网格

缸内 3D 网格如表 4.8 所列。“网格顶点 1 表”、“网格顶点 3 表”和“网格顶点 8 表”是存储同一网格 3 个顶点序号的数据表;“左邻网格表”、“前邻网格表”和“下邻网格表”是存储同一网格相邻网格序号的表格;“网格左面边界类型标志”、“网格前面边界类型标志”和“网格底面边界类型标志”存储同一网格左、前和底面边界条件标志;“网格的区域标识”存储同一网格所在的区域代号。

表 4.8 缸内 3D 网格

序 号	变量名称	符 号	序 号	变量名称	符 号
1	网格顶点 1 表	i1tab(n),n=1,nverts	2	网格顶点 3 表	i3tab(n),n=1,nverts
3	网格顶点 8 表	i8tab(n),n=1,nverts	4	左邻网格表	imtab(n),n=1,nverts
5	前邻网格表	jmtab(n),n=1,nverts	6	下邻网格表	kmtab(n),n=1,nverts
7	网格左面边界类型标志	bcl(n),n=1,nverts	8	网格前面边界类型标志	bcf(n),n=1,nverts
9	网格底面边界类型标志	bcb(n),n=1,nverts	10	网格的区域标识	idreg(n),n=1,nverts

(5) 缸内轴对称网格

缸内轴对称网格如表 4.9 所列。“前周期边界顶点表”和“后周期边界顶点表”存储前、后周期边界上的顶点序号。对于轴对称的仿真项目,表 4.9 具有简化计算、提高效率、减少内存的作用。

表 4.9 缸内轴对称网格

序 号	变量名称	符 号
1	前周期边界顶点表	iperf(n),n=1,iper
2	后周期边界顶点表	iperd(n),n=1,iper

(6) 缸内油团 3D 物理参数

缸内油团 3D 物理参数如表 4.10 所列。在进行考虑燃油喷射的仿真时,缸内油团的 3D 物理参数计算和书写是重要的内容。油团中小滴 X、Y 和 Z 坐标存储每个小滴的 3D 坐标;“包含油滴网格表”存储包含油滴的网格的序号;“油团中小滴半径表”存储每个小滴的半径数据;“油团中小滴数”存储每个油团中小滴的数目;小滴 X、Y 和 Z 向速度分量存储每个小滴 3D 速度分量;“油团中小滴温度”存储油团中每个小滴的平均温度;“油团动量顶点表”存储油滴团动量计算的顶点编号。

表 4.10 缸内油团 3D 物理参数

序 号	变量名称	符 号	序 号	变量名称	符 号
1	油团中小滴 X 坐标	xp(n),n=1,np	2	油团中小滴 Y 坐标	yp(n),n=1,np
3	油团中小滴 Z 坐标	zp(n),n=1,np	4	包含油滴网格表	i4p(n),n=1,np
5	油团中小滴半径表	radp(n),n=1,np	6	油团中小滴数	partn(n),n=1,np
7	小滴 X 向速度分量	up(n),n=1,np	8	小滴 Y 向速度分量	vp(n),n=1,np
9	小滴 Z 向速度分量	wp(n),n=1,np	10	油团中小滴温度	tp(n),n=1,np
11	油团动量顶点表	i4mom(n),n=1,np			

4.7.3 dat.* 文件解读

4.7.3.1 dat.dynamic 文件解读

(1) dat.dynamic 打开方式

dat.dynamic 是十进制带格式的数据文件,可以采用多种方式打开,阅读文件内容。本书采用 Compaq Visual Fortran 打开。右击 dat.dynamic 图标,在下拉菜单中单击“打开方式”,拉下二级下拉菜单,单击“选择程序”,弹出图 4.64 所示的对话框;单击“推荐的程序”中“Microsoft (R) Developer Studio”选项,最后单击“确定”按钮,打开 dat.dynamic 文件,如图 4.65 所示。

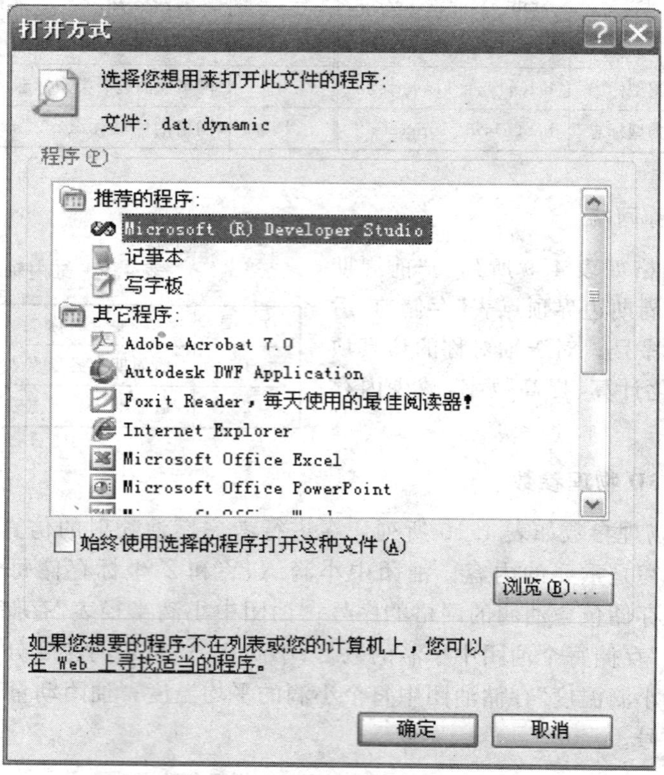

图 4.64 dat.dynamic 打开方式界面

(2) dat.dynamic 文件解读

dat.dynamic 文件内容如图 4.65 所示。图中数据矩阵分为 9 列,行数不定,中间“……”表示省略。开始行对应的曲轴转角是 ITAPE5 文件定义的 atdc 曲轴转角,末尾行对应的是 ITAPE5 文件定义的 cafin 曲轴转角。9 列动力学参数分别是 Crank、TRx、TRy、SR、AMomx、AMomy、AMomz、Totamom、TotKE。Crank 是曲轴转角,TRx 是 *X* 轴涡流系数,TRy 是 *Y* 轴涡流系数,SR 是 *Z* 轴涡流系数,AMomx 是 *YZ* 平面动量矩(gcm^2/s),AMomy 是 *XZ* 平面动量矩(gcm^2/s),Amomz 是 *XY* 平面动量矩(gcm^2/s),Totamom 是总动量矩($gcm^2/$

s)，TotKE 是总动能(gcm²/s²)。第 1 行为量纲，第 2 行为动力学物理量代号。

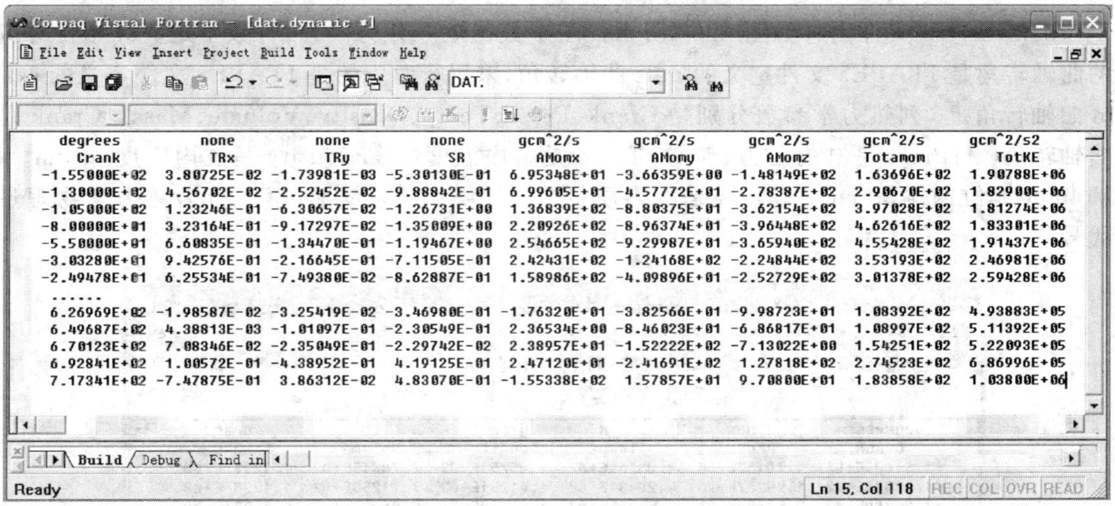

图 4.65 dat.dynamic 文件内容界面

4.7.3.2 dat.thermo 文件解读

(1) dat.thermo 打开方式

dat. thermo 是十进制带格式的数据文件，可以采用多种方式打开，阅读文件内容。打开方式同 4.7.3.1 的(1)部分，如图 4.66 所示。

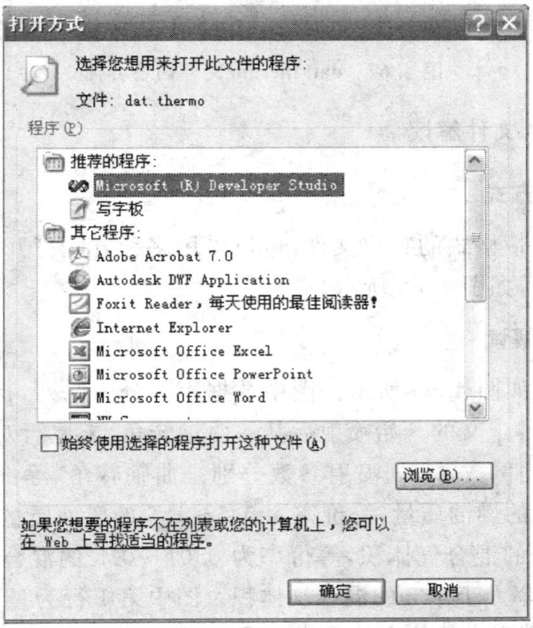

图 4.66 dat.thermo 打开方式界面

(2) dat. thermo 文件解读

dat. thermo 文件内容如图 4.67 所示。图中数据矩阵分为 6 列,行数不定。开始行对应的曲轴转角是 ITAPE5 文件定义的 atdc 曲轴转角,末尾行对应的是 ITAPE5 文件定义的 cafin 曲轴转角。6 列热力学参数分别是 Crank、Press、Temp、Density、Volume、Mass。Crank 是曲轴转角(°);Press 是缸内压力(dyn);Temp 是缸内温度(K);Density 是缸内密度(g/cm^3);Volume 是缸内体积(cm^3);Mass 是缸内质量(g)。第 1 行为量纲,第 2 行为热力学物理量代号。

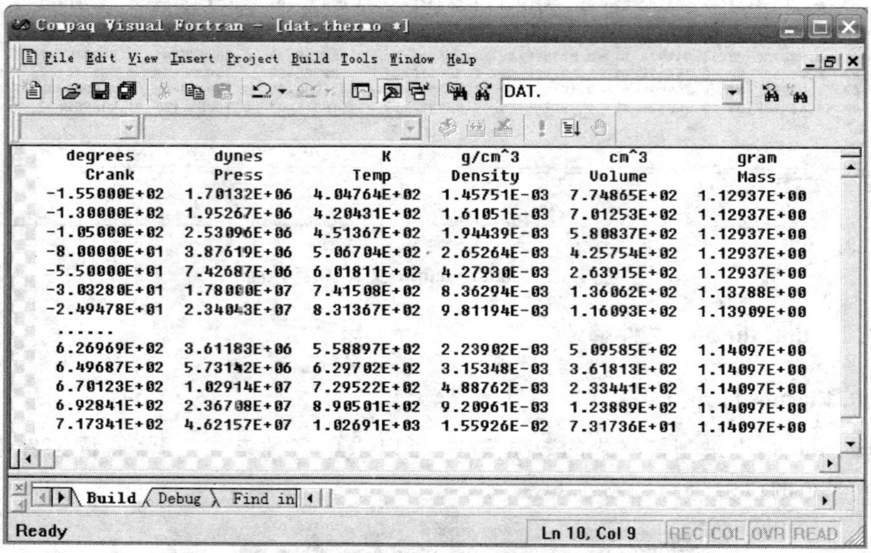

degrees	dynes	K	g/cm^3	cm^3	gram
Crank	Press	Temp	Density	Volume	Mass
-1.55000E+02	1.70132E+06	4.04764E+02	1.45751E-03	7.74865E+02	1.12937E+00
-1.30000E+02	1.95267E+06	4.20431E+02	1.61051E-03	7.01253E+02	1.12937E+00
-1.05000E+02	2.53096E+06	4.51367E+02	1.94439E-03	5.80837E+02	1.12937E+00
-8.00000E+01	3.87619E+06	5.06704E+02	2.65264E-03	4.25754E+02	1.12937E+00
-5.50000E+01	7.42687E+06	6.01811E+02	4.27930E-03	2.63915E+02	1.12937E+00
-3.03280E+01	1.78000E+07	7.41508E+02	8.36294E-03	1.36062E+02	1.13788E+00
-2.49478E+01	2.34043E+07	8.31367E+02	9.81194E-03	1.16093E+02	1.13909E+00
......					
6.26969E+02	3.61183E+06	5.58897E+02	2.23902E-03	5.09585E+02	1.14097E+00
6.49687E+02	5.73142E+06	6.29702E+02	3.15348E-03	3.61813E+02	1.14097E+00
6.70123E+02	1.02914E+07	7.29522E+02	4.88762E-03	2.33441E+02	1.14097E+00
6.92841E+02	2.36708E+07	8.90501E+02	9.20961E-03	1.23889E+02	1.14097E+00
7.17341E+02	4.62157E+07	1.02691E+03	1.55926E-02	7.31736E+01	1.14097E+00

图 4.67 dat. thermo 文件内容界面

4.7.3.3 dat. inject 文件解读

(1) dat. inject 打开方式

dat. inject 是十进制带格式的数据文件,可以采用多种方式打开,阅读文件内容。打开方式同 4.7.3.1 的(1)部分,如图 4.68 所示。

(2) dat. inject 文件解读

dat. inject 文件内容如图 4.69 所示。图中数据矩阵分为 9 列,行数不定。开始行对应的曲轴转角是 ITAPE5 文件定义的开始喷射后某一曲轴转角,末尾行对应的曲轴转角由等价率决定。等价率指空燃比的倒数。9 列喷射参数分别是曲轴转角、等价率为 0～0.01 的燃油质量,等价率为 0.01～0.5 的燃油质量,等价率为 0.5～1.5 的燃油质量,等价率大于 1.5 的燃油质量,等价率为 0～0.01 的混合气体积,等价率为 0.01～0.5 的混合气体积,等价率为 0.5～1.5 的混合气体积,等价率大于 1.5 的混合气体积。图中第 1 行为量纲,第 2 行第 1 列为物理量,第 2 行第 2～9 列分别列出等价率的取值范围。

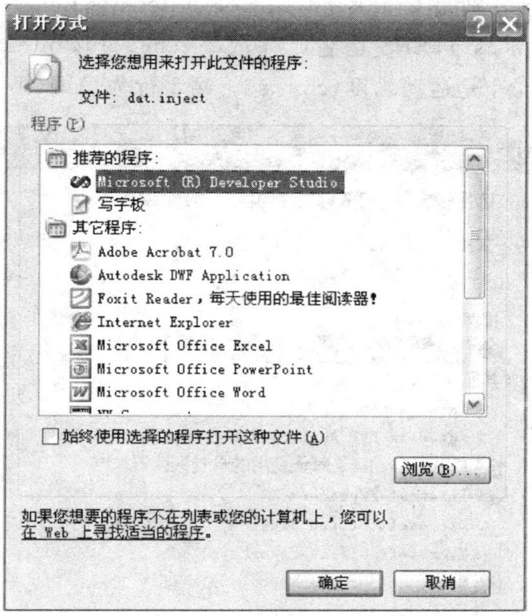

图 4.68 dat. inject 打开方式界面

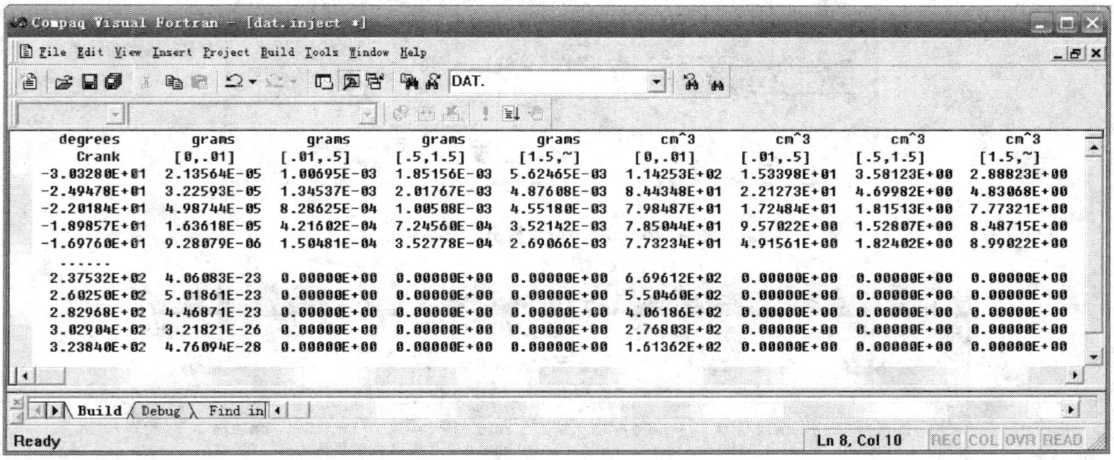

图 4.69 dat. inject 文件内容界面

4.7.3.4 dat. turb 文件解读

(1) dat. turb 打开方式

dat. turb 是十进制带格式的数据文件，可以采用多种方式打开，阅读文件内容。打开方式同 4.7.3.1 的(1)部分，如图 4.70 所示。

(2) dat. turb 文件解读

dat. turb 文件内容如图 4.71 所示。图中数据矩阵分为 6 列，行数不定。开始行对应的曲轴转角是 ITAPE5 文件定义的 atdc 曲轴转角，末尾行对应的是 ITAPE5 文件定义的 cafin 曲轴转角。6 列热力学参数分别是 Crank、TKE、EPS、Intensty、Length、vt。Crank 是曲轴转角(°),TKE 是湍流动能(cm^2/s^2),EPS 是湍流耗散率(cm^2/s^3),Intensty 是湍流强度(cm/s),Length 是湍流长度(cm),vt 是运动黏度(cm^2/s)。第 1 行为量纲,第 2 行为湍流物理量代号。

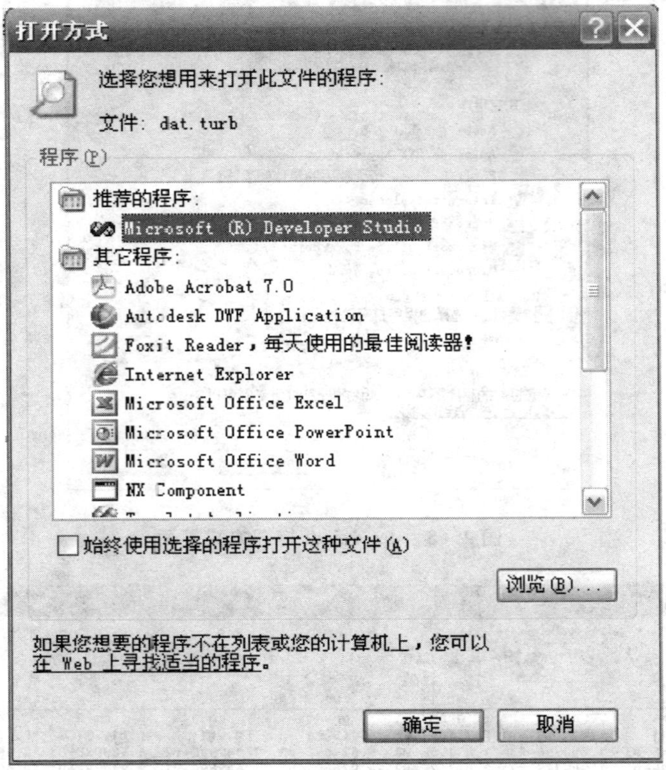

图 4.70　dat.turb 打开方式界面

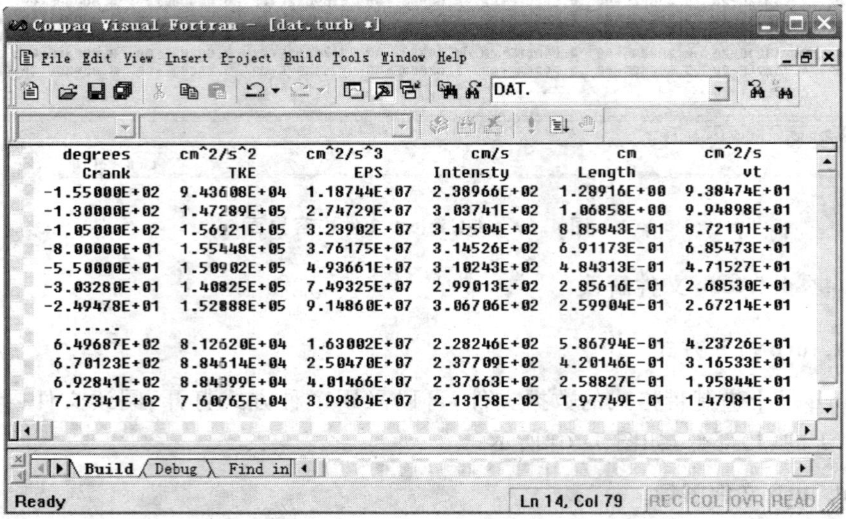

degrees	cm^2/s^2	cm^2/s^3	cm/s	cm	cm^2/s
Crank	TKE	EPS	Intensty	Length	vt
-1.55000E+02	9.43608E+04	1.18744E+07	2.38966E+02	1.28916E+00	9.38474E+01
-1.30000E+02	1.47289E+05	2.74729E+07	3.03741E+02	1.06858E+00	9.94898E+01
-1.05000E+02	1.56921E+05	3.23902E+07	3.15504E+02	8.85843E-01	8.72101E+01
-8.00000E+01	1.55448E+05	3.76175E+07	3.14526E+02	6.91173E-01	6.85473E+01
-5.50000E+01	1.50902E+05	4.93661E+07	3.10243E+02	4.84313E-01	4.71527E+01
-3.03280E+01	1.40825E+05	7.49325E+07	2.99013E+02	2.85616E-01	2.68530E+01
-2.49478E+01	1.52888E+05	9.14860E+07	3.06706E+02	2.59904E-01	2.67214E+01
......					
6.49687E+02	8.12620E+04	1.63002E+07	2.28246E+02	5.86794E-01	4.23726E+01
6.70123E+02	8.84514E+04	2.50470E+07	2.37709E+02	4.20146E-01	3.16533E+01
6.92841E+02	8.84399E+04	4.01466E+07	2.37663E+02	2.58827E-01	1.95844E+01
7.17341E+02	7.60765E+04	3.99364E+07	2.13158E+02	1.97749E-01	1.47981E+01

图 4.71　dat.turb 文件内容界面

4.7.4 plotgmv0i 文件解读

4.7.4.1 plotgmv0i 生成方式

如图 4.2 所示，将 ITAPE5 文件内容第 2 部分中 gmv 设置为 1.0，按照 4.6 节所述的求解计算操作方法进行求解。另外要求仿真项目要用 3D 求解，即 thsect≠0.5，求解结果如图 4.72 所示。

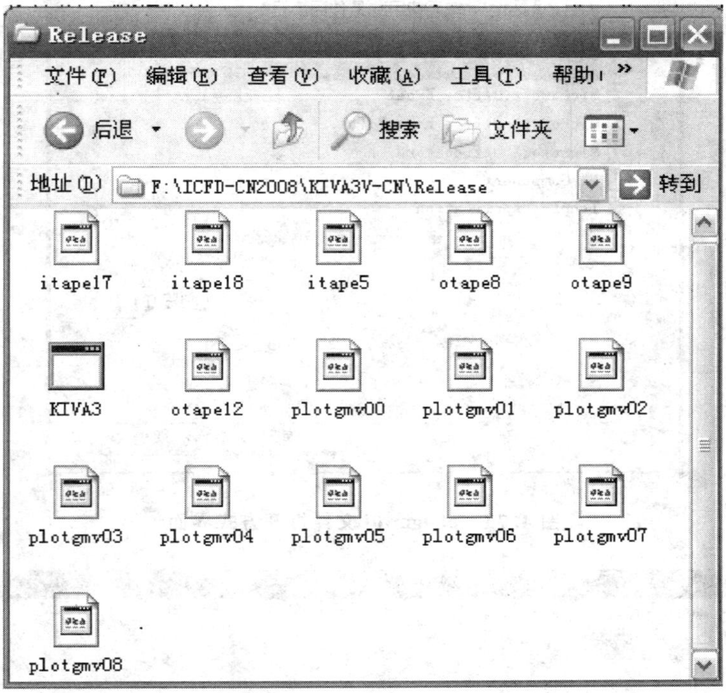

图 4.72 求解结果界面(仿真案例 II,gmv=1.0)

4.7.4.2 plotgmv0i 打开方式

plotgmv0i 是十进制带格式的数据文件，可以采用多种方式打开，阅读文件内容。打开方式同 4.7.3.1 的(1)部分，如图 4.73 所示。

4.7.4.3 plotgmv0i 文件解读

plotgmv0i 文件包括 4 个方面的内容。图 4.74 为 plotgmv0i 文件内容 I。第 1 行书写文件头 gmvinput ascii；第 2 行是节点数；第 3～5 行书写节点的 X 坐标，第 4 行表示省略部分数据；第 6～8 行书写节点的 Y 坐标，第 7 行表示省略部分数据；第 9～11 行书写节点的 Z 坐标，第 10 行表示省略部分数据；第 12 行是网格数；第 13～17 行表示网格矩阵，第 16 行表示省略数据。矩阵第 2 列表示网格节点数，第 3 列表示网格基点的节点序号，第 4～6 列表示网格第 1～3 点的节点序号，第 7 列表示网格第 8 点的节点序号，第 8～10 列依次表示网格第 5～7 点的节点序号。

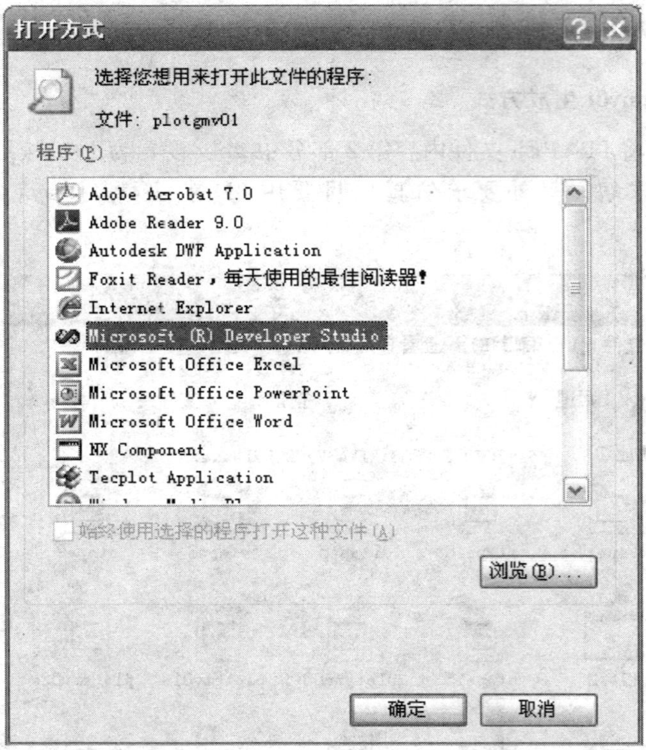

图 4.73 plotgmv0i 文件打开方式界面

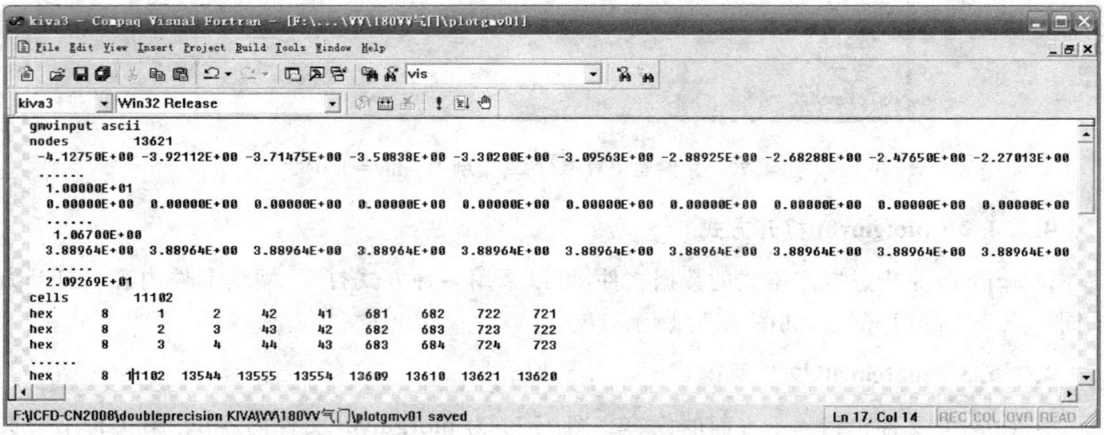

图 4.74 plotgmv0i 文件内容 I 界面

图 4.75 为 plotgmv0i 文件内容 II。第 1 行为流场速度；第 2～4 行依次按照节点顺序书写 U、V 和 W；第 5 行为变量；第 6 行为压力数据标志；第 7～9 行按照节点顺序表示压力；第 10 行是温度数据标志；第 11～13 行按照节点顺序书写温度；第 14 行为密度数据的标志；第 15～17 行按照节点顺序书写密度。

图 4.76 为 plotgmv0i 文件内容 III。第 1 行为湍流动能数据标志；第 2～4 行按照节点顺序表示湍流动能；第 5 行为湍流长度尺度数据标志；第 6～8 行按照节点顺序表示湍流长度尺

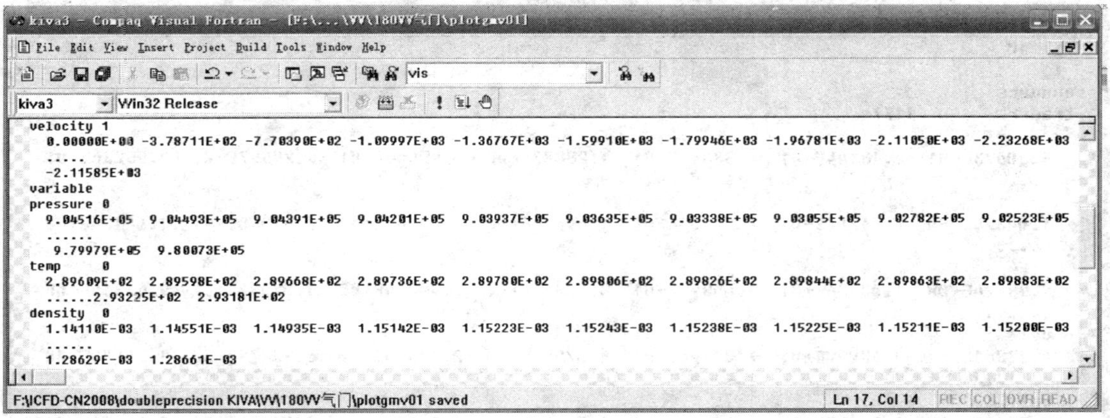

图 4.75 plotgmv0i 文件内容 II 界面

度;第 9 行为等价率数据标志;第 10～12 行按照节点顺序表示等价率;第 13 行为物质 1(燃油)质量分数数据标志;第 14～16 行按照节点顺序表示物质 1 质量分数数据。

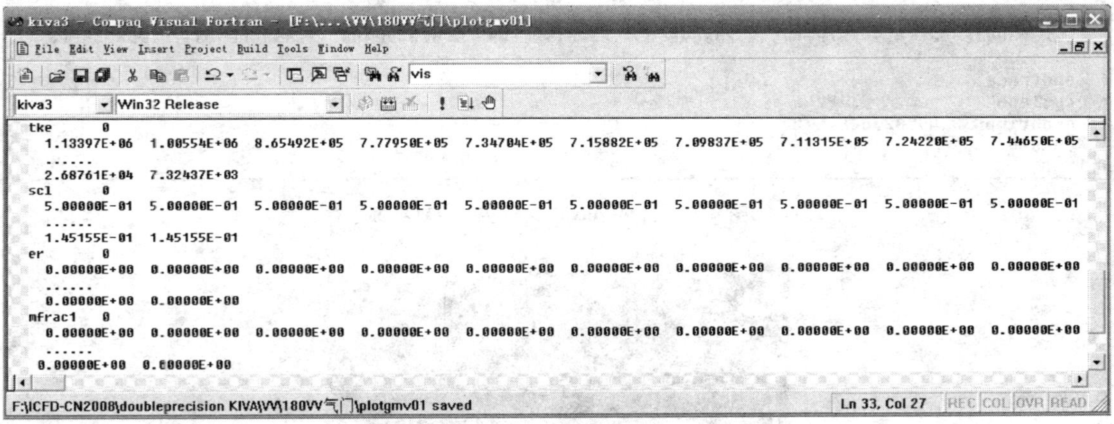

图 4.76 plotgmv0i 文件内容 III 界面

图 4.77 为 plotgmv0i 文件内容 IV。第 1 行为变量油膜厚度标志;第 2 行为油膜厚度数据(本书省略);第 3 行为结束缸内变量标志;第 4 行为喷射油滴数标志;第 5、6 行表示油滴 x 坐标,第 7～8 行表示油滴 y 坐标,第 9～10 行表示油滴 z 坐标;第 11～13 行表示油滴 u 方向速度,第 14～16 行表示油滴 v 方向速度,第 17～19 行表示油滴 w 方向速度;第 20～22 行表示油滴温度,第 23～25 行表示油滴半径;第 26 行表示结束油滴轨迹,第 27 行表示 plotgmv0i 文件数据发生的仿真计算循环次数;第 28 行表示 plotgmv0i 文件数据发生的仿真时刻对应的曲轴转角;第 29 行表示结束 gmv 文件的标志。

4.7.4.4 plotgmv0i 文件可视化

1) plotgmv0i 文件可视化方法

(1) 运行 Tecplot 10

安装 Tecplot 10 软件。单击图 4.78 所示 Tecplot 10.6 图标,运行 Tecplot 10 软件,获得

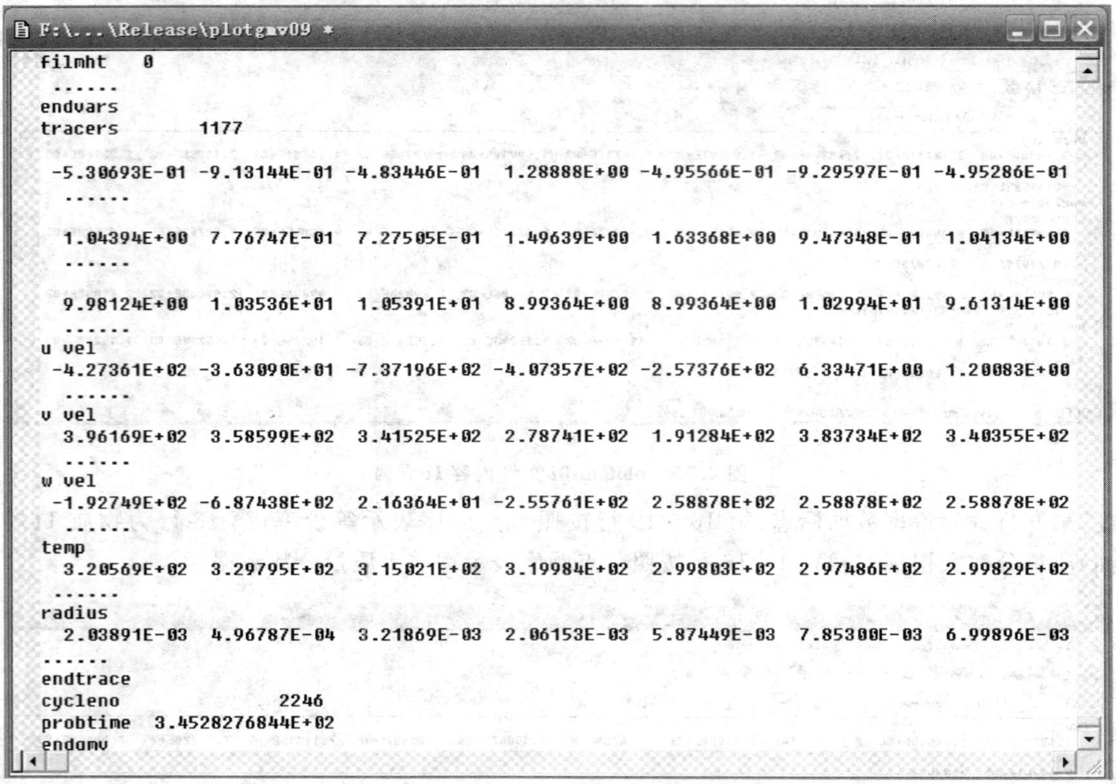

```
F:\...\Release\plotgmv09 *
filmht    0
 ......
endvars
tracers        1177
 -5.30693E-01 -9.13144E-01 -4.83446E-01  1.28888E+00 -4.95566E-01 -9.29597E-01 -4.95286E-01
  ......
  1.04394E+00  7.76747E-01  7.27505E-01  1.49639E+00  1.63368E+00  9.47348E-01  1.04134E+00
  ......
  9.98124E+00  1.03536E+01  1.05391E+01  8.99364E+00  8.99364E+00  1.02994E+01  9.61314E+00
 ......
u vel
 -4.27361E+02 -3.63090E+01 -7.37196E+02 -4.07357E+02 -2.57376E+02  6.33471E+00  1.20083E+00
 ......
v vel
  3.96169E+02  3.58599E+02  3.41525E+02  2.78741E+02  1.91284E+02  3.83734E+02  3.40355E+02
  ......
w vel
 -1.92749E+02 -6.87438E+02  2.16364E+01 -2.55761E+02  2.58878E+02  2.58878E+02  2.58878E+02
 ......
temp
  3.20569E+02  3.29795E+02  3.15021E+02  3.19984E+02  2.99803E+02  2.97486E+02  2.99829E+02
 ......
radius
  2.03891E-03  4.96787E-04  3.21869E-03  2.06153E-03  5.87449E-03  7.85300E-03  6.99896E-03
......
endtrace
cycleno              2246
probtime   3.4528276844E+02
endgmv
```

图 4.77　plotgmv0i 文件内容 IV 界面

图 4.78　运行 Tecplot 10 界面

Tecplot 10 主菜单，如图 4.79 所示。

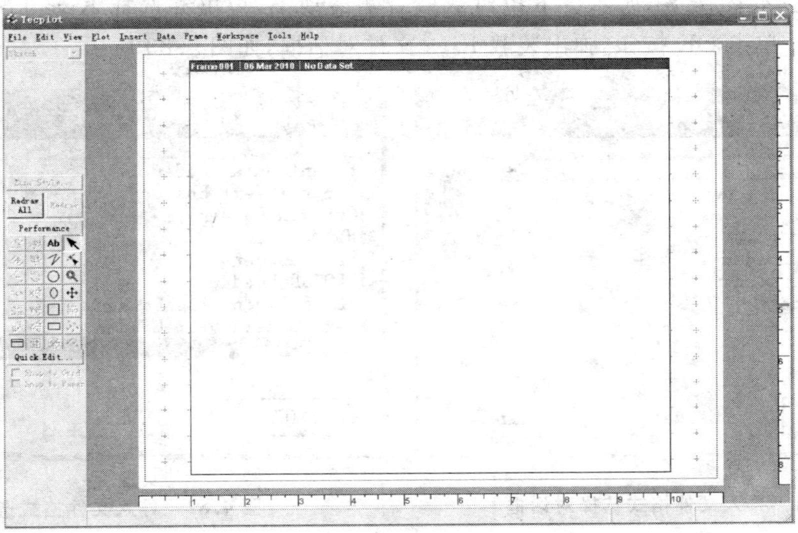

图 4.79 Tecplot 10.6 主菜单

(2) 导入 plotgmv0i 文件

单击主菜单“file”,拉开下拉式菜单,如图 4.80 所示。单击 Import 按钮,出现导入文件格

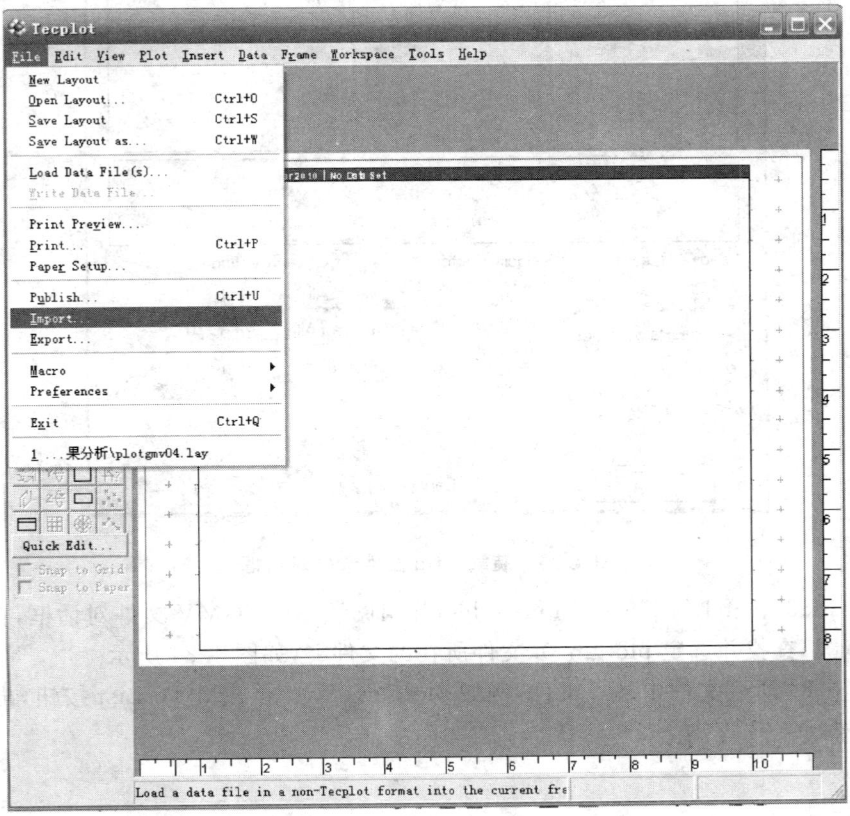

图 4.80 导入 plotgmv0i 操作 I 界面

式选择对话框，如图 4.81 所示。下拉对话框右侧滚动条，拉出并选择 Kiva Loader 格式，如图 4.82 所示。单击 OK 按钮，弹出装载 Kiva 文件对话框，如图 4.83 所示。

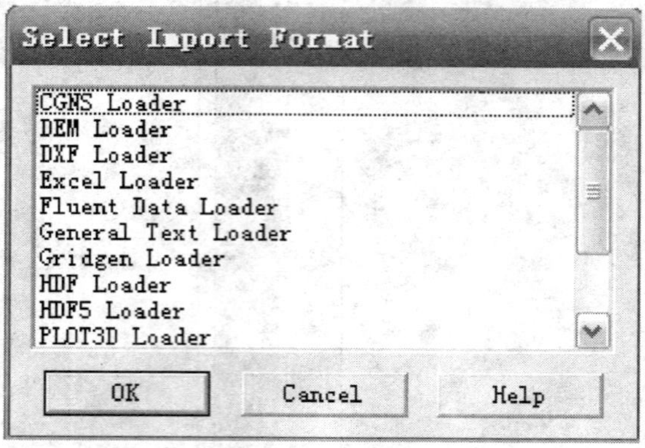

图 4.81 导入文件格式选择对话框

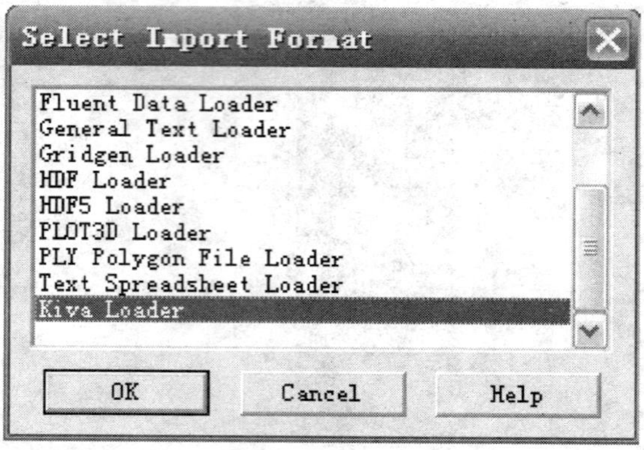

图 4.82 导入文件格式选定

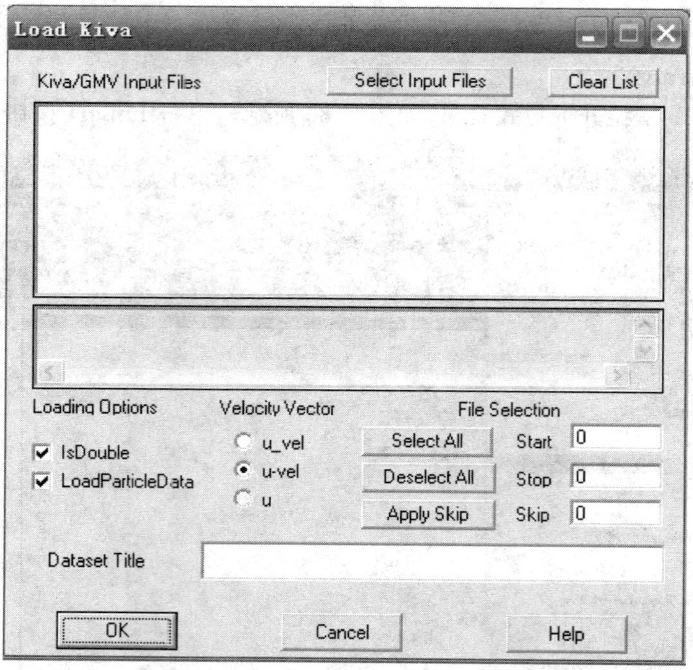

图 4.83 装载 Kiva 文件选择对话框

单击图 4.83 中第 1 行 Select Input Files，弹出阅读 Kiva/GMV 文件对话框，在对话框第 2 行“查找范围”查找并选定 plotgmv0i 文件所在的文件夹，如图 4.84 所示。

单击图 4.84 所列文件中某一文件，例如 plotgmv08，单击 Add To List 按钮，出现图 4.85 所示的对话框。

图 4.84 阅读 Kiva/GMV 文件对话框

图 4.85 选定 Kiva 文件对话框

单击图 4.85 对话框最后一行 Open Files 按钮，出现图 4.86 所示的拓展名识别对话框。单击图 4.86“确定”按钮，回到装载 Kiva 对话框，如图 4.87 所示。

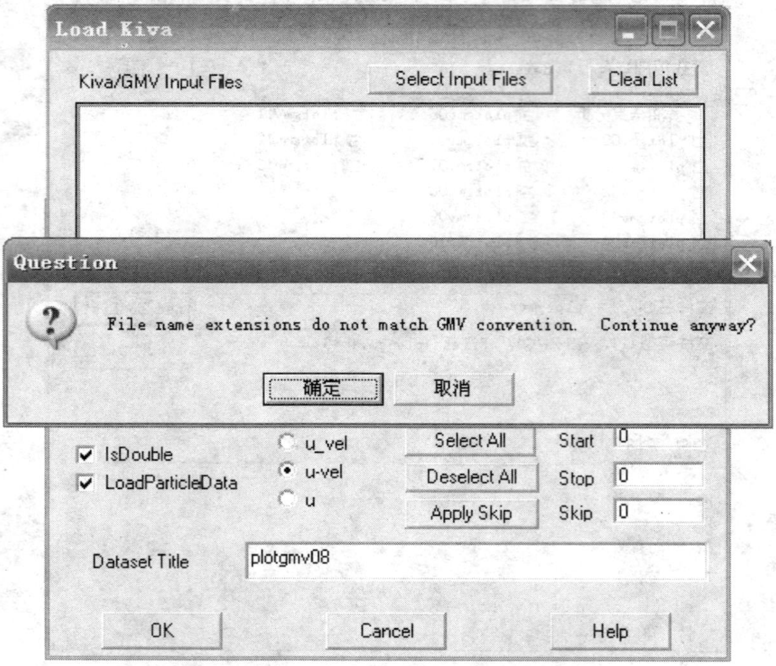

图 4.86　文件拓展名识别对话框

图 4.87　装载 Kiva 对话框(满载)

单击图 4.87 中 OK 按钮，装载过程对话框闪过后，出现选择变量对话框，如图 4.88 所示。

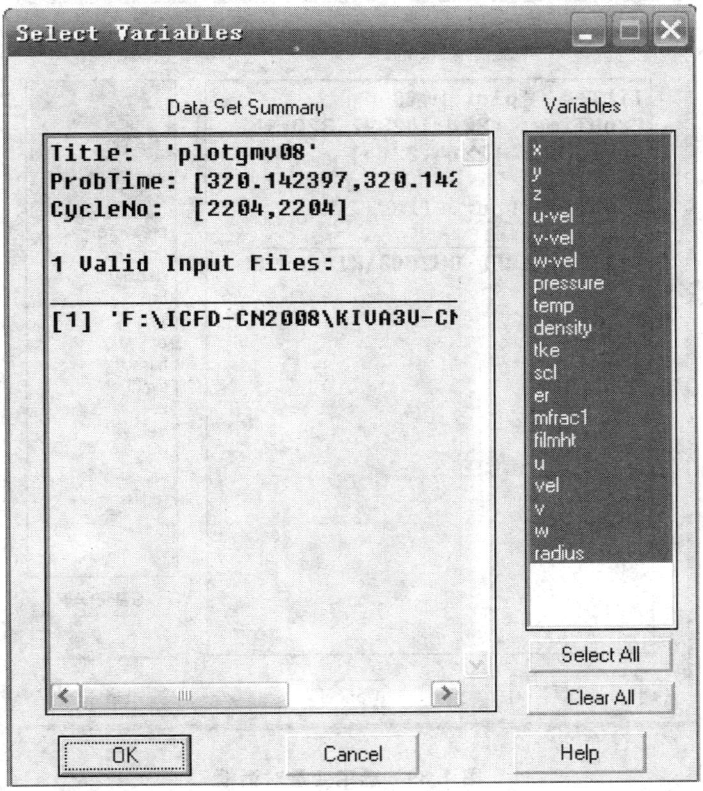

图 4.88 选择变量对话框

按 Ctrl 键选择图 4.88 右列前 6 个变量，如图 4.89 所示。图 4.88 右列变量代号名称如表 4.11 所列。

表 4.11 plotgmv0i 变量代号名称对照表

序 号	变量代号	变量名称	序 号	变量代号	变量名称
1	x	流场、油滴坐标	2	y	流场、油滴坐标
3	z	流场、油滴坐标	4	u-vel	流场速度 u
5	v-vel	流场速度 v	6	w-vel	流场速度 w
7	pressure	流场压力	8	temp	流场温度
9	density	流场密度	10	tke	湍流动能
11	scl	湍流长度尺度	12	er	等价率
13	mfrac1	第一种物质质量分数	14	filmht	油膜厚度
15	u	油滴速度 u	16	vel	油滴速度 v
17	v	油滴速度 w	18	w	油滴温度
19	radius	油滴半径			

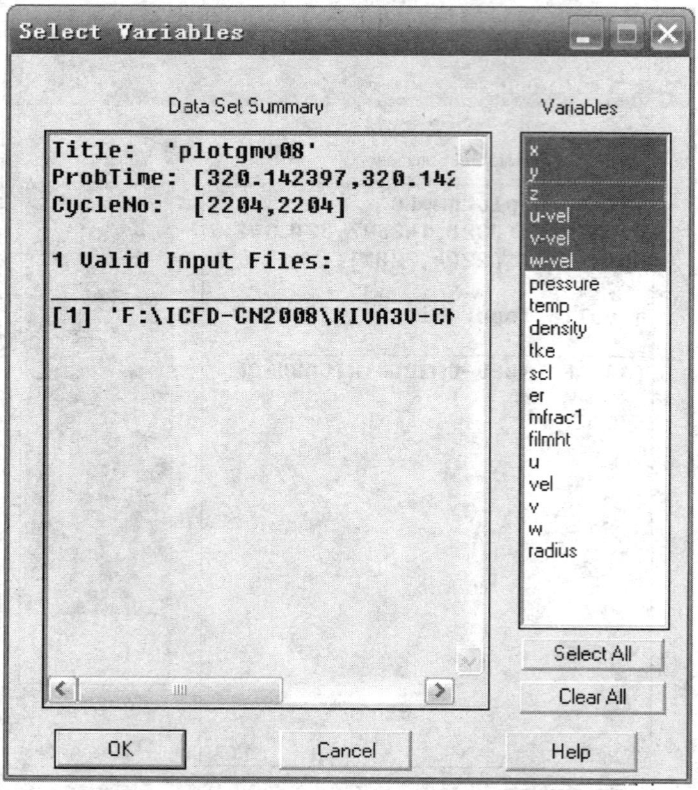

图 4.89　选定变量对话框

单击图 4.89 的 OK 按钮，运行闪过后，回到 Tecplot 10.6 主菜单，如图 4.90 所示。

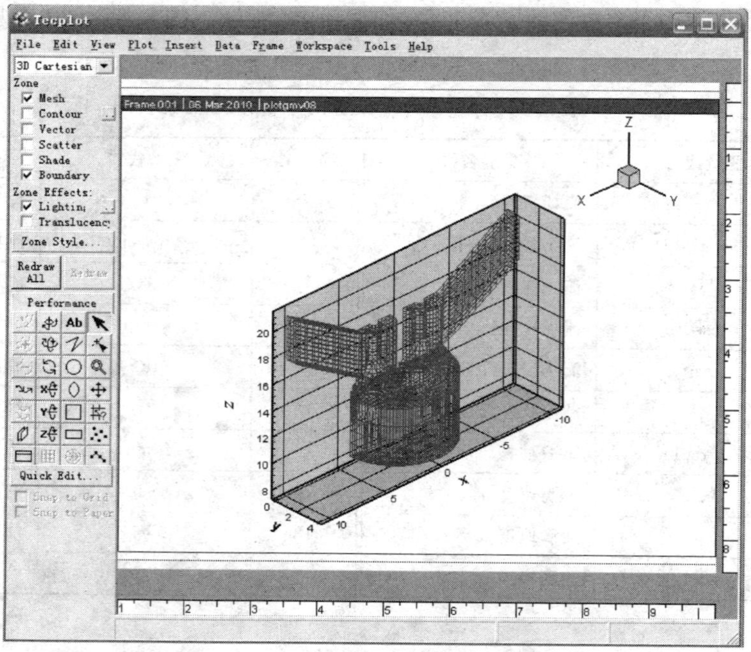

图 4.90　Tecplot 10.6 主菜单(导入文 plotgmv0i 文件)

根据 Tecplot 10.6 操作指南，对图 4.90 绘图工具和主菜单按钮 plot 下的各命令按钮进行操作，去掉坐标平面，去掉喷射油滴的网格，设置网格颜色为绿色，获得流场三维速度矢量图，如图 4.91 所示。

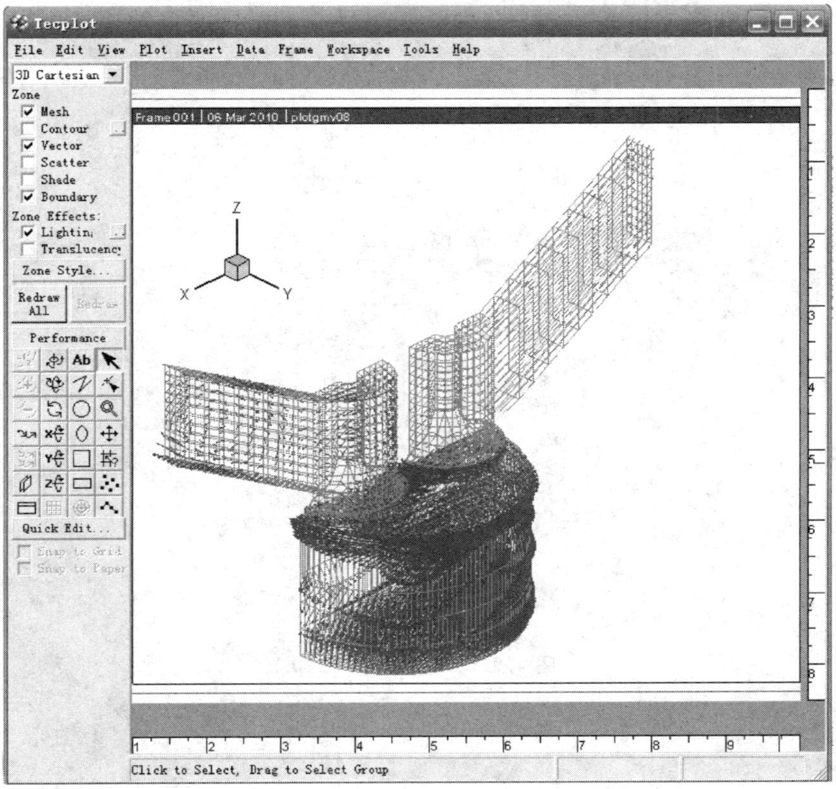

图 4.91　Tecplot 10.6 主菜单(流场三维速度矢量图)

2) plotgmv0i 文件可视化结果

根据上述可视化方法，可以获得如下一系列三维图，并可以生成动画文件。

图 4.92 为仿真案例 II 的曲轴转角为 320°时的三维网格图。根据 ITAPE5 文件要求，运行一次可以获得 ncaspec 个三维网格图。

图 4.93 为仿真案例 II 的曲轴转角为 320°、喷射器高度为 dznoz=9.5 cm 时的三维喷射油滴模拟图。根据 ITAPE5 文件要求，运行一次可以获得 ncaspec 个三维喷射油滴模拟图。圆圈代表油滴。

图 4.94 为仿真案例 II 的曲轴转角为 320°、喷射器高度为 dznoz=12.5 cm 时的三维喷射油滴模拟图。根据 ITAPE5 文件要求，运行一次可以获得 ncaspec 个三维喷射油滴模拟图。球体表示油滴，颜色与温度有关。

图 4.95 为仿真案例 II 的曲轴转角为 320°、喷射器高度为 dznoz=12.5 cm 时的三维喷射油滴速度矢量图。根据 ITAPE5 文件要求，运行一次可以获得 ncaspec 个三维喷射油滴速度矢量图。箭线表示速度大小和方向。

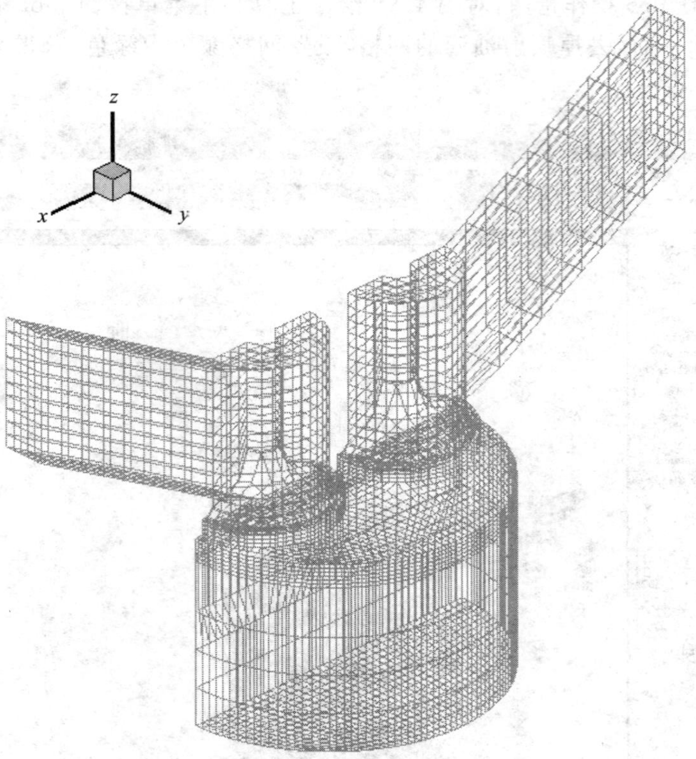

图 4.92　网格图(ca=320°)

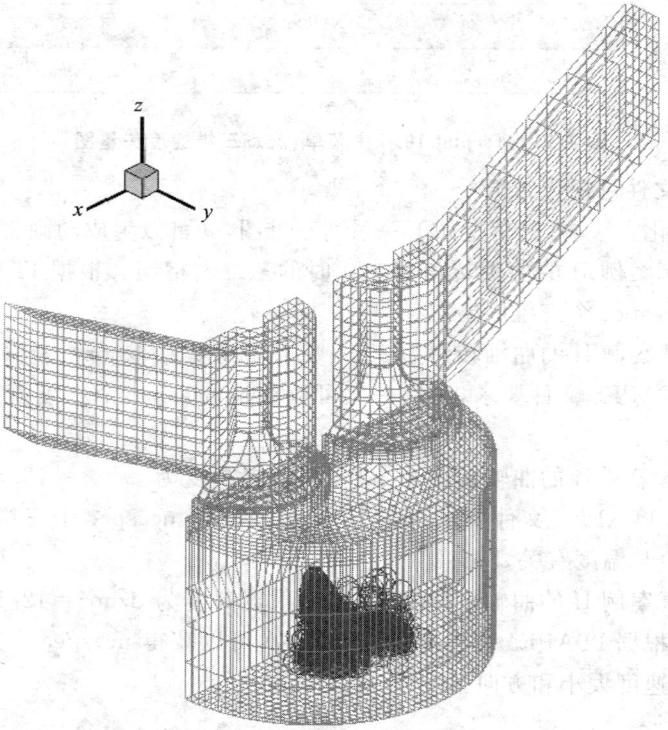

图 4.93　喷射油滴模拟图(dznoz=9.5 cm,ca=320°)

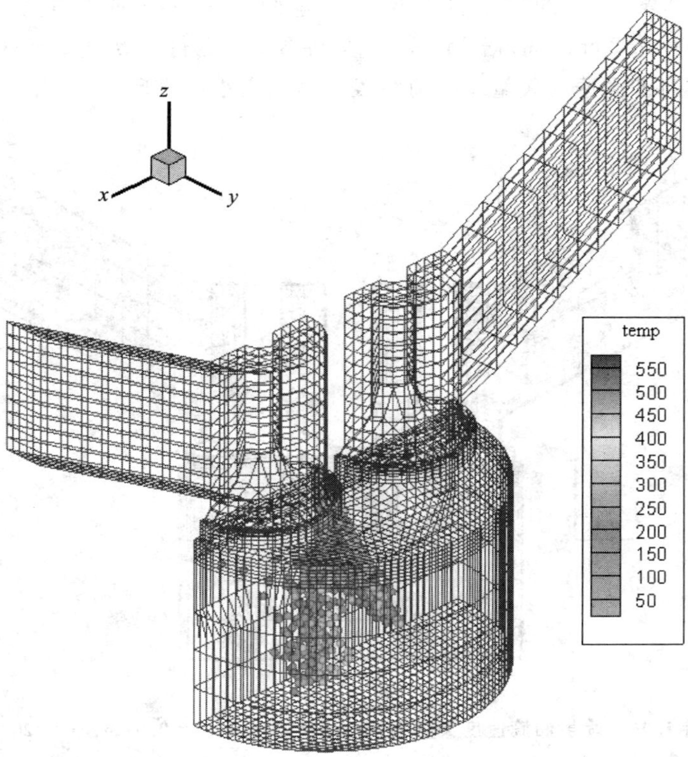

图 4.94 喷射油滴模拟图(dznoz=12.5 cm,ca=320°)

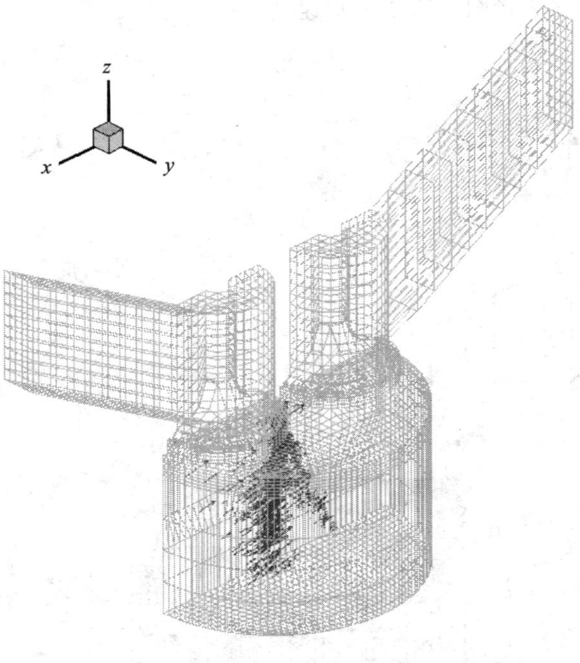

图 4.95 喷射油滴速度矢量图(dznoz=12.5 cm,ca=320°)

图 4.96 为仿真案例 II 的喷射油滴速度矢量图。图中曲轴转角为 320°，喷射器高度 dznoz=12.5 cm，y=0.0 cm。根据 ITAPE5 文件要求，运行一次可以获得 ncaspec 个 y=0.0 cm平面二维喷射油滴速度矢量图。箭线表示速度大小和方向。

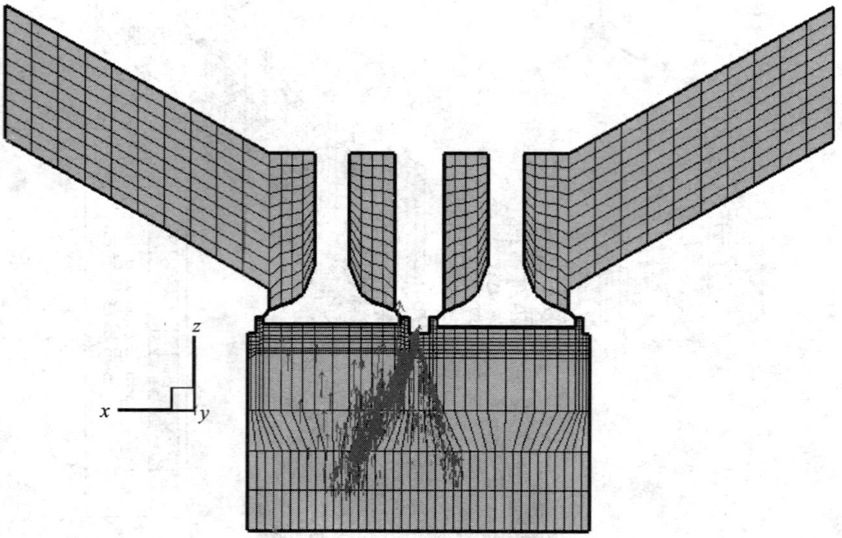

图 4.96　喷射油滴速度矢量图(dznoz=12.5 cm, y=0.0 cm, ca=320°)

图 4.97 为仿真案例 II 的曲轴转角为 320°、喷射器高度为 dznoz=9.5 cm 时的 y=0.0 cm 平面的二维流场速度矢量图。根据 ITAPE5 文件要求，运行一次可以获得 ncaspec 个 y=0.0 cm平面二维流场速度矢量图。箭线表示速度大小和方向。

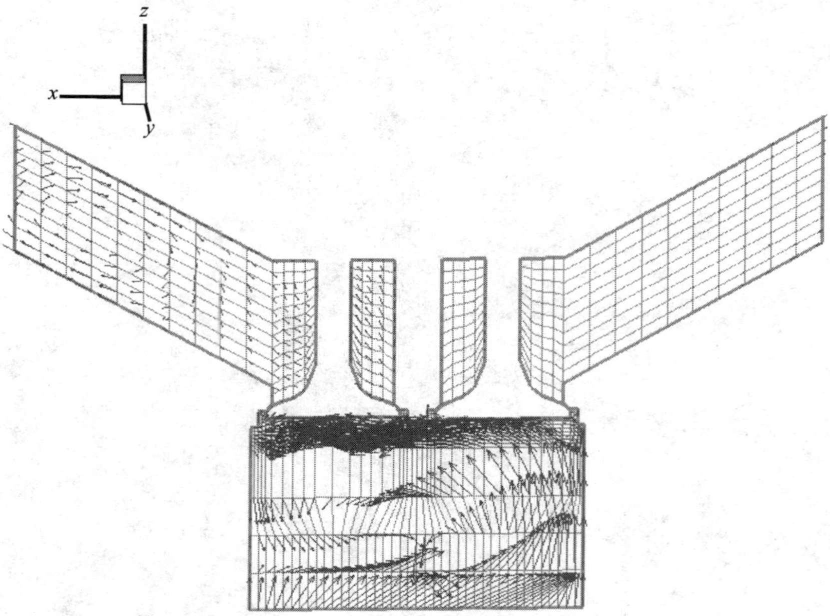

图 4.97　流场速度矢量图(dznoz=9.5 cm, y=0.0 cm, ca=320°)

图 4.98 为仿真案例 II 的曲轴转角为 320°、喷射器高度为 dznoz＝9.5 cm 时，$y=0.0\,\text{cm}$ 平面的二维流场速度 w 云图。根据 ITAPE5 文件要求，运行一次可以获得 ncaspec 个 $y=0.0\,\text{cm}$ 平面二维流场速度 w 云图。颜色与速度大小有关。

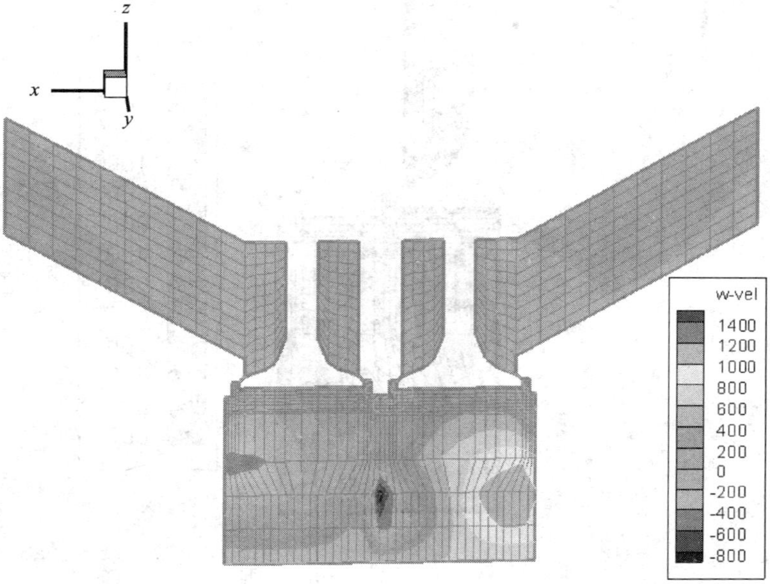

图 4.98　流场速度 w 等云图(dznoz＝9.5 cm，$y=0.0$ cm，ca＝320°)

图 4.99 为仿真案例 II 的曲轴转角为 320°、喷射器高度为 dznoz＝9.5 cm 时，$z=10.0\,\text{cm}$ 平面的二维流场速度 w 云图。根据 ITAPE5 文件要求，运行一次可以获得 ncaspec 个 $z=0.0\,\text{cm}$ 平面二维流场速度 w 云图。颜色与速度大小有关。

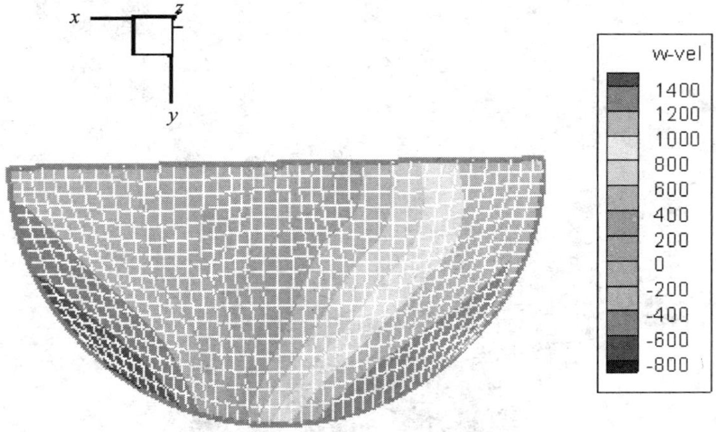

图 4.99　流场速度 w 云图(dznoz＝9.5 cm，$z=10.0$ cm，ca＝320°)

图 4.100 为仿真案例 II 的曲轴转角为 320°、喷射器高度为 dznoz＝9.5 cm 时，$x=-2.1\,\text{cm}$ 平面的二维流场速度 w 云图。根据 ITAPE5 文件要求，运行一次可以获得 ncaspec

个 $x=-2.1$ cm 平面二维流场速度 w 云图。颜色与速度大小有关。

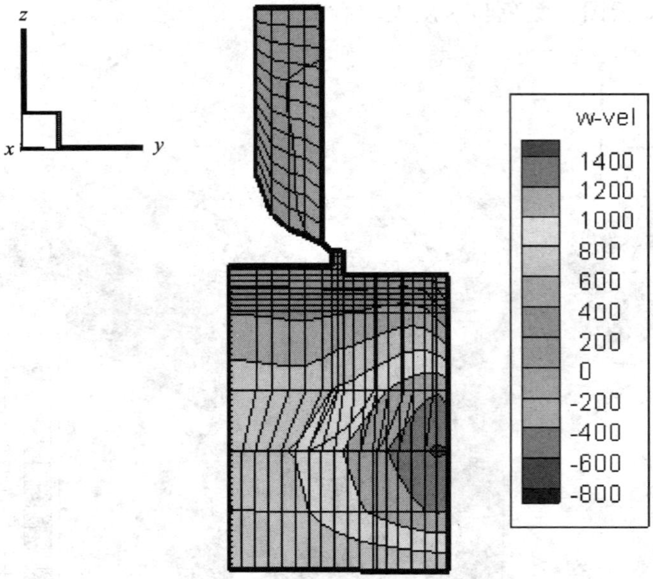

图 4.100　流场速度 w 云图(dznoz=9.5 cm, $x=-2.1$ cm, ca=320°)

图 4.101 为仿真案例 II 的曲轴转角为 320°，喷射器高度为 dznoz=9.5 cm 时三维流场速

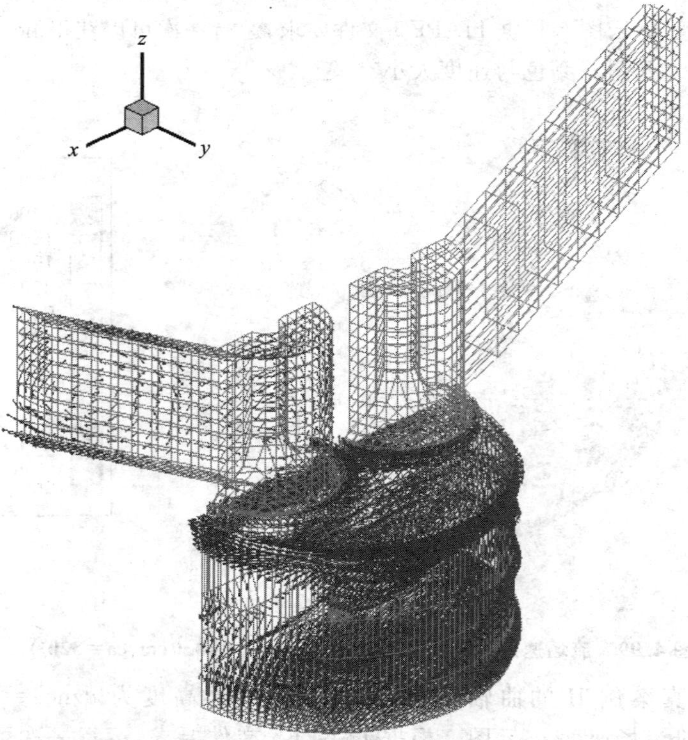

图 4.101　流场速度矢量图(dznoz=9.5 cm, ca=320°)

度矢量图。根据 ITAPE5 文件要求，运行一次可以获得 ncaspec 个三维流场速度矢量图。箭线表示速度大小和方向。

图 4.102 为仿真案例 II 的曲轴转角为 320°，喷射器高度为 dznoz＝9.5 cm 时三维流场速度 u 云图。根据 ITAPE5 文件要求，运行一次可以获得 ncaspec 个三维流场速度 u 云图。充填颜色与速度大小有关。

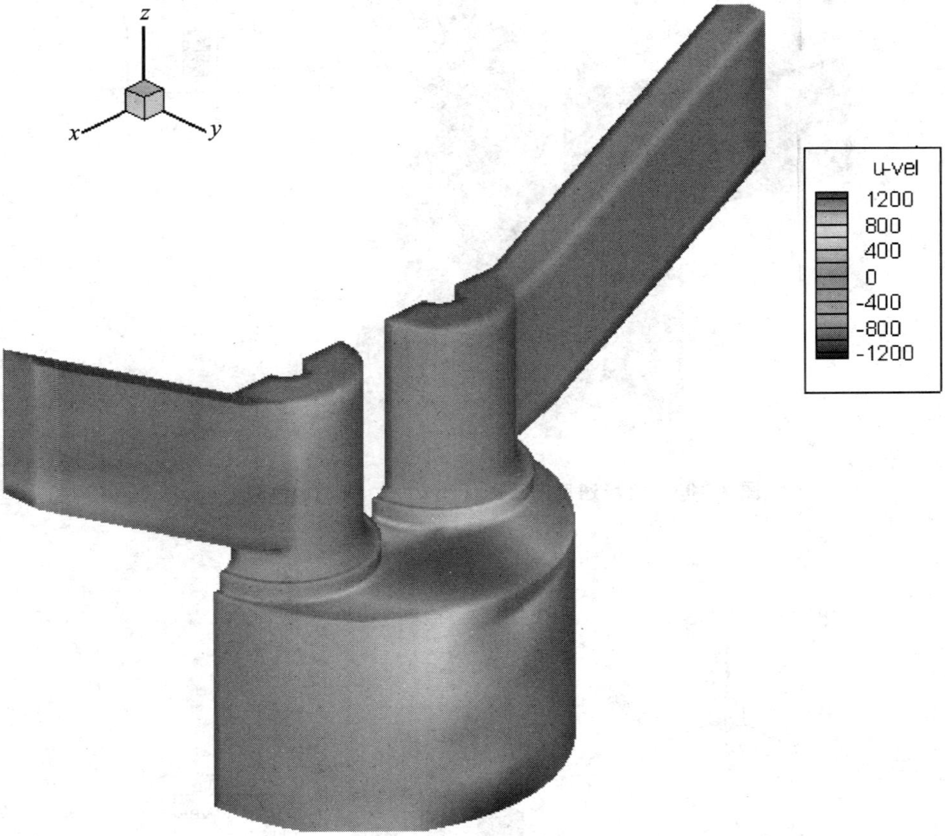

图 4.102　流场速度 u 云图(dznoz＝9.5 cm，ca＝320°)

图 4.103 为仿真案例 II 的曲轴转角为 320°，喷射器高度为 dznoz＝9.5 cm 时三维流场速度 v 云图。根据 ITAPE5 文件要求，运行一次可以获得 ncaspec 个三维流场速度 v 云图。充填颜色与速度大小有关。

图 4.104 为仿真案例 II 的曲轴转角为 320°，喷射器高度为 dznoz＝9.5 cm 时三维流场速度 w 云图。根据 ITAPE5 文件要求，运行一次可以获得 ncaspec 个三维流场速度 w 云图。充填颜色与速度大小有关。

图 4.105 为仿真案例 II 的曲轴转角为 320°，喷射器高度为 dznoz＝9.5 cm 时油膜厚度云图。根据 ITAPE5 文件要求，运行一次可以获得 ncaspec 个油膜厚度云图。充填颜色与厚度有关。

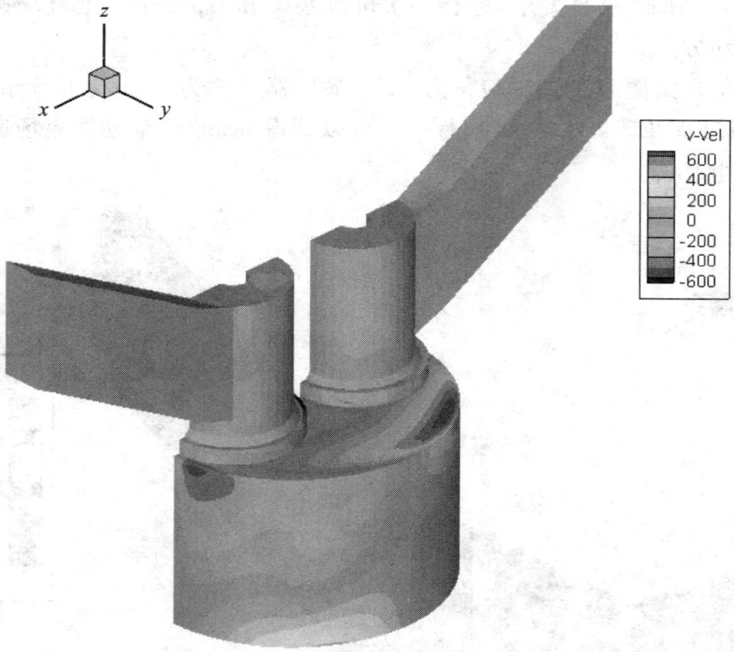

图 4.103　流场速度 v 云图(dznoz=9.5 cm, ca=320°)

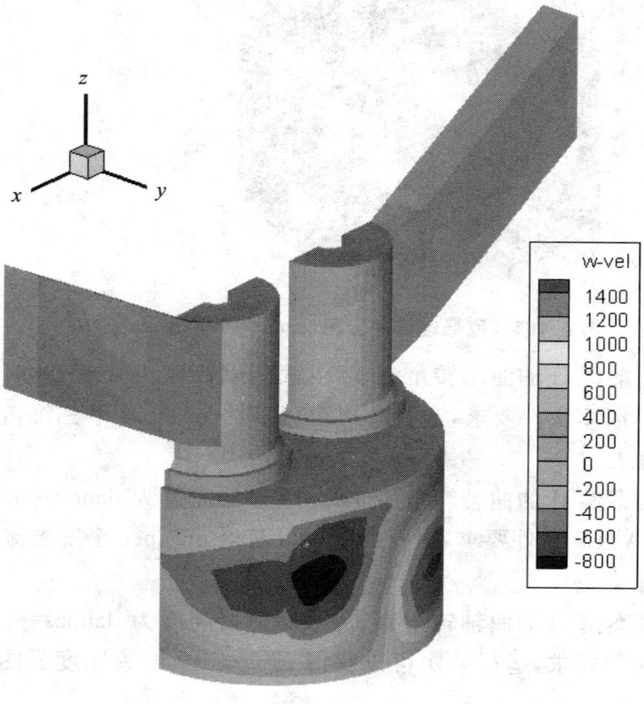

图 4.104　流场速度 w 云图(dznoz=9.5 cm, ca=320°)

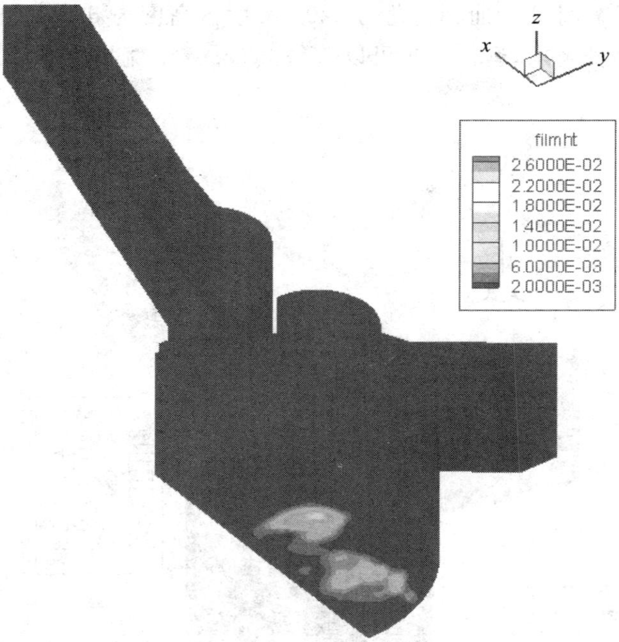

图 4.105 油膜厚度云图

图 4.106 为仿真案例 II 的曲轴转角为 320°，喷射器高度为 dznoz＝9.5 cm 时油膜厚度云图。根据 ITAPE5 文件要求，运行一次可以获得 ncaspec 个油膜厚度云图。充填颜色与厚度有关，带网格，去掉最低油膜厚度。

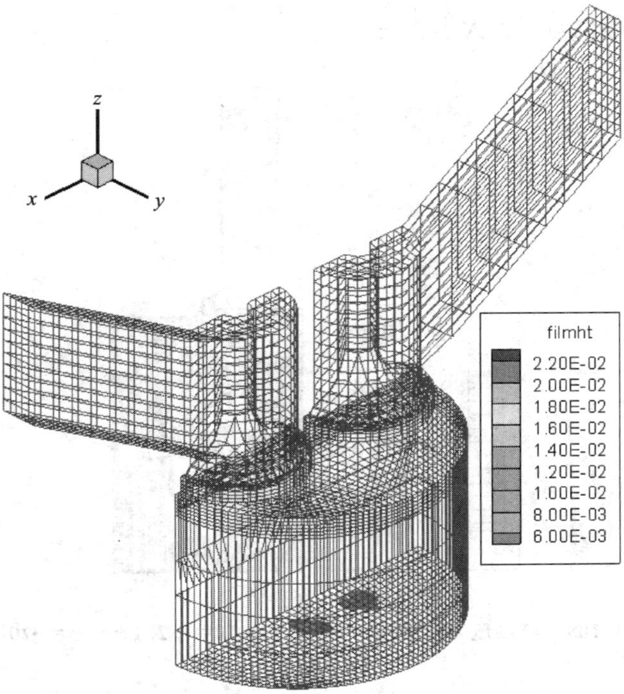

图 4.106 油膜高度云图(dznoz＝9.5 cm，ca＝320°)

图 4.107 为仿真案例 II 的曲轴转角为 320°，喷射器高度为 dznoz＝9.5 cm 时流场压力云图。根据 ITAPE5 文件要求，运行一次可以获得 ncaspec 个流场压力云图。充填颜色与压力大小有关。

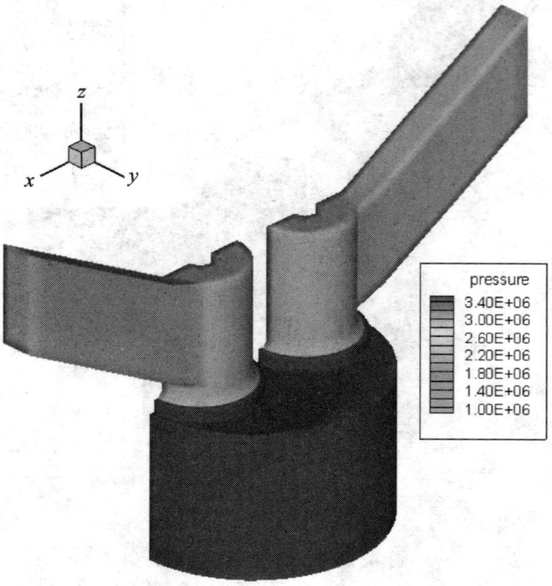

图 4.107　流场压力云图(dznoz＝9.5 cm，ca＝320°)

图 4.108 为仿真案例 II 的曲轴转角为 320°，喷射器高度为 dznoz＝9.5 cm 时，$x=-2.1$ cm 流场压力云图。根据 ITAPE5 文件要求，运行一次可以获得 ncaspec 个 $x=-2.1$ cm 流场压力云图。充填颜色与压力大小有关。

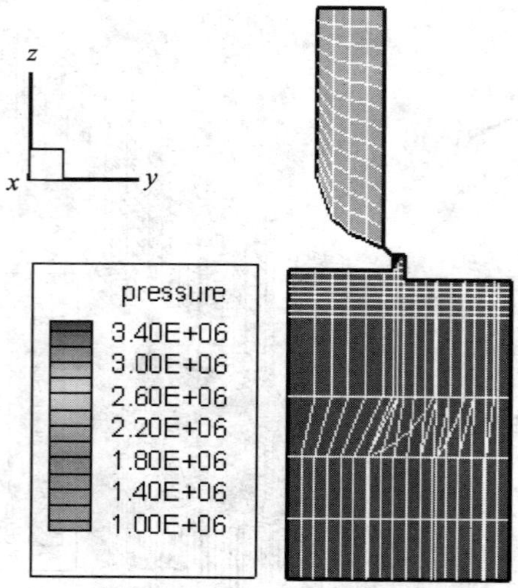

图 4.108　流场压力云图(dznoz＝9.5 cm，$x=-2.1$ cm，ca＝320°)

图 4.109 为仿真案例 II 的曲轴转角为 320°,喷射器高度为 dznoz=9.5 cm 时,y=0.0 cm 流场压力云图。根据 ITAPE5 文件要求,运行一次可以获得 ncaspec 个 y=0.0 cm 流场压力云图。充填颜色与压力大小有关。

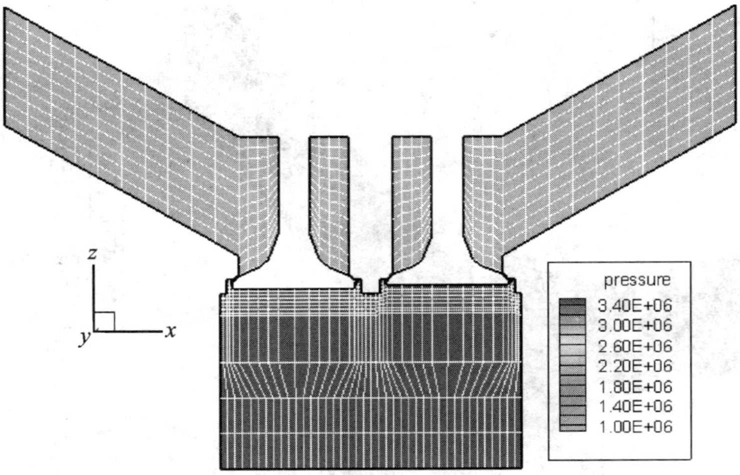

图 4.109 流场压力云图(dznoz=9.5 cm, y=0.0 cm, ca=320°)

图 4.110 为仿真案例 II 的曲轴转角为 320°,喷射器高度为 dznoz=9.5 cm 时,z=12.0cm 流场压力云图。根据 ITAPE5 文件要求,运行一次可以获得 ncaspec 个 z=12.0 cm 流场压力云图。充填颜色与压力大小有关。

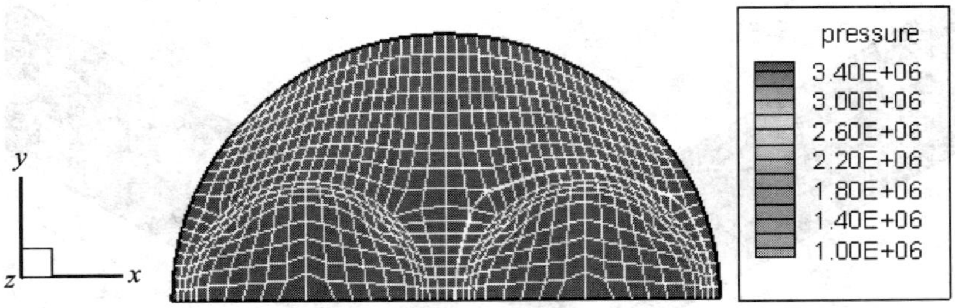

图 4.110 流场压力云图(dznoz=9.5 cm, z=12.0 cm, ca=320°)

图 4.111 为仿真案例 II 的曲轴转角为 320°,喷射器高度为 dznoz=9.5 cm 时流场温度云图。根据 ITAPE5 文件要求,运行一次可以获得 ncaspec 个流场温度云图。充填颜色与温度大小有关。

图 4.112 为仿真案例 II 的曲轴转角为 320°,喷射器高度为 dznoz=9.5 cm 时,y=0.0 cm 流场温度云图。根据 ITAPE5 文件要求,运行一次可以获得 ncaspec 个 y=0.0 cm 流场温度云图。充填颜色与温度大小有关。

图 4.113 为仿真案例 II 的曲轴转角为 320°，喷射器高度为 dznoz＝9.5 cm 时，$x=-2.1$ cm 流场温度云图。根据 ITAPE5 文件要求，运行一次可以获得 ncaspec 个 $x=-2.1$ cm 流场温度云图。充填颜色与温度大小有关。

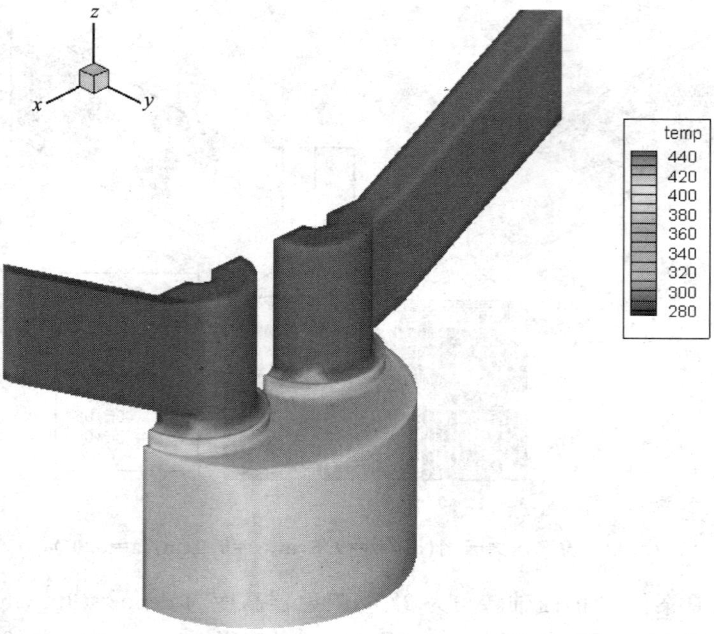

图 4.111　流场温度云图(dznoz＝9.5 cm，ca＝320°)

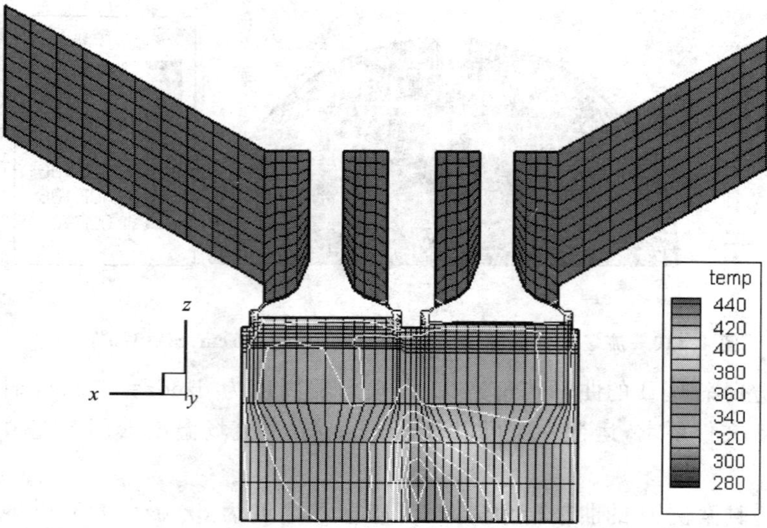

图 4.112　流场温度云图(dznoz＝9.5 cm，$y=0.0$ cm，ca＝320°)

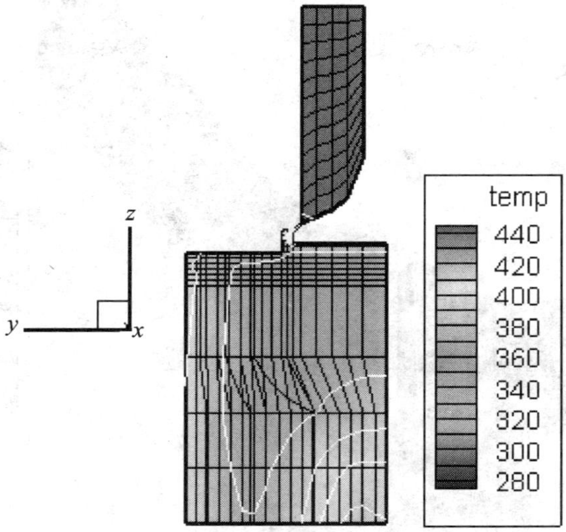

图 4.113 流场温度云图(dznoz=9.5 cm,x=−2.1 cm,ca=320°)

图 4.114 为仿真案例 II 的曲轴转角为 320°,喷射器高度为 dznoz=9.5 cm 时,z=12.0 cm 流场温度云图。根据 ITAPE5 文件要求,运行一次可以获得 ncaspec 个 z=12.0 cm 流场温度云图。充填颜色与温度大小有关。

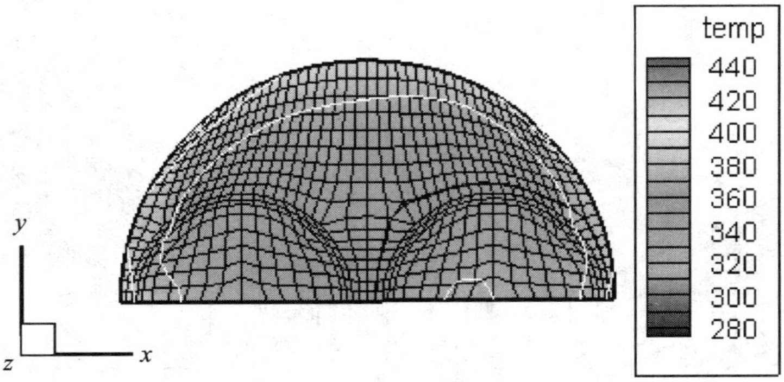

图 4.114 流场温度云图(dznoz=9.5 cm,z=12.0 cm,ca=320°)

图 4.115 为仿真案例 II 的曲轴转角为 320°,喷射器高度为 dznoz=9.5 cm 时流场湍流动能 tke 云图。根据 ITAPE5 文件要求,运行一次可以获得 ncaspec 个湍流动能 tke 云图。充填颜色与湍流动能大小有关。

图 4.116 为仿真案例 II 的曲轴转角为 320°,喷射器高度为 dznoz=9.5 cm 时第一种物质 mfrac1 质量分数云图。根据 ITAPE5 文件要求,运行一次可以获得 ncaspec 个缸内物质质量分数云图。充填颜色与质量分数大小有关,带网格,去掉最低质量分数。

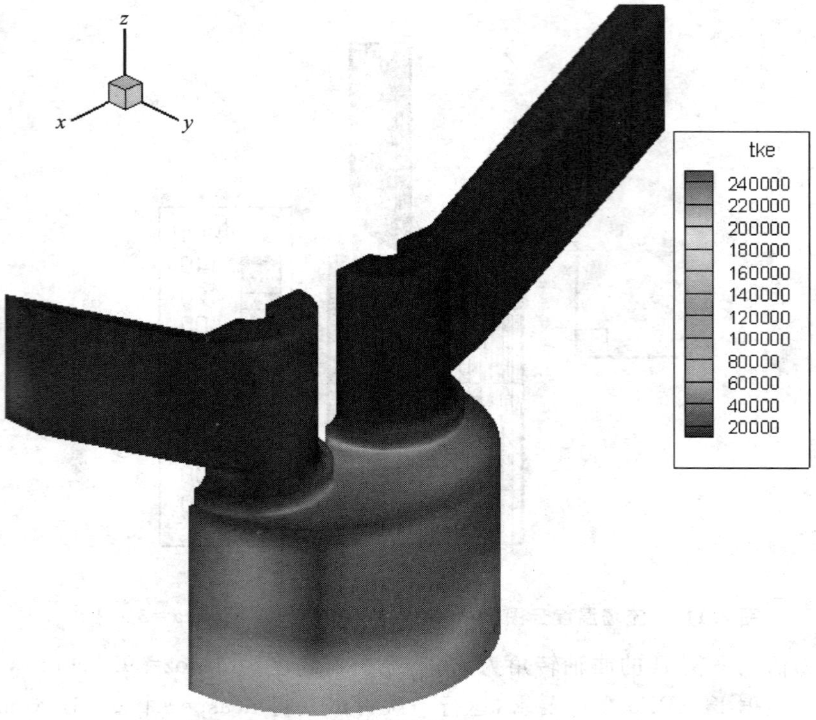

图 4.115　流场湍流动能 tke 云图(dznoz=9.5 cm,ca=320°)

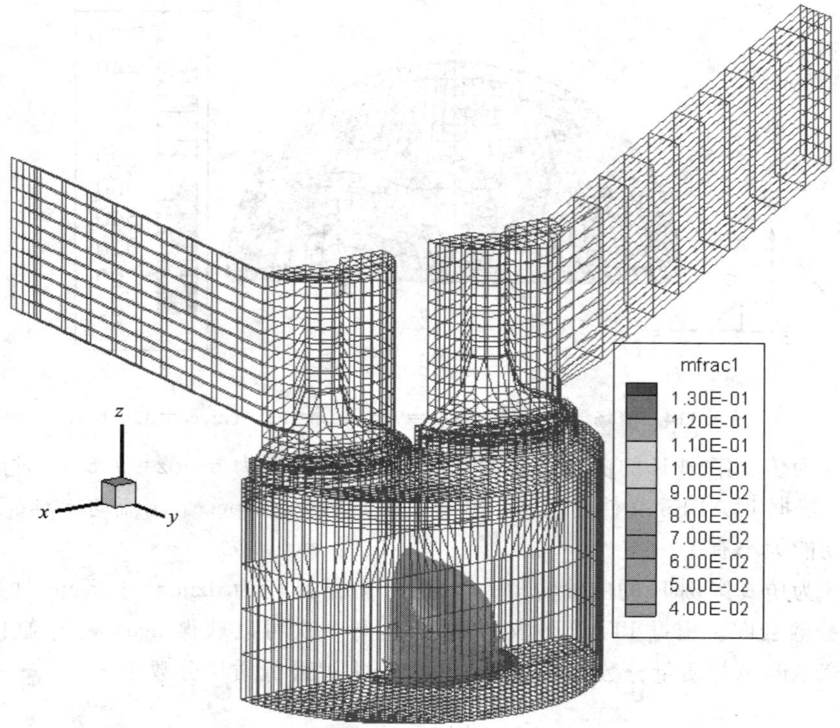

图 4.116　燃油质量分数云图(dznoz=9.5 cm,ca=320°)

5 后处理

5.1 IPOST 文件设计

IPOST 文件包括 6 大内容：仿真项目名称和方案设计、等高线图生成方案设计、普通 2D 图生成方法设计、特定 2D 网格图和速度矢量图生成方法设计、网格化 2D 速度矢量图和等高线图生成方法设计，以及消隐网格图生成方法设计。

5.1.1 仿真项目名称与方案设计

如图 5.1 所示，IPOST 文件的第 1 行书写小于 80 字符的后处理项目名称。第 2 行 xwindow=1.0，表示在用户工作站的 X-窗口显示图形；否则，定义 xwindow=0.0。第 3 行ntractv 是全面生成还是部分生成图形的人机接口。如果 ntractv=1，采用交互式模式生成图形文件（对每一图形文件，用户被询问是否生成）；如果 ntractv=0，所有图形文件自动全部生成。第 4 行 mirror 定义镜像生成方案。mirror=1，表示在 2D 气缸运行中生成镜像矢量和等高线图；mirror=0，表示只生成右边图形。对于 3D 半周对称网格，mirror=1 表示在重新绘制 X 截面、Z 截面矢量和等高线图时，会在负 Y 空间绘制镜像。

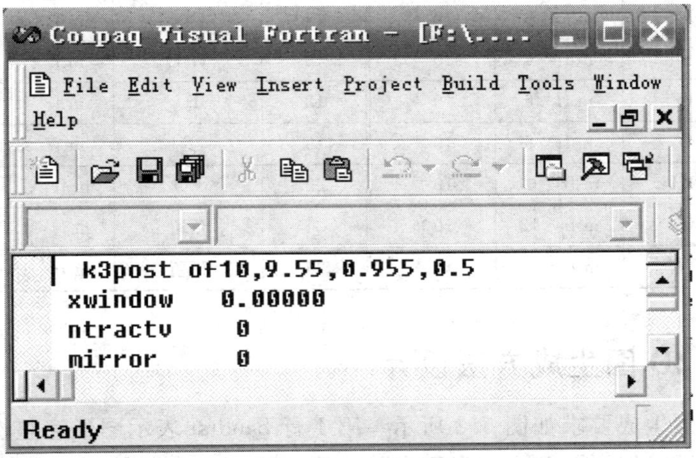

图 5.1 IPOST 文件内容 I 界面

5.1.2 等高线图生成方案设计

等高线图生成方案如图 5.2 所示。图中 icont 行表示设计二进制标志，选择生成等高线图。icont 后接 26 个二进制数，依次代表 26 个选项开关。该 26 个选项开关对应的等高线图种类如表 5.1 所列。二进制选项开关设置为 0，取消该选项；设置为 1，则输出该选项对应内容的等高线图。

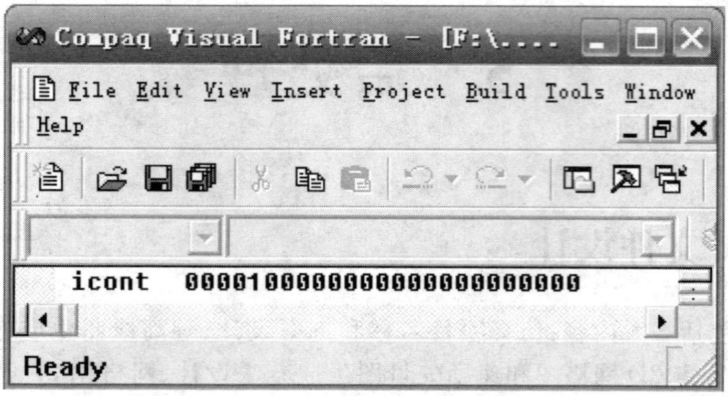

图 5.2　IPOST 文件内容 II 界面

表 5.1　等高线图种类

序号	变量名称	符号	量纲	序号	变量名称	符号	量纲
1	流场速度	norm vel	cm/s	2	压力	pressure	dgw/cm^2
3	密度	density	g/cm^3	4	油膜高度	film ht	cm
5	温度	temp	K	6	运动黏度	kin visc	cm^2/s
7	湍流动能	tke	cm^2/s^2	8	湍流尺度	lenscale	—
9	液体密度	liq dens	g/cm^3	10	油滴半径	smr	cm
11	等价率	equivrat	—	12	燃料浓度	m fr 1	10^{-6}
13	O_2	m fr 2	10^{-6}	14	N_2	m fr 3	10^{-6}
15	CO_2	m fr 4	10^{-6}	16	H_2O	m fr 5	10^{-6}
17	H	m fr 6	10^{-6}	18	H_2	m fr 7	10^{-6}
19	O	m fr 8	10^{-6}	20	N	m fr 9	10^{-6}
21	OH	m fr 10	10^{-6}	22	CO	m fr 11	10^{-6}
23	NO	m fr 12	10^{-6}	24	预留	m fr 13	10^{-6}
25	预留	m fr 14	10^{-6}	26	预留	m fr 15	10^{-6}

5.1.3　普通 2D 图生成方法设计

后处理 2D 图形生成要求如图 5.3 所示。第 1 行 bandtst 表示图形完整性要求。bandtst=1.0,要求准确生成图形文件,防止图形不完整。第 2 行 ploty0 是绘制 $y=0$ 位置的 2D 图的请求。第 3 行 scaley0 定义 $y=0$ 平面上速度和油滴速度矢量比例因子。第 4 行 regconty 定义等高线图的计算范围。regconty=1.0 指气缸区,regconty $=n.0$ 指第 n 个区,regconty=0.0 指所有的流体区域的全部范围。第 5、第 6、第 7 行分别是:xband 指简单 2D 网格图 XK 平面厚度,yband 指简单 2D 网格图 YK 平面厚度,zband 指简单 2D 网格图 ZK 平面厚度。

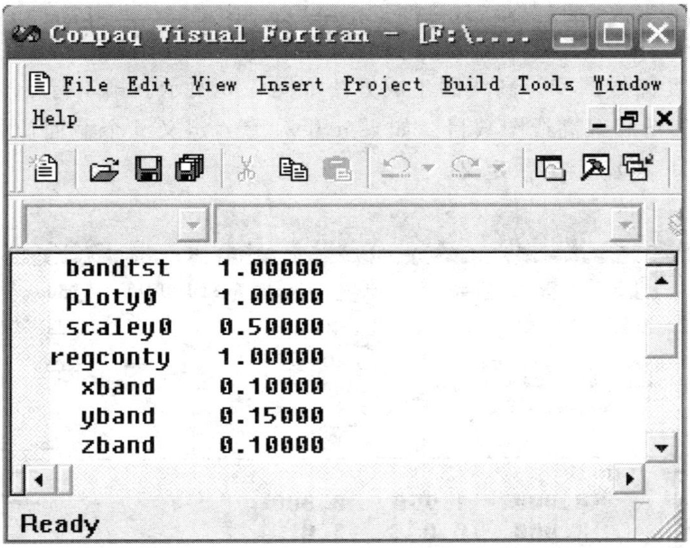

图 5.3 IPOST 文件内容 III 界面

5.1.4 特定 2D 网格图和速度矢量图生成方法设计

特定位置 2D 网格图和速度矢量图生成方法如图 5.4 所示。第 1 行 nxplots 表示通过指定的 *XK* 截面生成简单的 2D 网格图数量。如果 nxplots=n，下一行书写 n 个 *XK* 截面位置，各个位置坐标之间用逗号隔开。第 2 行 nyplots 表示通过指定的 *YK* 截面生成简单的 2D 网格图数量。如果 nyplots=n，下一行书写 n 个 *YK* 截面位置，各个位置坐标之间用逗号隔开。第 3 行 nzplots 表示通过指定的 *ZK* 截面生成简单的 2D 网格图数量。如果 nzplots=n，下一行书写 n 个 *ZK* 截面位置，各个位置坐标之间用逗号隔开。最后一行 nzslice 表示通过 *Z* 平面速度矢量图的数目。如果 nzslice=n，下一行书写 n 个存在的 *Z* 截面坐标，各个位置坐标之间用逗号隔开，zslice=zk。由于网格 z 坐标不是连续的，所以 z 坐标不能任意取值。

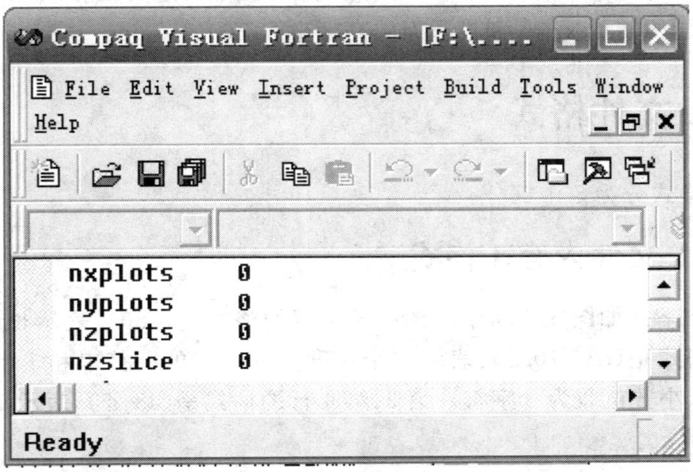

图 5.4 IPOST 文件内容 IV 界面

5.1.5 网格化 2D 速度矢量图和等高线图生成方法设计

网格化 2D 速度矢量图和等高线图生成方法如图 5.5 所示。第 1 行 nviews 表示生成覆盖 2D 网格图的速度矢量和等高线图数目。如果 nviews=n,定义 n 个截面位置。每个截面位置由 xslv、yslv、zslv(=zk)3 个参数定义。

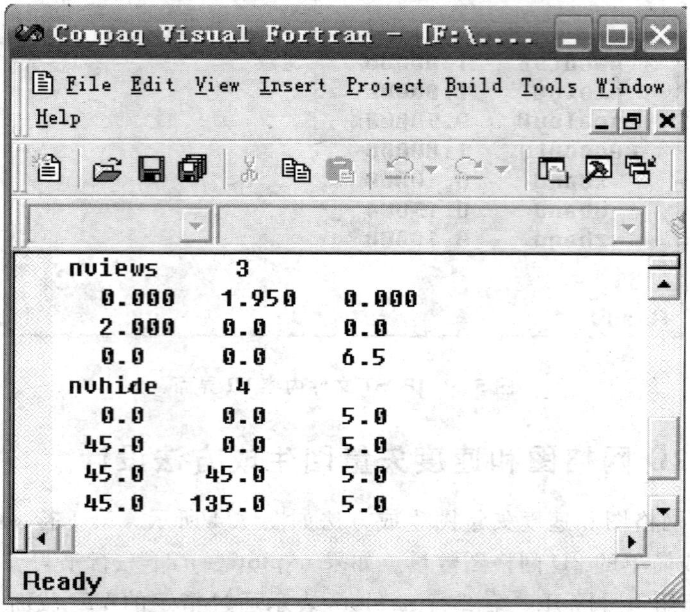

图 5.5 IPOST 文件内容 V 界面

5.1.6 消隐网格图生成方法设计

消隐网格图生成方法如图 5.5 所示。第 5 行 nvhide 表示生成消隐网格图数目。如果 nvhide=n,定义 n 个投影面(推荐 n=1)。对于每个投影面,定义投影线在 XOY 平面的转角 xyrot、在 XOZ 平面的转角 xzrot 和投影面的高度坐标 $Z0$。

5.2 IPOST 文件格式

IPOST 文件格式分为 5 个部分。

5.2.1 IPOST 文件内容 I 格式

IPOST 文件内容 I 如图 5.1 所示。图中第 1 行的格式是(a80),表示长度为 80 字符的字符串。第 2 行的格式是(a8,f10.5),表示 1 个长度为 8 字符的字符串和 1 个实型数。该实型数长度为 10 字符,小数位数为 5 字符。第 3、第 4 行的格式是(a8,i5),表示 1 个 8 字符的字符串,1 个 5 字符的整数。

5.2.2 IPOST 文件内容 II 格式

IPOST 文件内容 II 如图 5.2 所示。图中唯一一行的格式是(a8,26i1),表示 1 个 8 字符的字符串,26 个 1 字符的整数。

5.2.3 IPOST 文件内容 III 格式

IPOST 文件内容 III 如图 5.3 所示。图中第 1～7 行的格式是(a8,f10.5),表示 1 个长度为 8 字符的字符串和 1 个实型数。该实型数长度为 10 字符,小数位长度为 5 字符。

5.2.4 IPOST 文件内容 IV 格式

IPOST 文件内容 IV 如图 5.4 所示。图中第 1～4 行的格式是(a8,i5),表示 1 个长度为 8 字符的字符串和 1 个 5 字符长度的整数。

5.2.5 IPOST 文件内容 V 格式

IPOST 文件内容 V 如图 5.5 所示。图中第 1 行和第 5 行的格式为(a8,i5),表示 1 个长度为 8 字符的字符串和 1 个 5 字符长度的整数。第 2～4 行的格式是(4f8.3),表示 4 个长度为 8 的实型数,小数位长度 3 字符。第 6～9 行格式为(3f8.3),表示 3 个长度为 8 的实型数,小数位长度 3 字符。

5.3 ICFDPOSTLIU 后处理模块编译操作

编译指将 ICFDPOSTLIU 后处理模块源文件 k3post.f 转换成为可执行文件 k3post.exe 的操作。编译操作在 Fortran 语言环境下进行。编译分为环境设置、工作空间建立、编译链接和获取可执行文件环节。编译步骤如下:

① 准备源文件。如图 5.6 所示,准备了 2 个源文件 k3post.f 和 COMPOST,将该文件置于同一个文件夹 ICFDPOSTLIU 中。

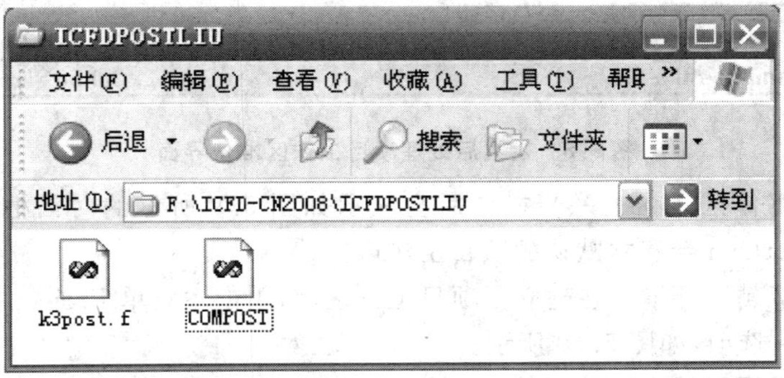

图 5.6 后处理源文件准备界面

② 打开源文件 k3post.f。双击图 5.6 中 k3post.f 图标,在 Compaq Visual Fortran 环境下打开 k3post.f,如图 5.7 所示。

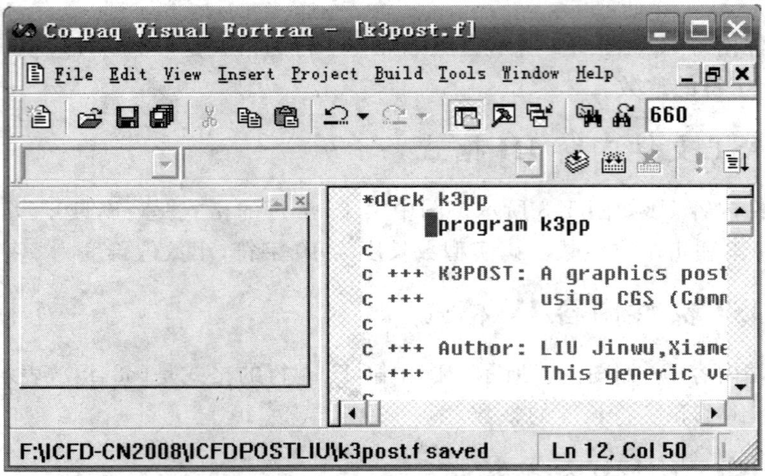

图 5.7 后处理源文件界面

③ 准备建立项目工作区。如图 5.8 所示，单击主菜单 Build 按钮，在下拉菜单中单击 Compile k3post. f 选项。

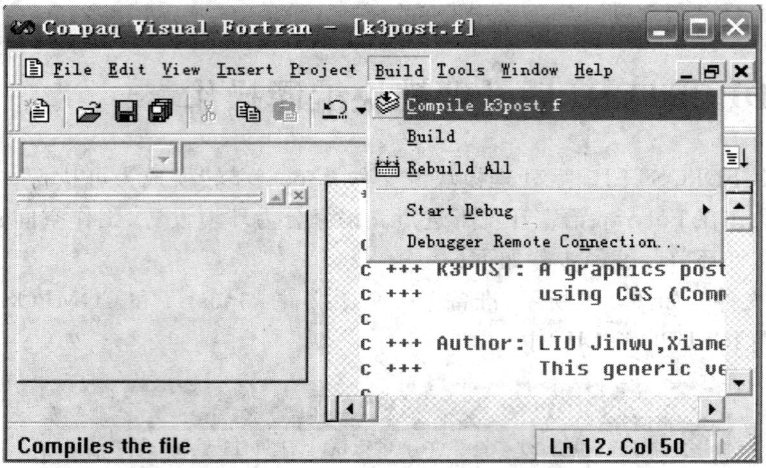

图 5.8 建立后处理项目工作区准备界面

④ 建立项目工作区。在上一步操作后会显示如图 5.9 所示的对话框，单击“是”按钮，Compaq Visual Fortran 会建立默认的项目工作区。

⑤ 准备设置双精度环境。在建立了项目工作区后，单击主菜单 Project 按钮，拉下下拉式采单，单击Settings 选项，如图 5.10 所示。

⑥ 继续准备设置双精度环境。接上一步，单击Settings 选项后，出现对话框。单击 Fortran 菜单，在出现的对话框中，单击 Category 窗口中的 Fortran Data 选项，如图 5.11 所示。

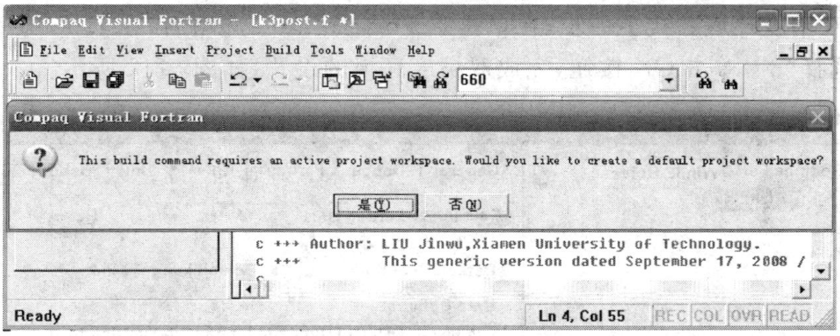

图 5.9　建立后处理项目工作区界面

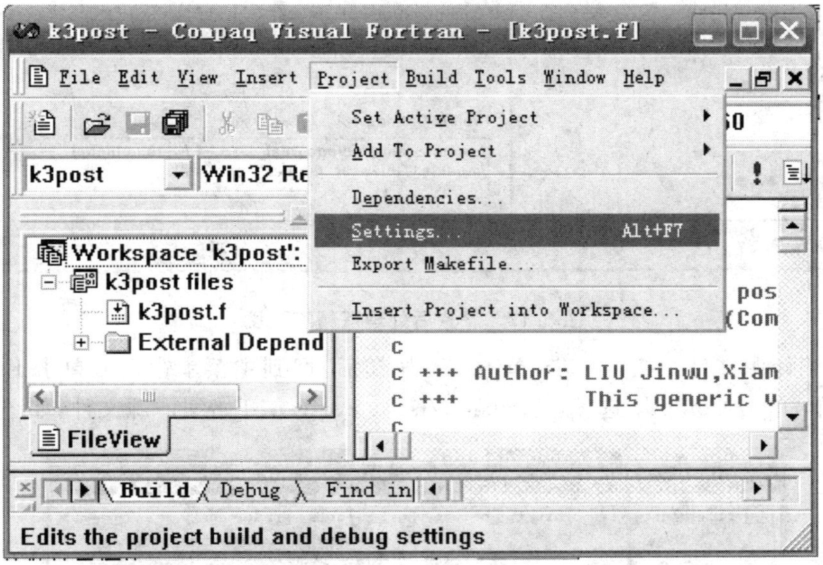

图 5.10　后处理双精度环境准备 I 界面

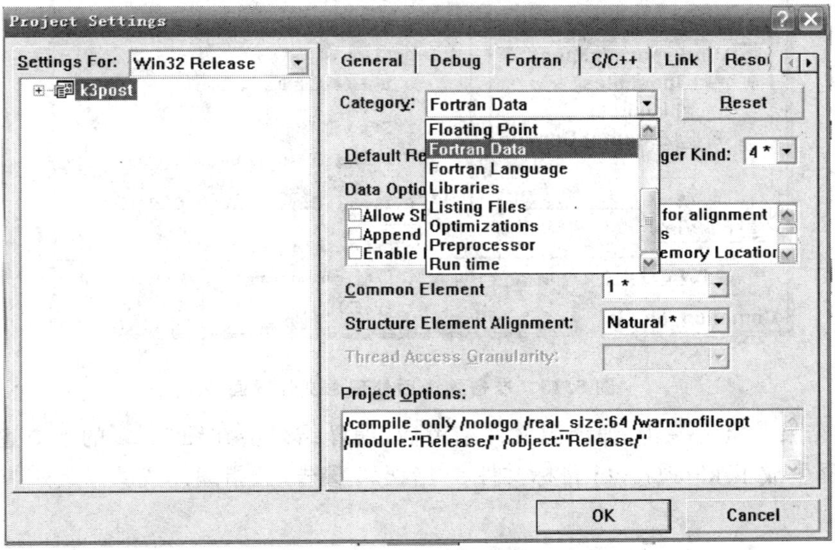

图 5.11　后处理双精度环境准备 II 界面

⑦ 设置双精度环境。接上一步，在单击了 Fortran Data 选项后，在 Default Real Kind 下拉式菜单中选择“8”，单击 OK 按钮，完成双精度环境的设置，如图 5.12 所示。

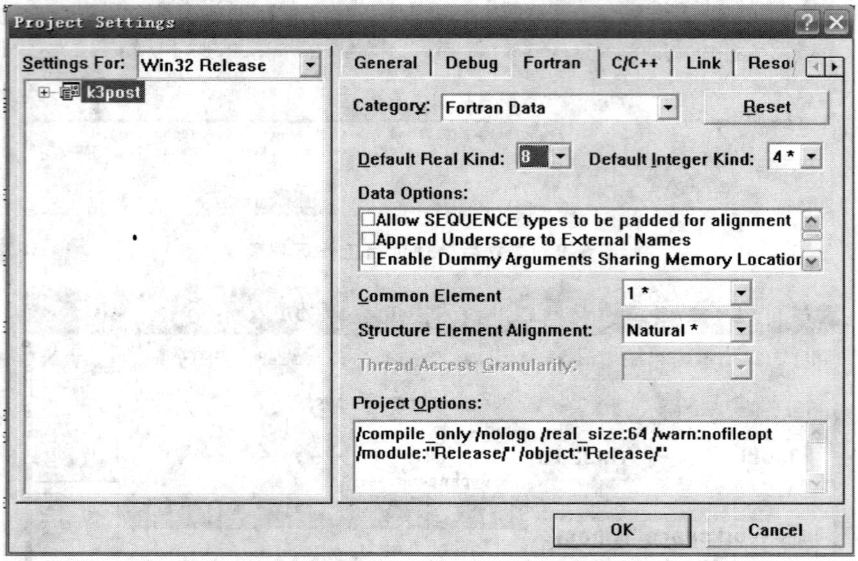

图 5.12 设置后处理双精度环境

⑧ 准备编译源文件。接上一步，单击 OK 按钮后，回到主菜单窗口。单击 Build 菜单，拉下下拉式菜单，单击 Compile 选项，Compaq Visual Fortran 开始编译源文件，如图 5.13 所示。

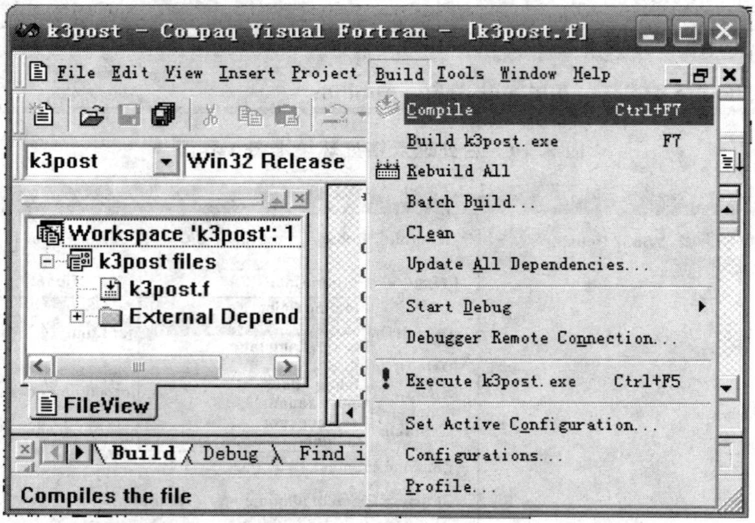

图 5.13 准备编译后处理源文件界面

⑨ 编译结果。接上一步，编译源文件结束后，编译结果会在图 5.14 的下方窗口中显示。图中显示编译生成了 k3post.obj 目标文件、0 错误、0 警告，意指编译成功。

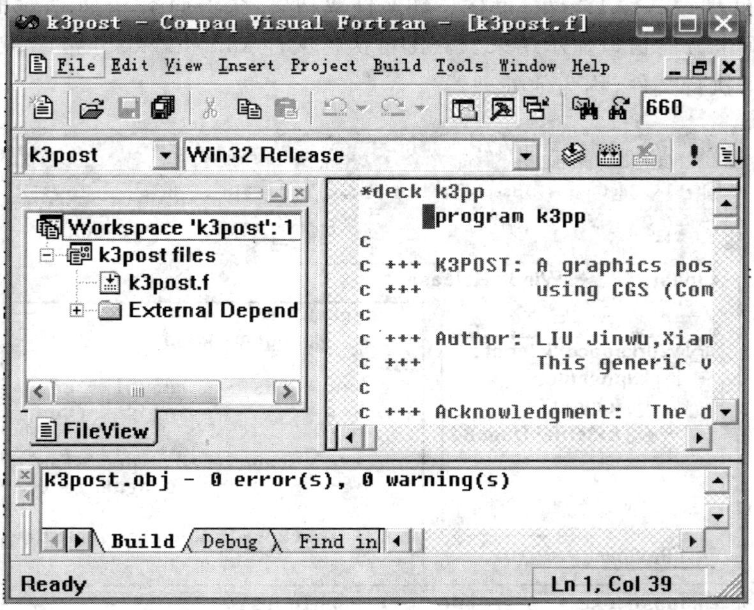

图 5.14 后处理编译结果界面

⑩ 准备建立前处理器。接上一步，当显示编译成功后，单击主菜单上 Build 按钮，拉下下拉式菜单，单击“Build k3post. exe”选项，Compaq Visual Fortran 开始链接目标文件，如图5.15 所示。

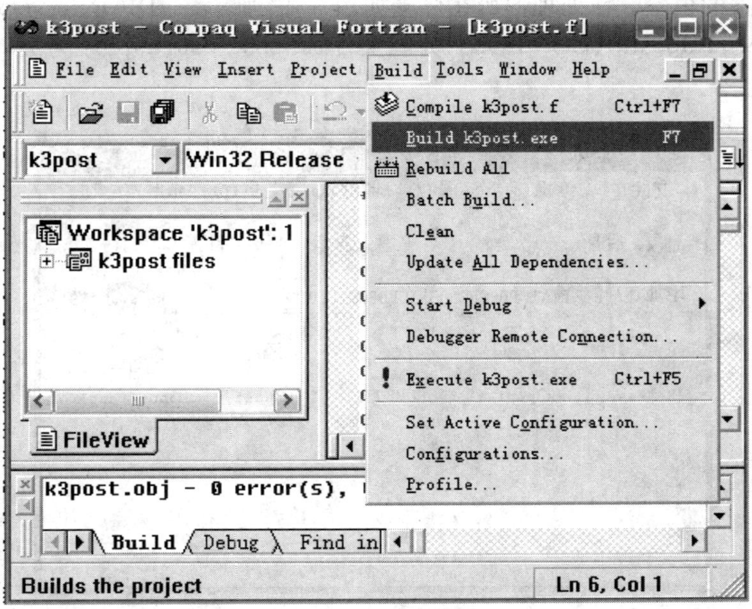

图 5.15 准备建立后处理器界面

⑪ 建立前处理器。接上一步，链接目标文件成功后，获得如图 5.16 所示的结果。链接完毕后，在图 5.16 下方的窗口显示结果。获得可执行文件 k3post.exe、0 错误、0 警告，意指链接成功。获得的可执行文件，称为前处理器。

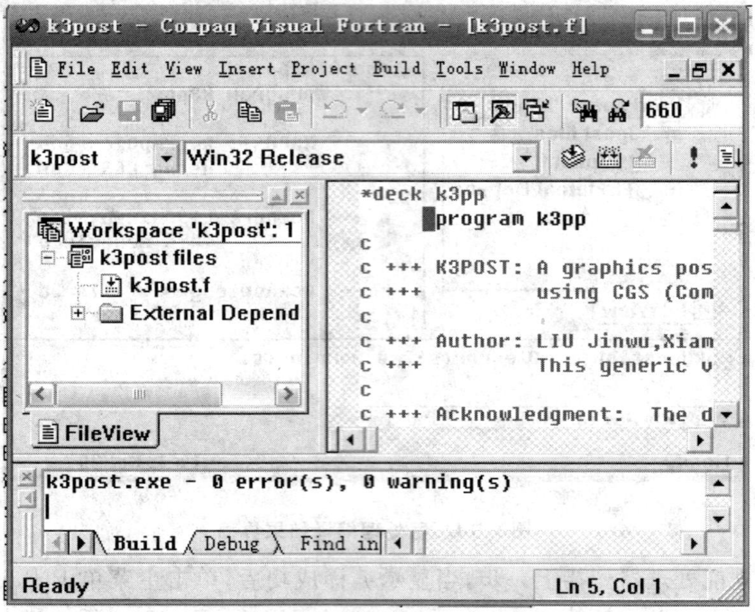

图 5.16　建立后处理器界面

⑫ 前处理器的位置。前处理器所在位置如图 5.17 所示。图中 Release 文件夹是前处理器所在的文件夹，K3post.f、COMPOST 为源文件，k3post.dsp、k3post 为编译和链接过程生成的中间文件。

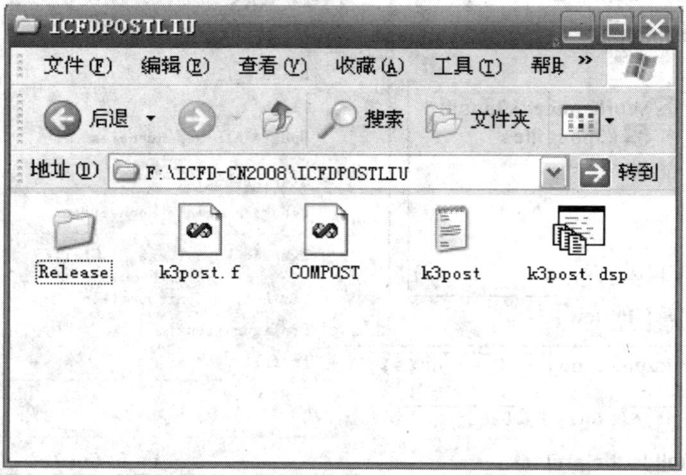

图 5.17　后处理器的位置界面

⑬ 查看前处理器。接上一步，双击 Release 文件夹，查看文件夹中内容，如图 5.18 所示。图中 k3post 为前处理器，k3post.obj 为编译获得的目标文件。图中前处理器可以移动到其他

的位置。

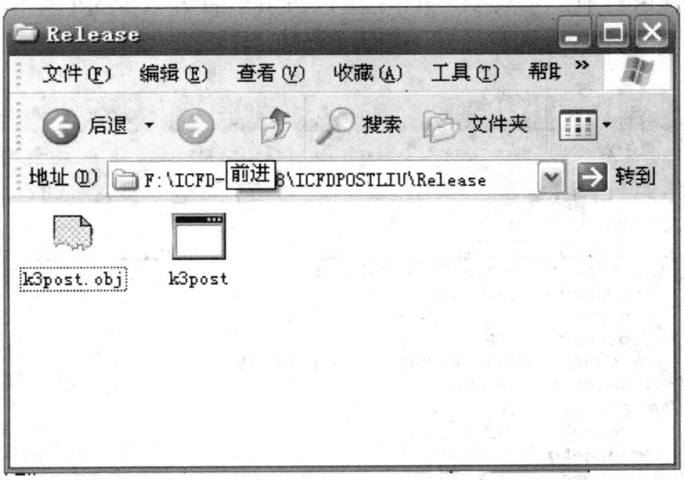

图 5.18 后处理器界面

5.4 后处理操作与结果

5.4.1 后处理操作准备

将 OTAPE9 更名为 ITAPE9，再把 IPOST 文件和 ITAPE9 文件移至后处理器所在的文件夹，如图5.19 所示。图中 k3prep.obj 可以删去。或建立新文件夹，将 IPOST 文件、ITAPE9 文件和后处理器 k3post 放该新文件夹中。

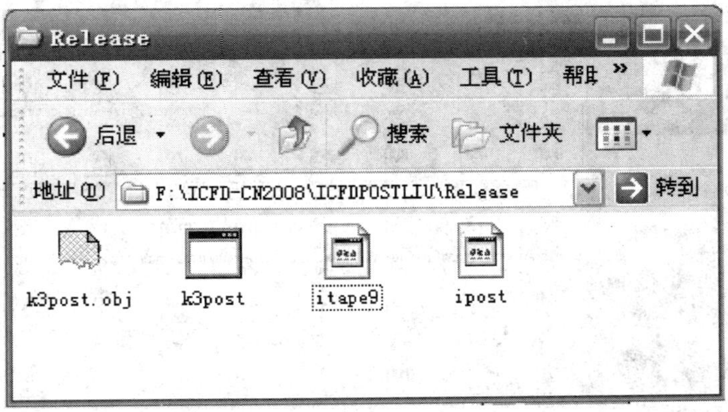

图 5.19 后处理准备界面

5.4.2 后处理操作方案 I 及结果

将图 5.19 中的 IPOST 文件打开，按照图 5.20 所示的方案设计，主要是 icont 和末尾 6 行设计为 0，保存后恢复到图 5.19 所示的形式。双击图 5.19 中的 k3post 图标，获得图 5.21 所示的计算结果。从图 5.21 可以看出，后处理生成了 3 种类型的图形文件(PS 文件)。这 3 种文件分别是 ICFDPOSTLIU spray vel、ICFDPOSTLIU vel 和 ICFDPOSTLIU yk=0。每组文件最多包含 ITAPE5 设计的 ncaspec 个 PS 图形文件。

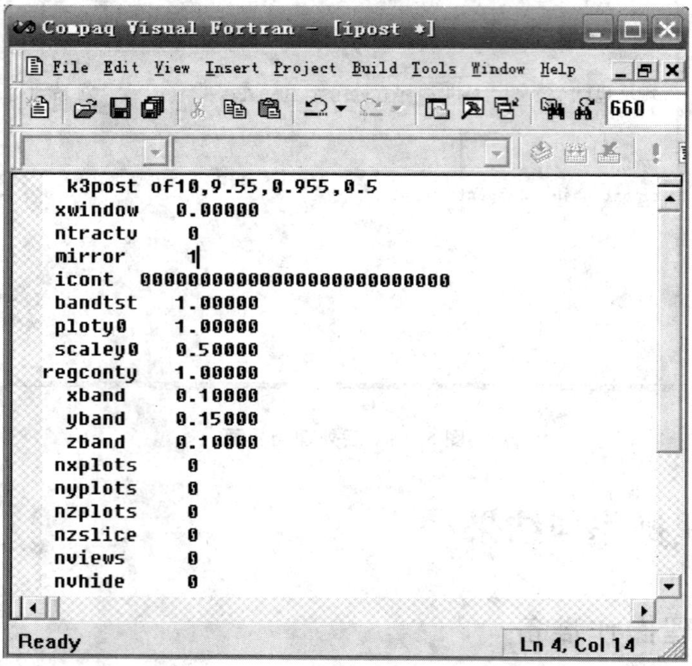

图 5.20　后处理计算方案 I

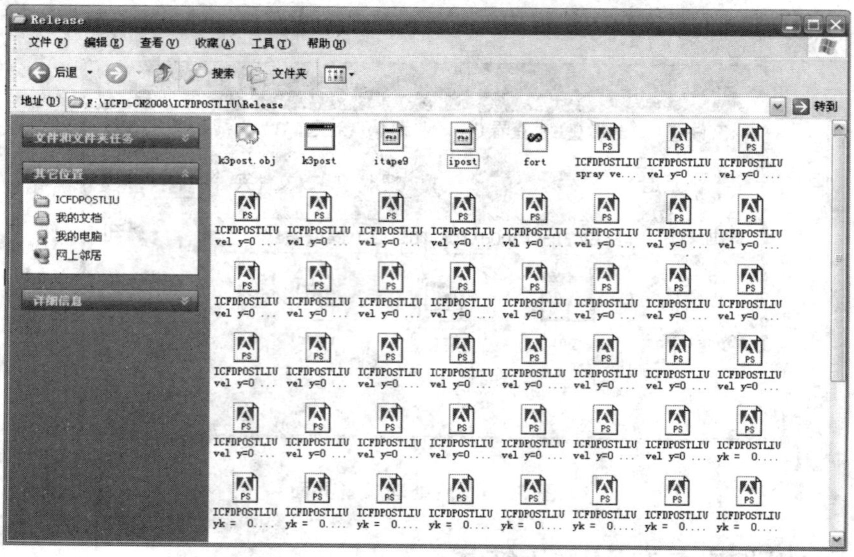

图 5.21　后处理计算方案 I 的计算结果

5.4.3 后处理操作方案 II 及结果

将图 5.19 中的 IPOST 文件打开，按照图 5.20 所示的方案设计，主要是 icont 后 26 位二进制数第 1 位取 1，ploty0＝1.0，并且末尾 6 行设计为 0，得到图 5.22。双击图 5.19 所示的 k3post 图标，获得图 5.23 的计算结果。从图 5.23 可以看出，后处理生成了 4 种类型的图形文件(PS 文件)。这 4 种文件分别是 ICFDPOSTLIU spray vel、ICFDPOSTLIU vel、ICFD-POSTLIU yk＝0 和 ICFDPOSTLIU norm vel。每组文件最多包含 ITAPE5 设计的 ncaspec 个 PS 图形文件。

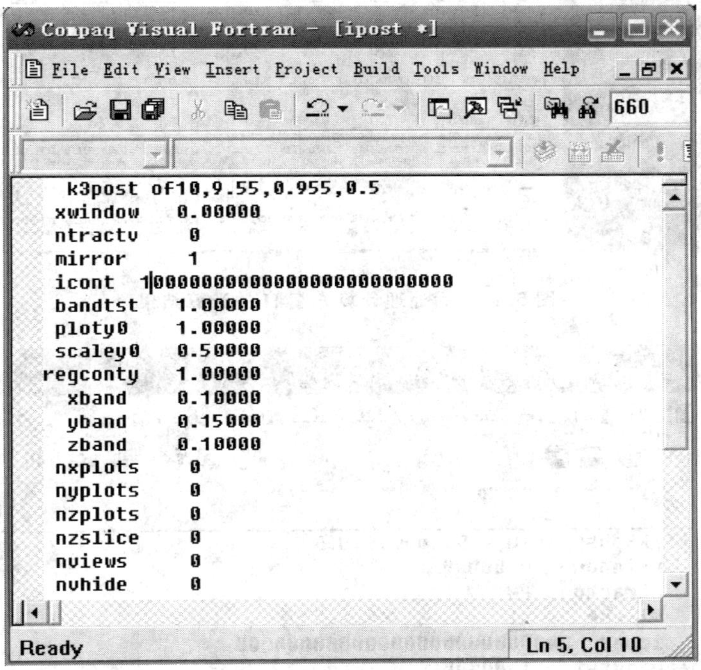

图 5.22 后处理计算方案 II

重复上一段的操作，依次将 icont 后的 23 位二进制数设计为 1，分别进行后处理计算，可以获得 23 组图形文件。23 组图形文件之间只有一个图形文件不同，其余 3 个图形文件相同。3 个相同的图形文件就是后处理计算方案 I 所获得的结果文件。23 位二进制数与 23 组图形文件对应如表 5.1 所列。

5.4.4 后处理操作方案 III 及结果

将图 5.19 中的 IPOST 文件打开，按照图 5.24 所示的方案设计，主要是使 icont 后 26 位二进制数全部取 0，且 nxplots＝2，保存后恢复到图 5.19 所示的形式。双击图 5.19 所示的 k3post 图标，获得如图 5.25 的计算结果。从图 5.25 可以看出，后处理生成了 5 种类型的图形文件(PS 文件)。这 5 种文件分别是 ICFDPOSTLIU spray vel、ICFDPOSTLIU vel、ICFD-POSTLIU yk＝0、ICFDPOSTLIU xk＝2 和 ICFDPOSTLIU xk＝3。每组文件最多包含 ITAPE5 设计的 ncaspec 个 PS 图形文件。

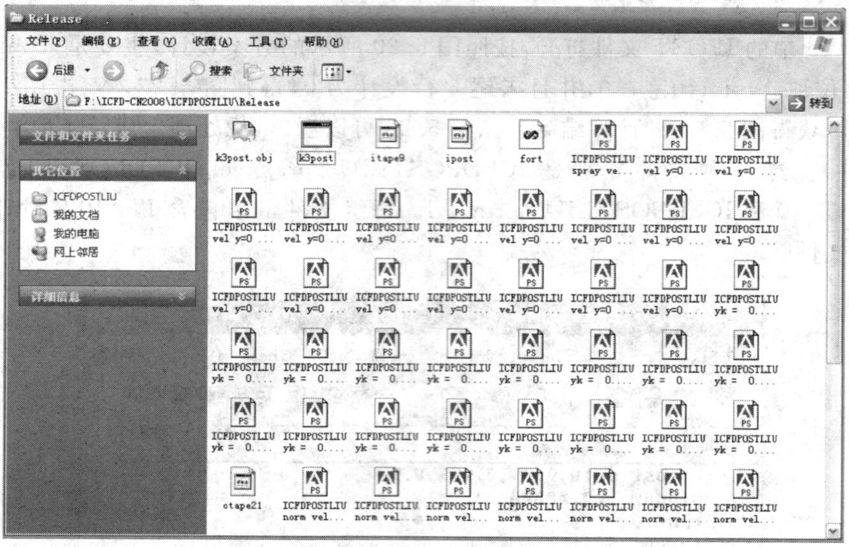

图 5.23　后处理计算方案 II 的计算结果

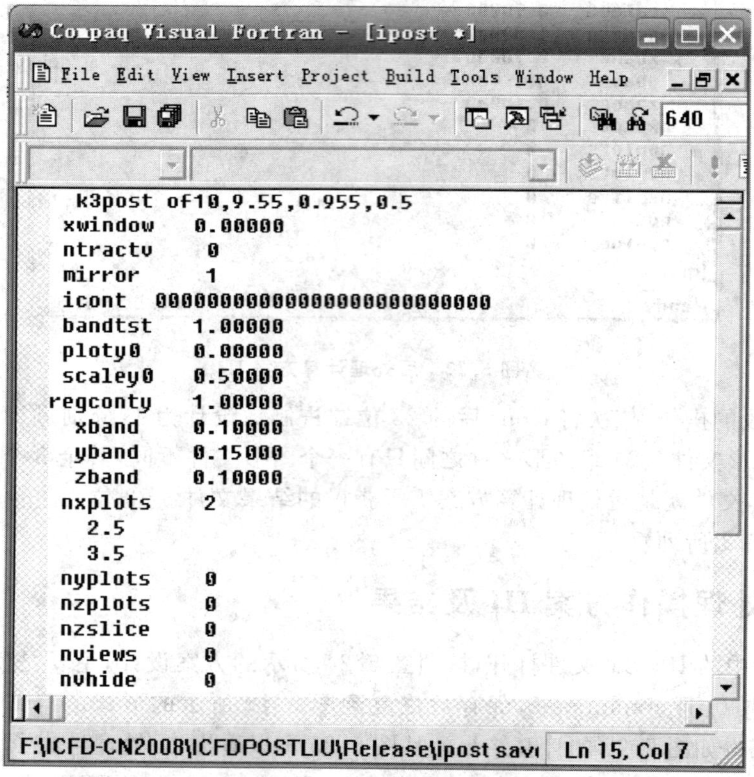

图 5.24　后处理计算方案 III

图 5.25 后处理计算方案 III 的计算结果

5.4.5 后处理操作方案 IV 及结果

将图 5.19 中的 IPOST 文件打开，按照图 5.26 所示的方案设计，主要是使 icont 后 26 位

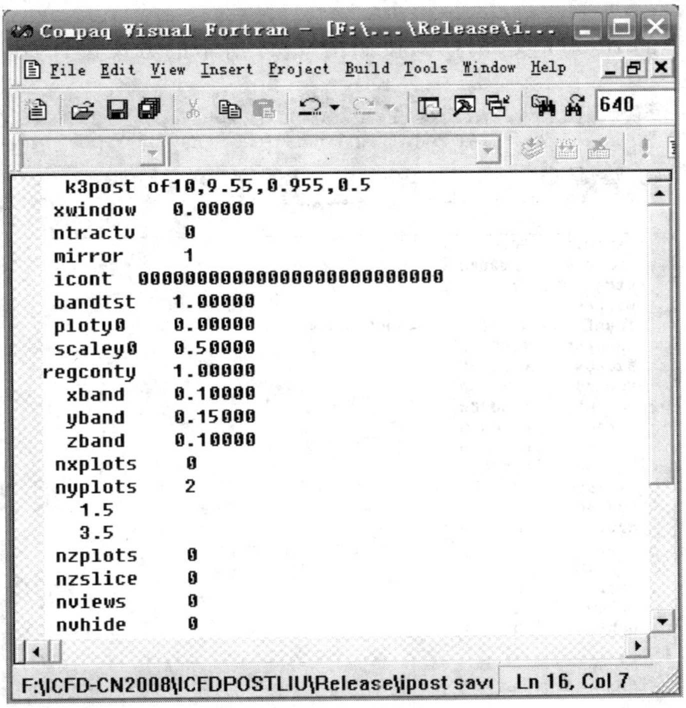

图 5.26 后处理计算方案 IV

二进制数全部取 0，且 nyplots＝2，保存后恢复到图 5.19 所示的形式。双击图 5.19 所示的 k3post 图标，获得如图 5.27 的计算结果。图 5.27 中 itape9 是仿真案例 II(thsect＝180°)的求解文件，itape9oo 是仿真项目 A(thsect＝0.5°)的求解文件。从图 5.27 可以看出，后处理生成了 2 种类型的图形文件(PS 文件)。这 2 种文件分别是 ICFDPOSTLIU yk＝1 和 ICFDPOST-LIU yk＝3。每组文件包含 ITAPE5 设计的 ncaspec 个 PS 图形文件。

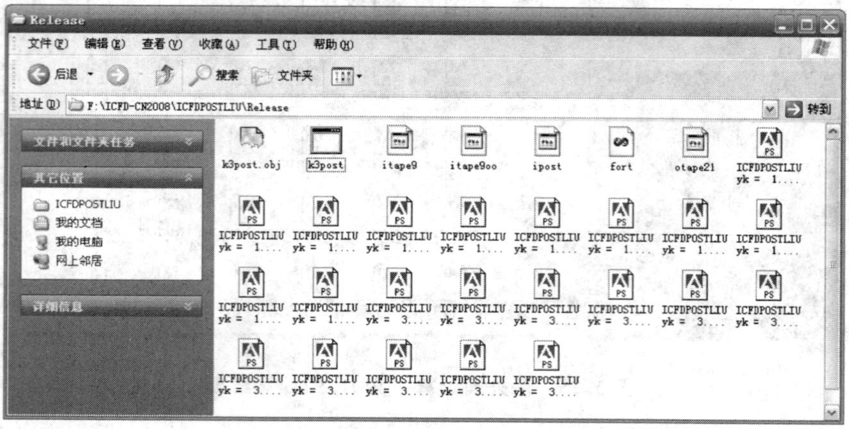

图 5.27　后处理计算方案 IV 的计算结果

5.4.6　后处理操作方案 V 及结果

将图 5.19 图中的 IPOST 文件打开，按照图 5.28 所示的方案设计，主要是使 icont 后 26

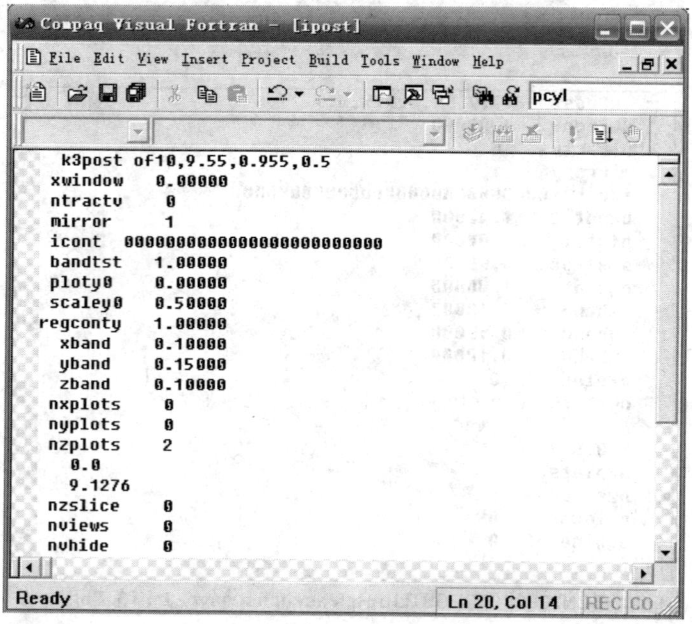

图 5.28　后处理计算方案 V

位二进制数全部取 0，且 nzplots=2，保存后恢复到图 5.19 所示的形式。双击图 5.19 所示的 k3post 图标，获得如图 5.29 的计算结果。图 5.29 中，itape9 是仿真案例 II(thsect=180°)的求解文件。从图 5.29 可以看出，后处理生成了 2 种类型的图形文件(PS 文件)。这 2 种文件分别是 ICFDPOSTLIU zk=0 和 ICFDPOSTLIU zk=9。每组文件包含 ITAPE5 设计的 ncaspec 个 PS 图形文件。

图 5.29　后处理计算方案 V 的计算结果

5.4.7　后处理操作方案 VI 及结果

将图 5.19 图中的 IPOST 文件打开，按照图 5.30 所示的方案设计，主要是使 icont 后 26

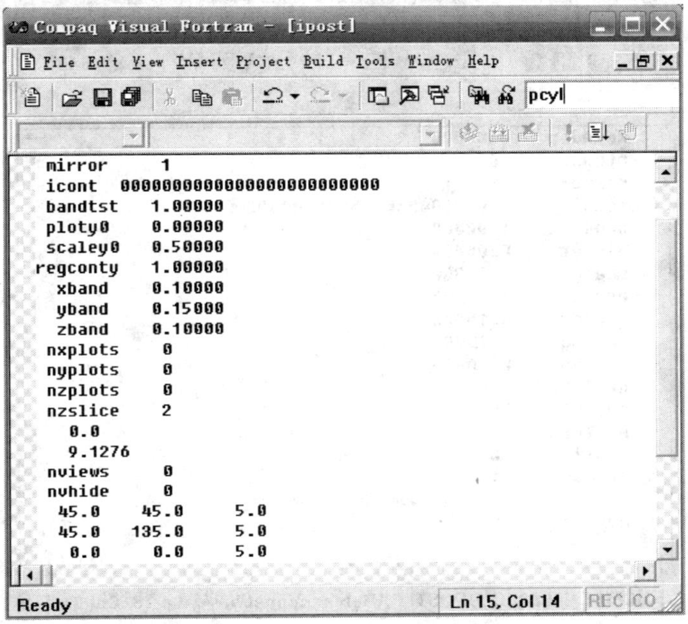

图 5.30　后处理计算方案 VI

位二进制数全部取 0，且 nzslice=2，保存后恢复到图 5.19 所示的形式。双击图 5.19 所示的 k3post 图标，得到如图 5.31 的计算结果。图 5.31 中 itape9 是仿真案例 II(thsect=180°)的求解结果文件。从图 5.31 可以看出，后处理生成了 1 组图形文件(PS 文件)。这组文件是 ICFDPOSTLIU vel z=。这组文件包含 ITAPE5 设计的 ncaspec 个 PS 图形文件。

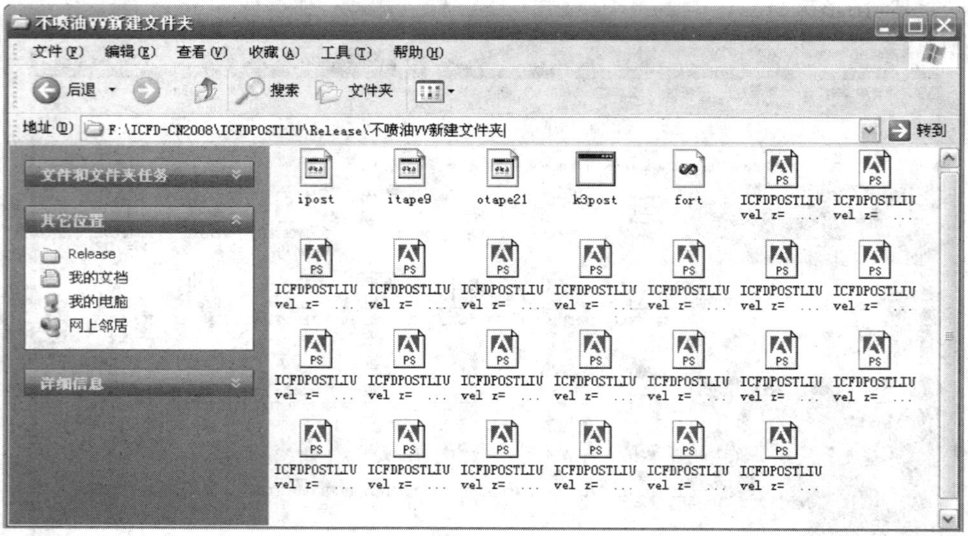

图 5.31 后处理计算方案 VI 的计算结果

5.4.8 后处理操作方案 VII 及结果

将图 5.19 中的 IPOST 文件打开，按照图 5.32 所示的方案设计，主要是使 icont 后 26 位

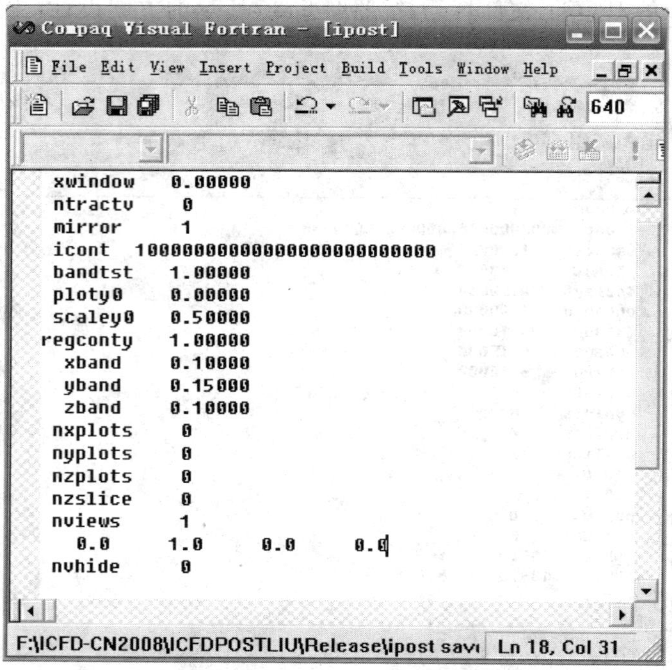

图 5.32 后处理计算方案 VII

二进制数第 1 位取 1(其余全部取 0)，且 nviews 取 1，保存后恢复到图 5.19 所示的形式。双击图 5.19 所示的 k3post 图标，获得如图 5.33 的计算结果。图 5.33 中 itape9 是仿真案例 II(thsect=180°)的求解结果文件。从图 5.33 可以看出，后处理生成了 2 组图形文件(PS 文件)。这 2 组文件是 ICFDPOSTLIU vel Cra 和 ICFDPOSTLIU norm vel。这 2 组文件各包含 ITAPE5 设计的 ncaspec 个 PS 图形文件。

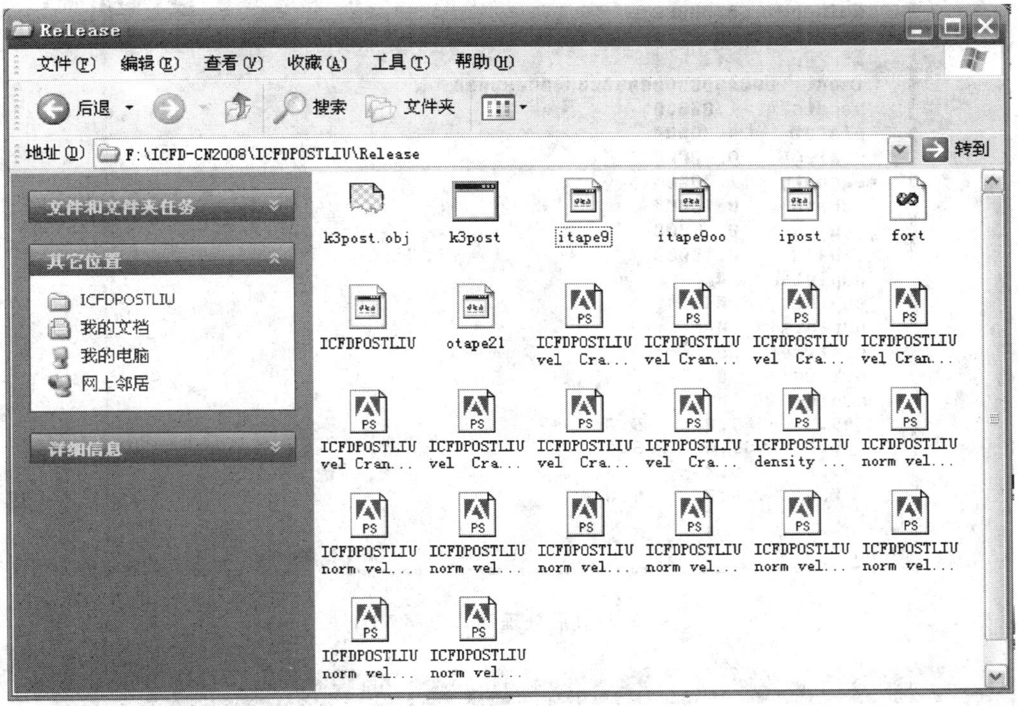

图 5.33 后处理计算方案 VII 的计算结果

5.4.9 后处理操作方案 VIII 及结果

将图 5.19 图中的 IPOST 文件打开，按照图 5.34 所示的方案设计，主要是 icont 后 26 位二进制数全部取 0，且 nvhide 取 4，保存后恢复到图 5.19 所示的形式。双击图 5.19 所示的 k3post 图标，获得如图 5.35 的计算结果。图 5.35 中，itape9 是仿真案例 II(thsect=180°)的求解结果文件。从图 5.35 可以看出，后处理生成了 1 组图形文件(PS 文件)。这组文件是 ICFDPOSTLIU z0=5.0。这组文件各包含 ITAPE5 设计的 ncaspec 个 PS 图形文件。

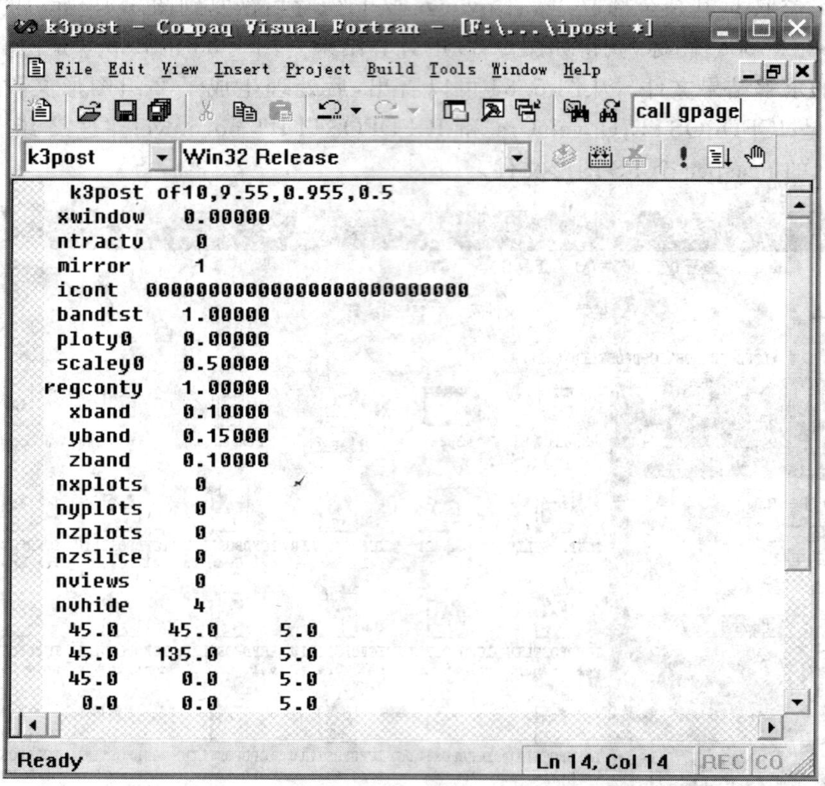

图 5.34　后处理计算方案 VIII

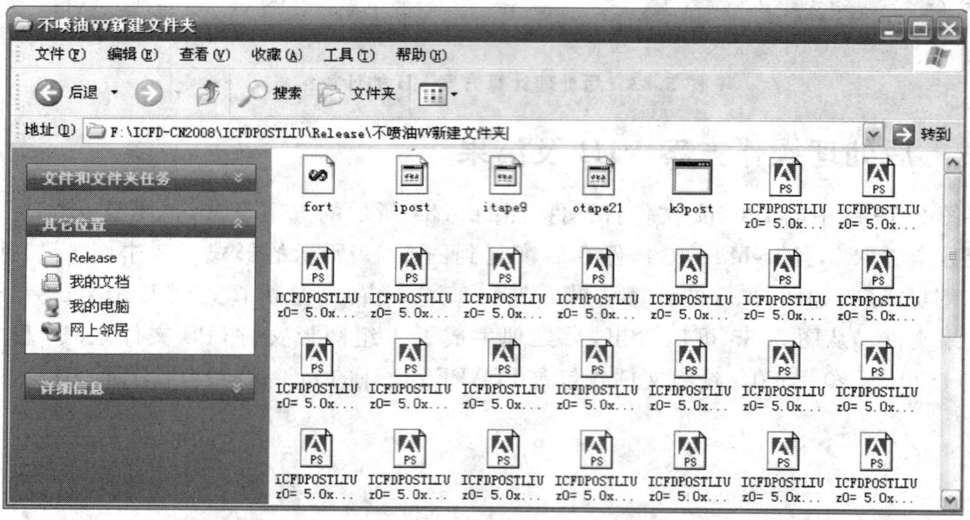

图 5.35　后处理计算方案 VIII 的计算结果

5.5 后处理结果解读

5.5.1 操作方案 I 结果解读

根据图 5.20 所示操作方案 I 进行后处理操作，可以获得 3 组 PS 文件。这 3 组数据 PS 文件分别是 ICFDPOSTLIU spray vel，ICFDPOSTLIU vel 和 ICFDPOSTLIU yk=0，如图 5.21 所示。本节解读这 3 组 PS 文件的典型文件。

(1) ICFDPOSTLIU spray vel 文件解读

按照 3.5.3 节所描述的方法打开 ICFDPOSTLIU spray vel 组文件，获得图 5.36 所示的喷射粒子速度矢量图。图中箭线表示喷射油滴速度矢量，图形下方第 1 行为版权和运行日期；第 2 行为仿真项目名称、仿真时刻、仿真计算大循环次序和曲轴位置。第 3 行 spray velocity 是图形内容。第 4 行 umax、vmax、wmax 和 npx 是油滴在 X、Y 和 Z 方向的速度分量和油滴数量。图中曲轴处在 crank=−29.33°位置，其余曲轴转角位置的喷射粒子速度矢量图说明同此。

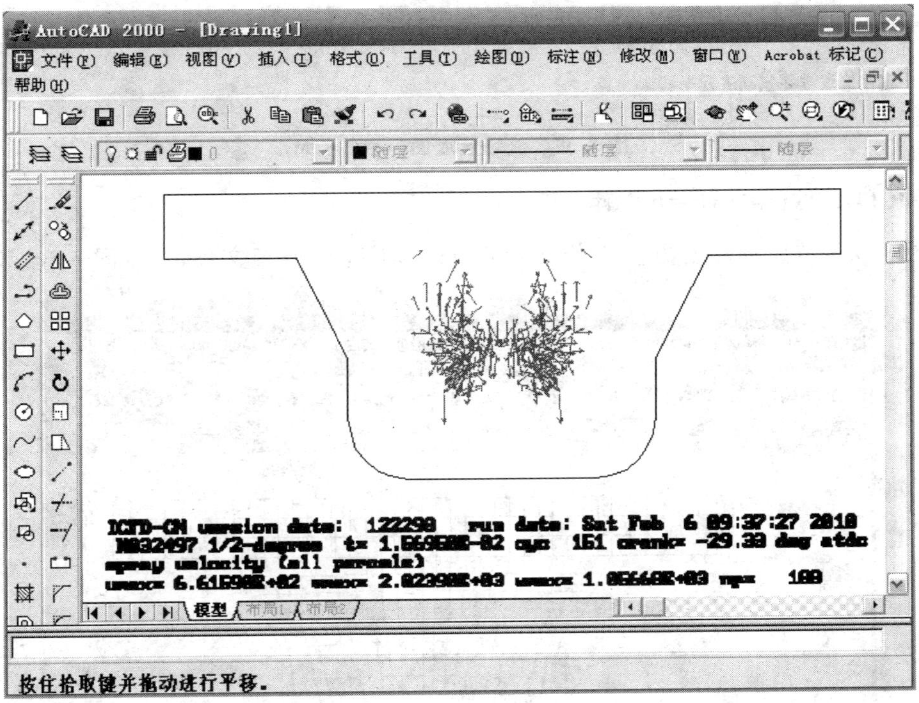

图 5.36 喷射粒子速度矢量图(y=0.0 cm)

(2) ICFDPOSTLIU vel 文件解读

按照 3.5.3 节所描述的方法打开 ICFDPOSTLIU vel 组文件，获得图 5.37 所示的流场速度矢量图。图中箭线表示缸内气流速度矢量，图形下方第 1、2 行同上。第 3 行 velocity 是图形内容。第 4 行 umax、vmax 和 wmax 是气流在 X、Y 和 Z 三个方向速度分量的最大值。图中气缸处在 crank=−29.33°位置，其余曲轴转角位置的流场速度矢量图说明同此。

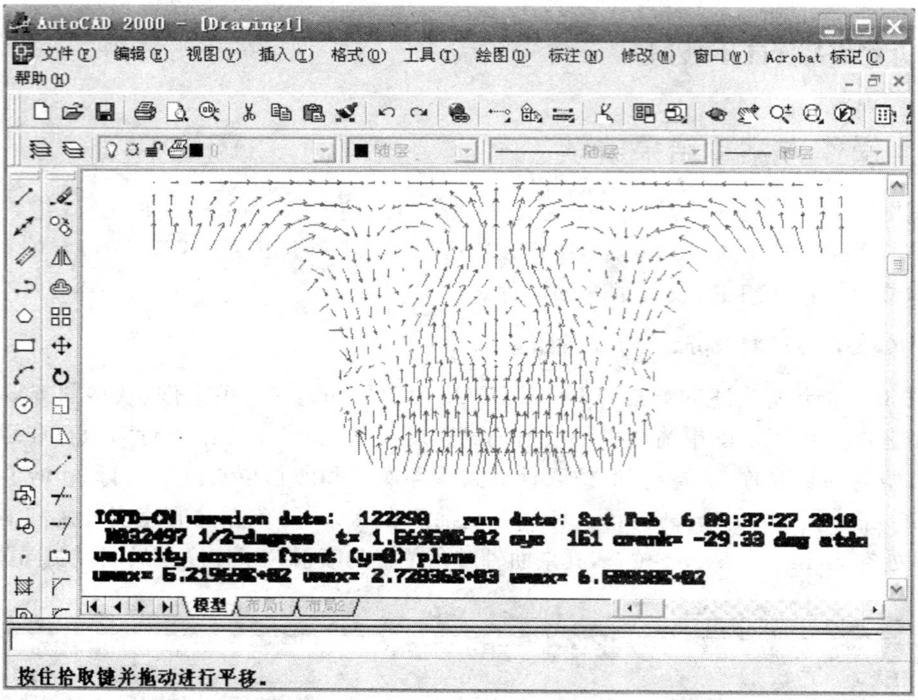

图 5.37 流场速度图(y=0.0 cm)

(3) ICFDPOSTLIU yk=0 文件解读

按照 3.5.3 节所描述的方法打开 ICFDPOSTLIU yk=0 组文件,获得图 5.38 和图 5.39

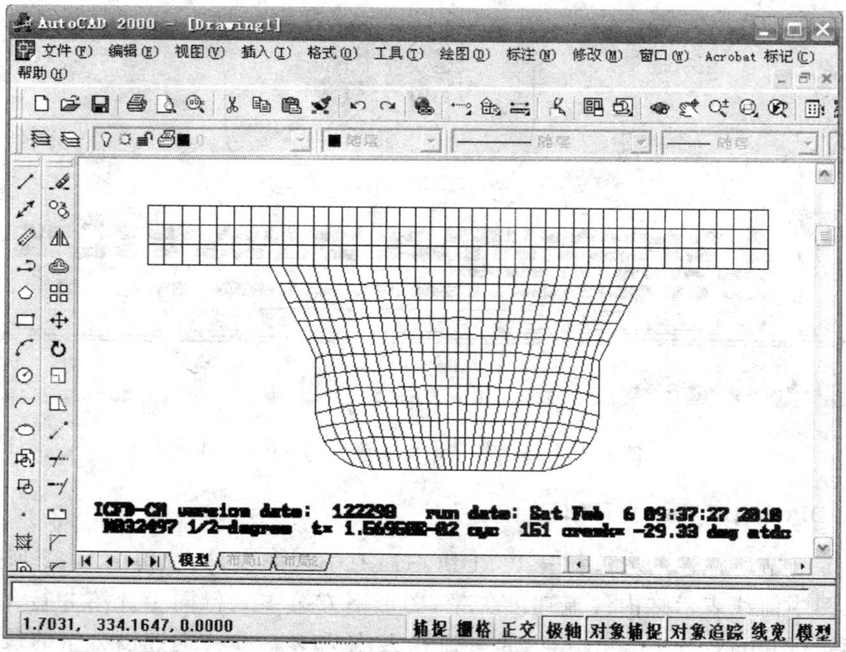

图 5.38 网格图(y=0.0 cm)

所示的网格图和喷射油滴分布图。图 5.38 中下方第 1、2 行同上。图中气缸处在 crank＝－29.33°位置，其余曲轴转角位置的网格图说明同此。

图 5.39 中下方第 1、2 行同上；图中第 3 行 plot、tpmin、tpmax 和 np 分别是图形内容、最低油滴温度、最高油滴温度和油滴数量。图中气缸处在 crank＝－29.33°位置，其余曲轴转角位置的喷射油滴分布图说明同此。

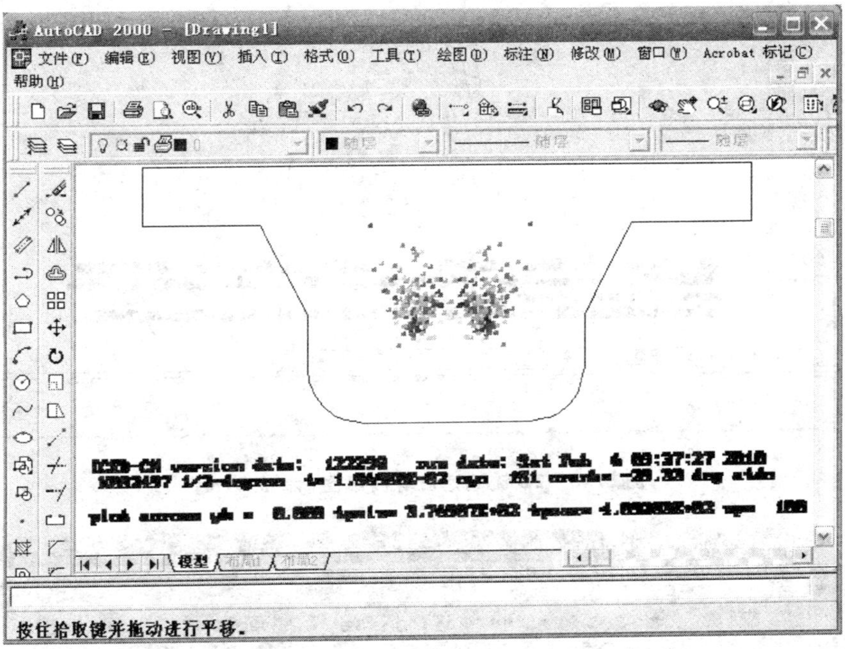

图 5.39 喷射油滴分布图(y＝0.0 cm)

5.5.2 操作方案 II 结果解读

(1) ICFDPOSTLIU norm vel 文件解读

按照 3.5.3 节所描述的方法打开 ICFDPOSTLIU normal vel 组文件，获得图 5.40 所示的流场速度等高线图。图形下方第 1、2 行同上。第 3 行 norm vel 是图形内容。第 4 行 min、max、l 和 h 分别是气流速度最小值、气流速度最大值、图中 l 等高线值和图中 h 等高线值。图中气缸处在 crank＝－29.33°位置，其余曲轴转角位置的流场速度等高线图说明同此。

(2) ICFDPOSTLIU pressure 文件解读

按照 3.5.3 节所描述的方法打开 ICFDPOSTLIU pressure 组文件，获得图 5.41 所示的流场压力等高线图。图形下方第 1、2 行同上。第 3 行 pressure 是图形内容。第 4 行 min、max、l 和 h 分别是流场压力最小值、流场压力最大值、图中 l 等高线值和图中 h 等高线值。图中气缸处在 crank＝－29.33°位置，其余曲轴转角位置的流场压力等高线图说明同此。

(3) ICFDPOSTLIU density 文件解读

按照 3.5.3 节所描述的方法打开 ICFDPOSTLIU density 组文件，获得图 5.42 所示的流

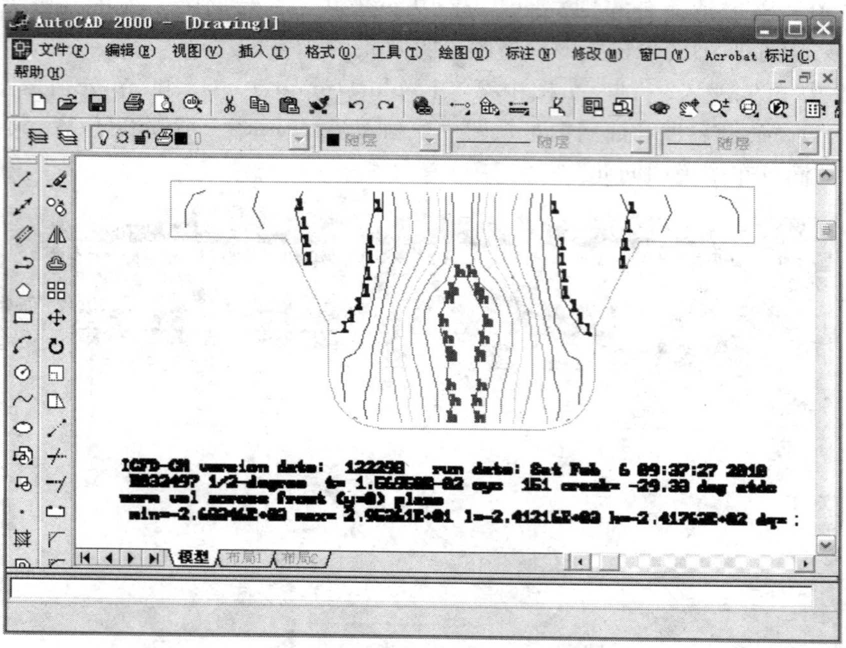

图 5.40　2D 流场速度等高线图($y=0.0\,cm$)

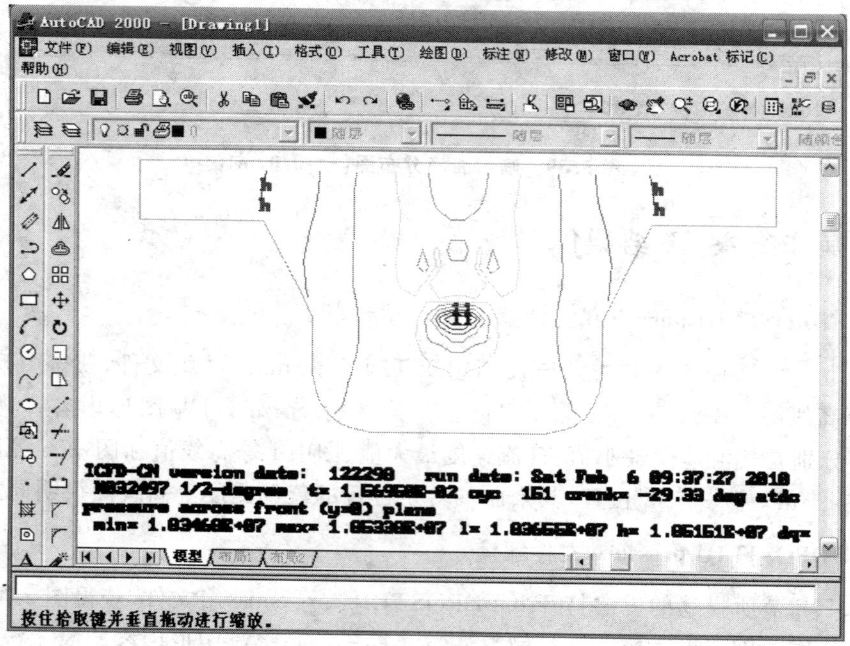

图 5.41　2D 流场压力等高线图($y=0.0\,cm$)

场密度等高线图。图形下方第 1、2 行同上。第 3 行 density 是图形内容。第 4 行 min、max、l 和 h 分别是流场密度最小值、流场密度最大值、图中 l 等高线值和图中 h 等高线值。图中气缸处在 crank=－29.33°位置，其余曲轴转角位置的流场密度等高线图说明同此。

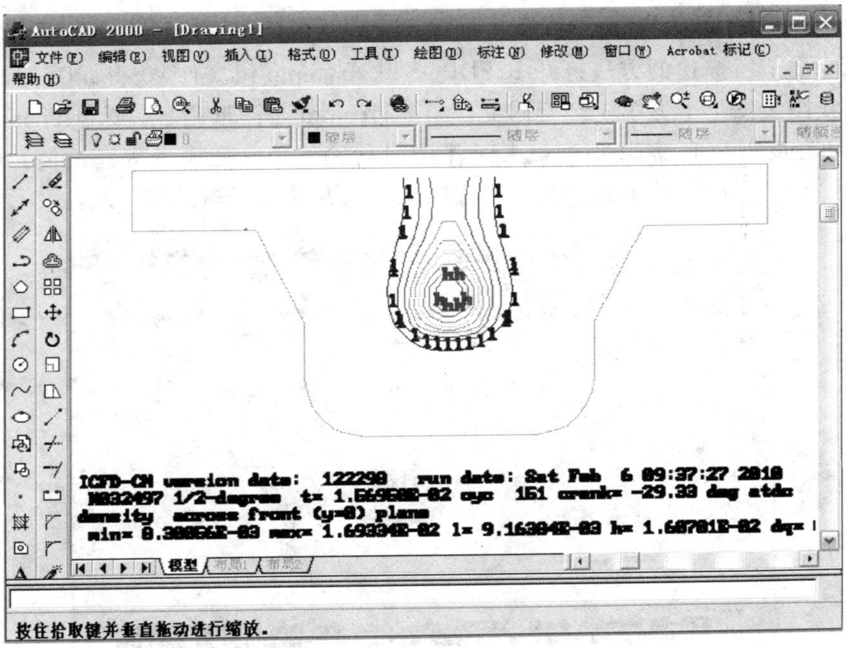

图 5.42 2D 流场密度等高线图(y=0.0cm)

(4) ICFDPOSTLIU wall film height 文件解读

按照 3.5.3 节所描述的方法打开 ICFDPOSTLIU wall film height 组文件，获得图 5.43 所示的油膜高度等高线图。图形下方第 1、2 行同上。第 3 行 film ht 是图形内容。第 4 行 min、max、l 和 h 分别是油膜高度最小值、油膜高度最大值、图中 l 等高线值和图中 h 等高线值。图中气缸处在 crank=−29.33°位置，其余曲轴转角位置的油膜高度等高线图说明同此。

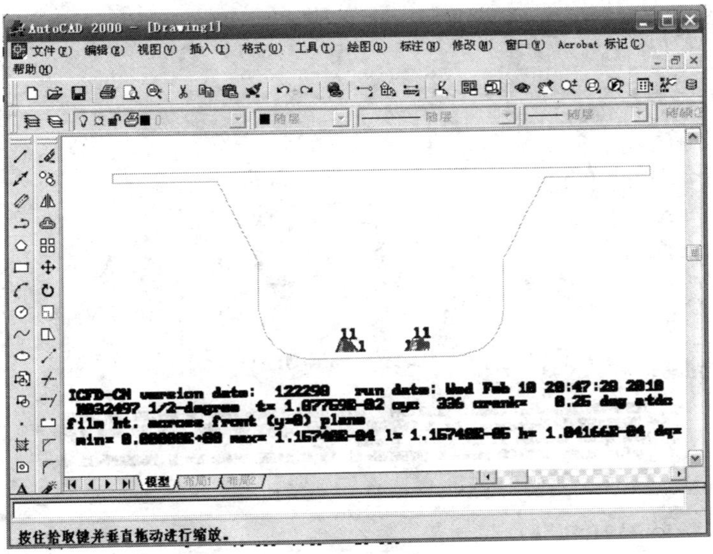

图 5.43 2D 缸壁油膜高度等高线图(y=0.0cm,dznoz=11.0cm)

（5）ICFDPOSTLIU temp 文件解读

按照 3.5.3 节所描述的方法打开 ICFDPOSTLIU temp 组文件，获得如图 5.44 所示的流场温度等高线图。图形下方第 1、2 行同上。第 3 行 temp 是图形内容。第 4 行 min、max、l 和 h 分别是流场温度最小值、流场温度最大值、图中 l 等高线值和图中 h 等高线值。图中气缸处在 crank=－29.33°位置，其余曲轴转角位置的流场温度等高线图说明同此。

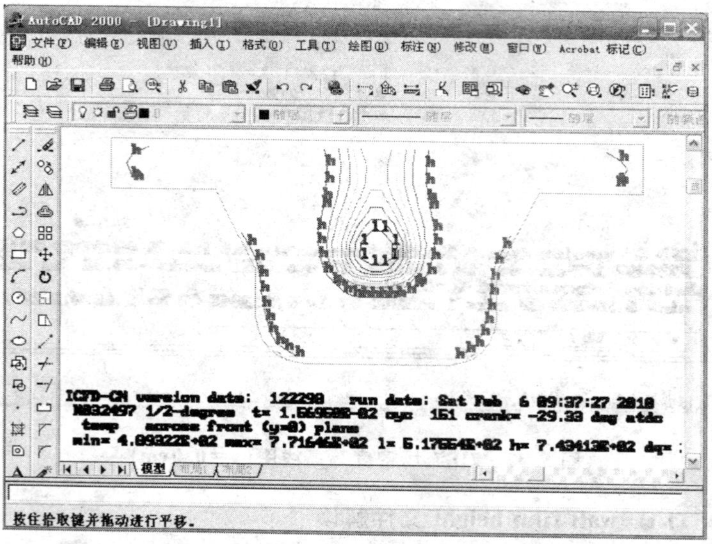

图 5.44　2D 流场温度等高线图（y=0.0 cm）

（6）ICFDPOSTLIU kin visc 文件解读

按照 3.5.3 节所描述的方法打开 ICFDPOSTLIU kin visc 组文件，获得图 5.45 所示的运

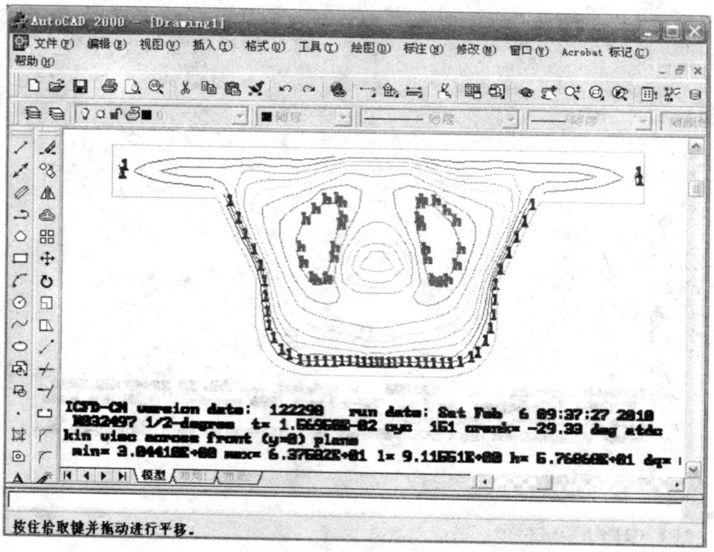

图 5.45　2D 运动黏度等高线图（y=0.0 cm）

动黏度等高线图。图形下方第 1、2 行同上。第 3 行 kin visc 是图形内容。第 4 行 min、max、l 和 h 分别是运动黏度最小值、运动黏度最大值、图中 l 等高线值和图中 h 等高线值。图中气缸处在 crank=−29.33°位置，其余曲轴转角位置的运动黏度等高线图说明同此。

(7) ICFDPOSTLIU tke 文件解读

按照 3.5.3 节所描述的方法打开 ICFDPOSTLIU tke 组文件，获得图 5.46 所示的湍流动能等高线图。图形下方第 1、2 行同上。第 3 行 tke 是图形内容。第 4 行 min、max、l 和 h 分别是湍流动能最小值、湍流动能最大值、图中 l 等高线值和图中 h 等高线值。图中气缸处在 crank=−29.33°位置，其余曲轴转角位置的湍流动能等高线图说明同此。

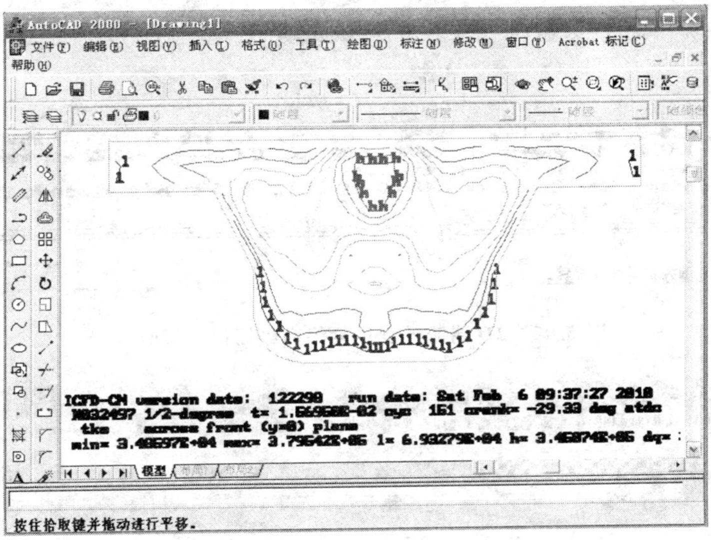

图 5.46 2D 湍流动能等高线图(y=0.0 cm)

(8) ICFDPOSTLIU lenscale 文件解读

按照 3.5.3 节所描述的方法打开 ICFDPOSTLIU lenscale 组文件，获得图 5.47 所示的湍流长度尺度等高线图。图形下方第 1、2 行同上。第 3 行 lenscale 是图形内容。第 4 行 min、max、l 和 h 分别是湍流长度尺度最小值、湍流长度尺度最大值、图中 l 等高线值和图中 h 等高线值。图中气缸处在 crank=−29.33°位置，其余曲轴转角位置的湍流长度尺度等高线图说明同此。

(9) ICFDPOSTLIU liq dens 文件解读

按照 3.5.3 节所描述的方法打开 ICFDPOSTLIU liq dens 组文件，获得图 5.48 所示的流体密度等高线图。图形下方第 1、2 行同上。第 3 行 liq dens 是图形内容。第 4 行 min、max、l 和 h 分别是流体密度最小值、流体密度最大值、图中 l 等高线值和图中 h 等高线值。图中气缸处在 crank=−29.33°位置，其余曲轴转角位置的流体密度等高线图说明同此。

(10) ICFDPOSTLIU smr 文件解读

按照 3.5.3 节所描述的方法打开 ICFDPOSTLIU smr 组文件，获得图 5.49 所示的 Sauter 平均半径等高线图。图形下方第 1、2 行同上。第 3 行 smr 是图形内容。第 4 行 min、max、l

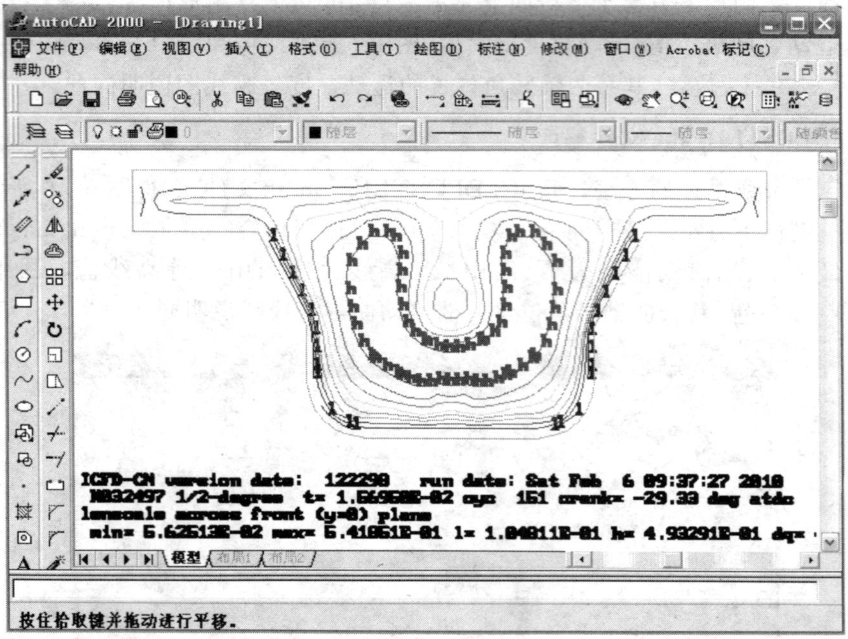

图 5.47　2D 湍流长度尺度等高线图(y=0.0cm)

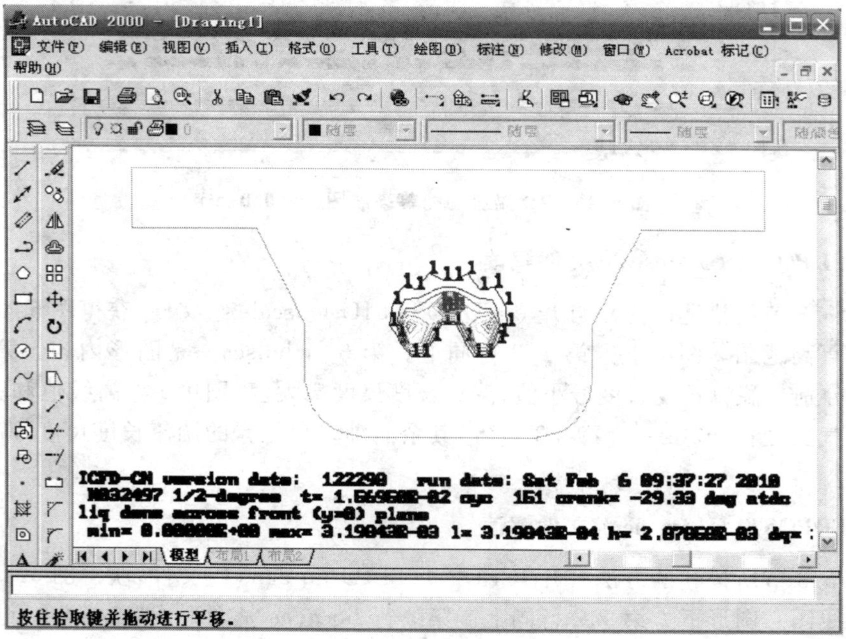

图 5.48　2D 流体密度等高线图(y=0.0cm)

和 h 分别是 Sauter 平均半径最小值、Sauter 平均半径最大值、图中 l 等高线值和图中 h 等高线值。图中气缸处在 crank＝－29.33°位置,其余曲轴转角位置的 Sauter 平均半径等高线图说明同此。

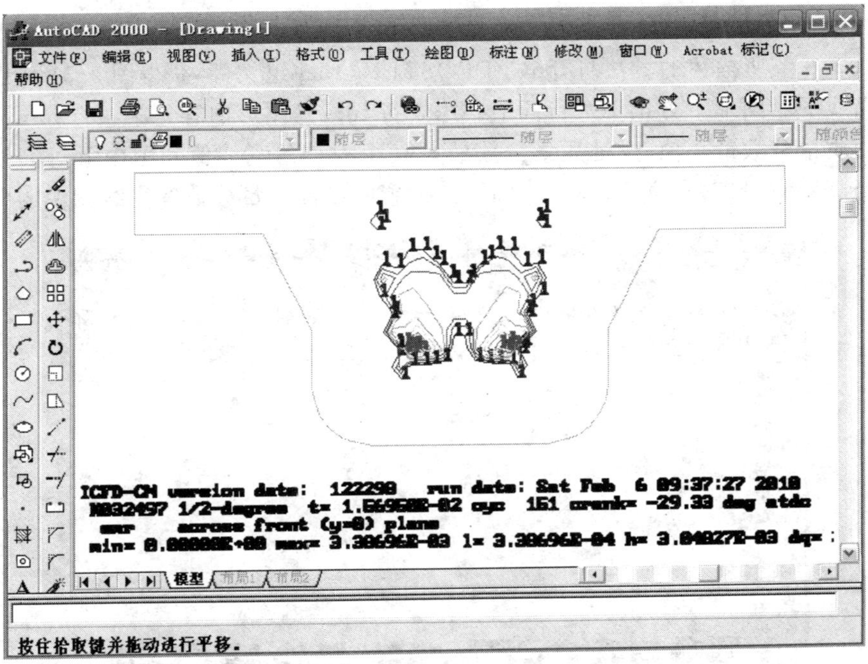

图 5.49 2D Sauter 平均半径等高线图(y=0.0 cm)

(11) ICFDPOSTLIU equivrat 文件解读

按照 3.5.3 节所描述的方法打开 ICFDPOSTLIU equivrat 组文件，获得图 5.50 所示的等价率等高线图。图形下方第 1、2 行同上。第 3 行 equivrat 是图形内容。第 4 行 min、max、l 和 h 分别是等价率最小值、等价率最大值、图中 l 等高线值和图中 h 等高线值。图中气缸处在 crank=−29.33°位置，其余曲轴转角位置的等价率等高线图说明同此。

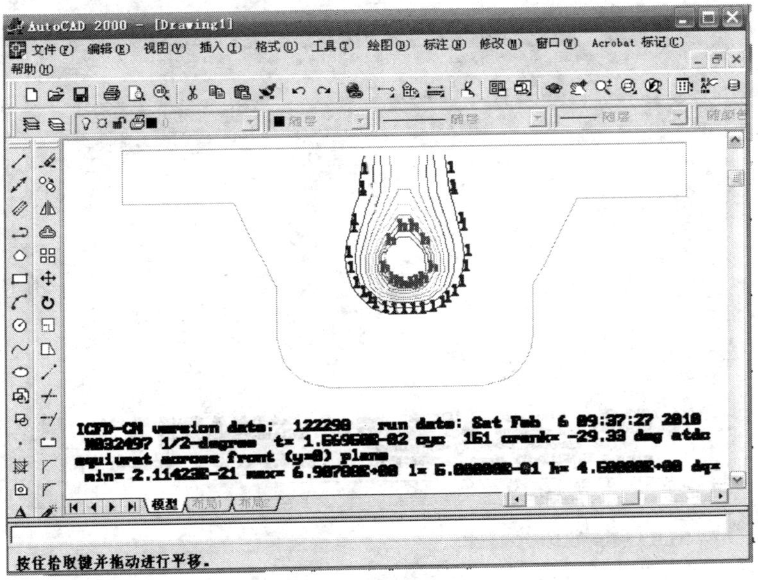

图 5.50 2D 等价率等高线图(y=0.0 cm)

(12) ICFDPOSTLIU fuel 文件解读

按照 3.5.3 节所描述的方法打开 ICFDPOSTLIU fuel 组文件，获得图 5.51 所示的燃油质量分数等高线图。图形下方第 1、2 行同上。第 3 行 fuel 是图形内容。第 4 行 min、max、l 和 h 分别是燃油质量分数最小值、燃油质量分数最大值、图中 l 等高线值和图中 h 等高线值。图中气缸处在 crank＝−29.33°位置，其余曲轴转角位置的燃油质量分数等高线图说明同此。

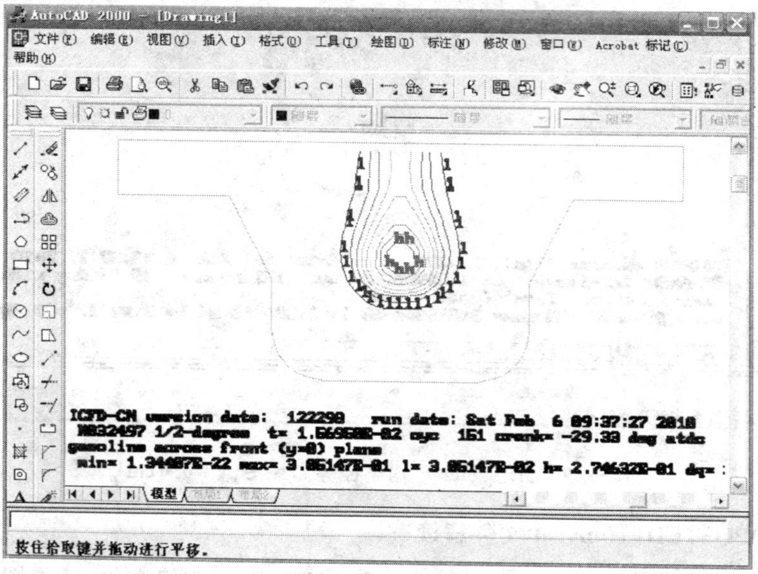

图 5.51　2D 燃油分布等高线图(y=0.0 cm)

(13) ICFDPOSTLIU O_2 文件解读

按照 3.5.3 节所描述的方法打开 ICFDPOSTLIU O_2 组文件，获得图 5.52 所示的氧气质

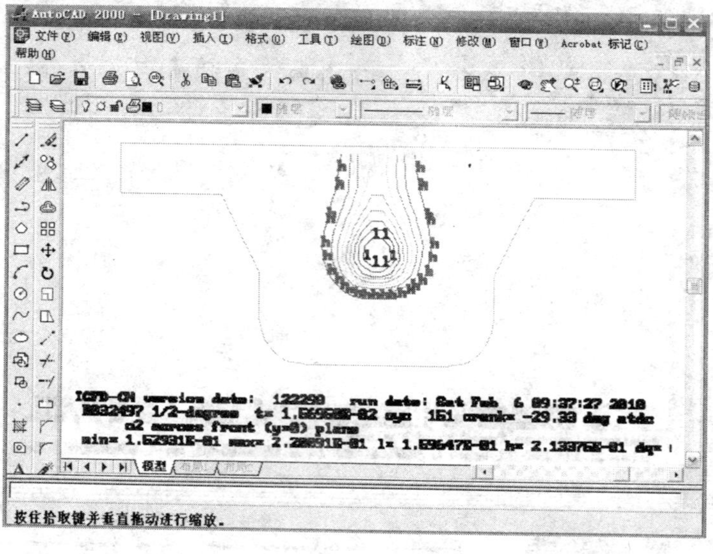

图 5.52　O_2 分布等高线图(y=0.0 cm)

量分数等高线图。图形下方第 1、2 行同上。第 3 行 O_2 是图形内容。第 4 行 min、max、l 和 h 分别是氧气质量分数最小值、氧气质量分数最大值、图中 l 等高线值和图中 h 等高线值。图中气缸处在 crank=－29.33°位置，其余曲轴转角位置的氧气质量分数等高线图说明同此。

(14) ICFDPOSTLIU N_2 文件解读

按照 3.5.3 节所描述的方法打开 ICFDPOSTLIU N_2 组文件，获得图 5.53 所示的氮气质量分数等高线图。图形下方第 1、2 行同上。图中第 3 行 N_2 是图形内容。第 4 行 min、max、l 和 h 分别是氮气质量分数最小值、氮气质量分数最大值、图中 l 等高线值和图中 h 等高线值。图中气缸处在 crank=－29.33°位置，其余曲轴转角位置的氮气质量分数等高线图说明同此。

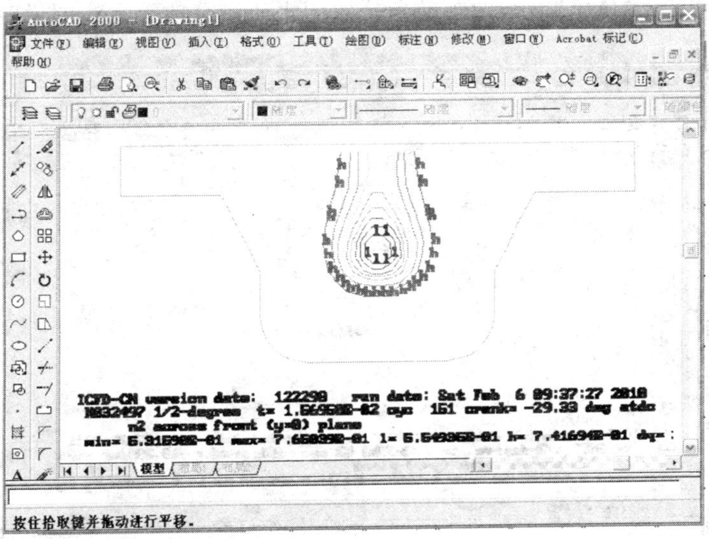

图 5.53　N_2 分布等高线图(y=0.0 cm)

(15) ICFDPOSTLIU CO_2 文件解读

按照 3.5.3 节所描述的方法打开 ICFDPOSTLIU CO_2 组文件，获得图 5.54 所示的二氧

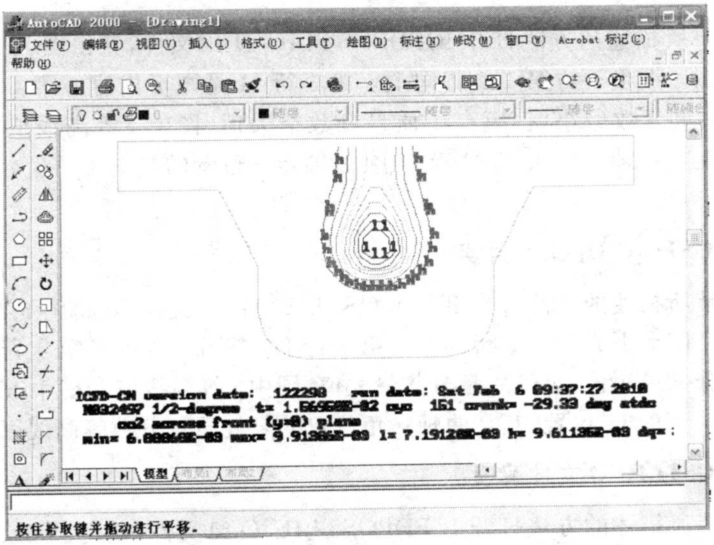

图 5.54　CO_2 分布等高线图(y=0.0 cm)

化碳质量分数等高线图。图形下方第 1、2 行同上。第 3 行 CO_2 是图形内容。第 4 行 min、max、l 和 h 分别是二氧化碳质量分数最小值、二氧化碳质量分数最大值、图中 l 等高线值和图中 h 等高线值。图中气缸处在 crank=－29.33°位置，其余曲轴转角位置的二氧化碳质量分数等高线图说明同此。

(16) ICFDPOSTLIU H_2O 文件解读

按照 3.5.3 节所描述的方法打开 ICFDPOSTLIU H_2O 组文件，获得图 5.55 所示的水质量分数等高线图。图形下方第 1、2 行同上。第 3 行 H_2O 是图形内容。第 4 行 min、max、l 和 h 分别是水质量分数最小值、水质量分数最大值、图中 l 等高线值和图中 h 等高线值。图中气缸处在 crank=－29.33°位置，其余曲轴转角位置的水质量分数等高线图说明同此。

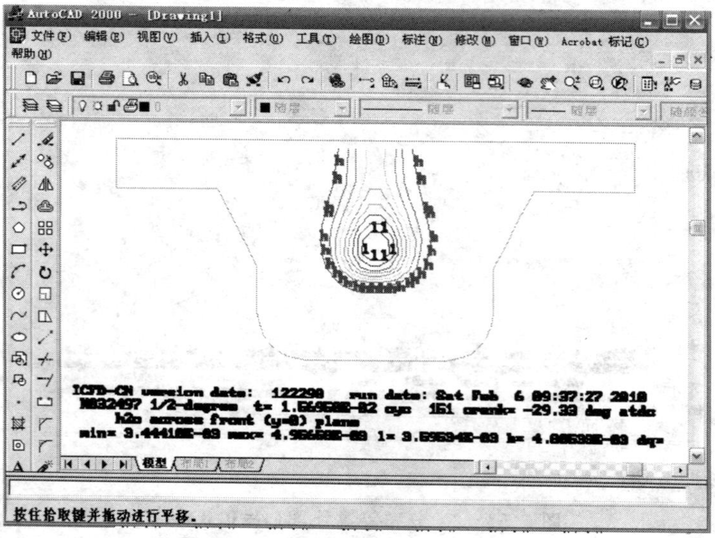

图 5.55　H_2O 分布等高线图($y=0.0$ cm)

(17) ICFDPOSTLIU H 文件解读

按照 3.5.3 节所描述的方法打开 ICFDPOSTLIU H 组文件，获得图 5.56 所示的氢离子质量分数等高线图。图形下方第 1、2 行同上。第 3 行 H 是图形内容。第 4 行 min、max、l 和 h 分别是氢离子质量分数最小值、氢离子质量分数最大值、图中 l 等高线值和图中 h 等高线值。图中气缸处在 crank=－29.33°位置，其余曲轴转角位置的氢离子质量分数等高线图说明同此。

(18) ICFDPOSTLIU H_2 文件解读

按照 3.5.3 节所描述的方法打开 ICFDPOSTLIU H_2 组文件，获得图 5.57 所示的氢气质量分数等高线图。图形下方第 1、2 行同上。第 3 行 H_2 是图形内容。第 4 行 min、max、l 和 h 分别是氢气质量分数最小值、氢气质量分数最大值、图中 l 等高线值和图中 h 等高线值。图中气缸处在 crank=－29.33°位置，其余曲轴转角位置的氢气质量分数等高线图说明同此。

(19) ICFDPOSTLIU O 文件解读

按照 3.5.3 节所描述的方法打开 ICFDPOSTLIU O 组文件，获得图 5.58 所示的氧离子

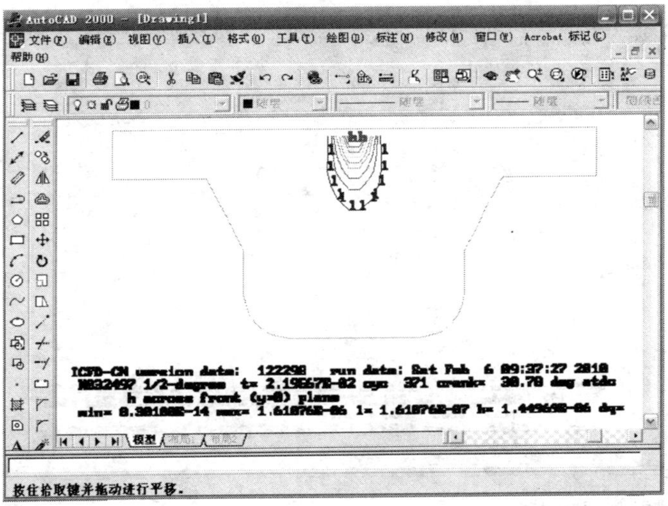

图 5.56　H 分布等高线图(y=0.0 cm)

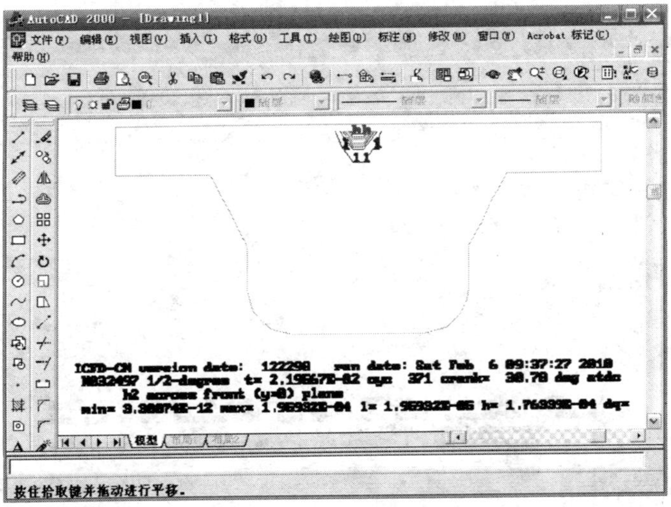

图 5.57　H_2 分布等高线图(y=0.0 cm)

质量分数等高线图。图形下方第 1、2 行同上。第 3 行 O 是图形内容。第 4 行 min、max、l 和 h 分别是氧离子质量分数最小值、氧离子质量分数最大值、图中 l 等高线值和图中 h 等高线值。图中气缸处在 crank＝－29.33°位置，其余曲轴转角位置的氧离子质量分数等高线图说明同此。

(20) ICFDPOSTLIU N 文件解读

按照 3.5.3 节所描述的方法打开 ICFDPOSTLIU N 组文件，获得图 5.59 所示的氮离子质量分数等高线图。图形下方第 1、2 行同上。第 3 行 N 是图形内容。第 4 行 min、max、l 和 h 分别是氮离子质量分数最小值、氮离子质量分数最大值、图中 l 等高线值和图中 h 等高线值。图中气缸处在 crank＝－29.33°位置，其余曲轴转角位置的氮离子质量分数等高线图说明同此。

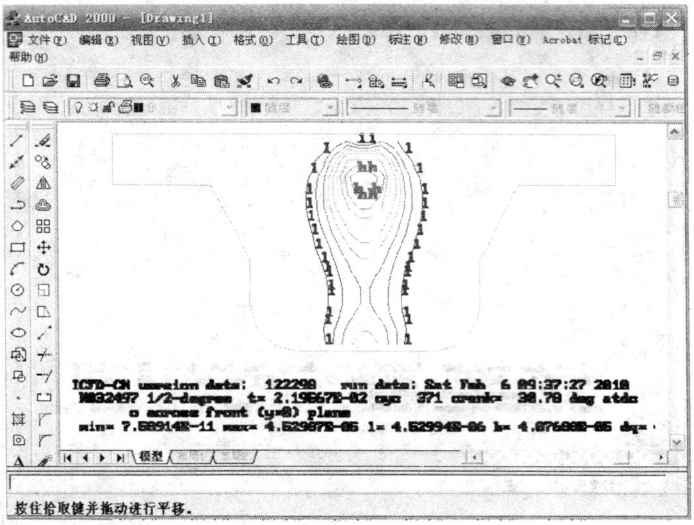

图 5.58　O 分布等高线图($y=0.0$ cm)

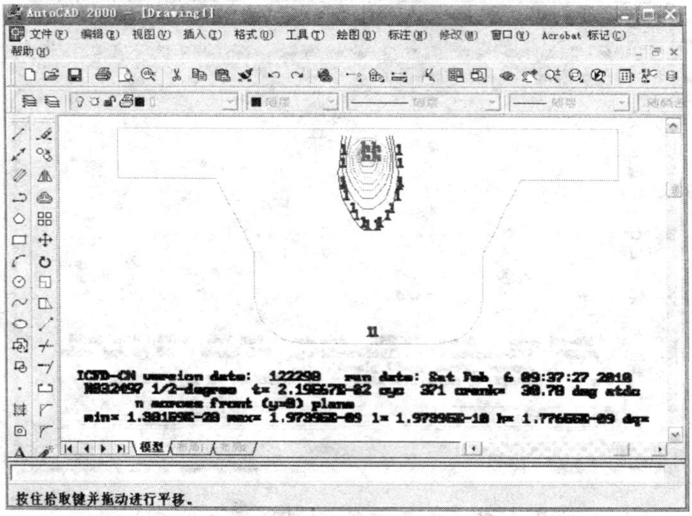

图 5.59　N 分布等高线图($y=0.0$ cm)

(21) ICFDPOSTLIU OH 文件解读

按照 3.5.3 节所描述的方法打开 ICFDPOSTLIU OH 组文件,获得图 5.60 所示的氢氧离子质量分数等高线图。图形下方第 1、2 行同上。第 3 行 OH 是图形内容。第 4 行 min、max、l 和 h 分别是氢氧离子质量分数最小值、氢氧离子质量分数最大值、图中 l 等高线值和图中 h 等高线值。图中气缸处在 crank=－29.33°位置,其余曲轴转角位置的氢氧离子质量分数等高线图说明同此。

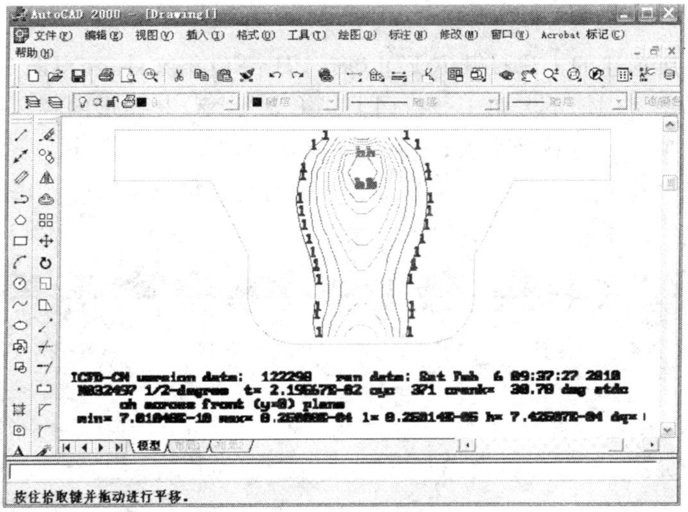

图 5.60　OH 分布等高线图($y=0.0$ cm)

(22) ICFDPOSTLIU CO 文件解读

按照 3.5.3 节所描述的方法打开 ICFDPOSTLIU CO 组文件,获得图 5.61 所示的一氧化碳质量分数等高线图。图形下方第 1、2 行同上。第 3 行 CO 是图形内容。第 4 行 min、max、l 和 h 分别是一氧化碳质量分数最小值、一氧化碳质量分数最大值、图中 l 等高线值和图中 h 等高线值。图中气缸处在'crank=$-29.33°$位置,其余曲轴转角位置的一氧化碳质量分数等高线图说明同此。

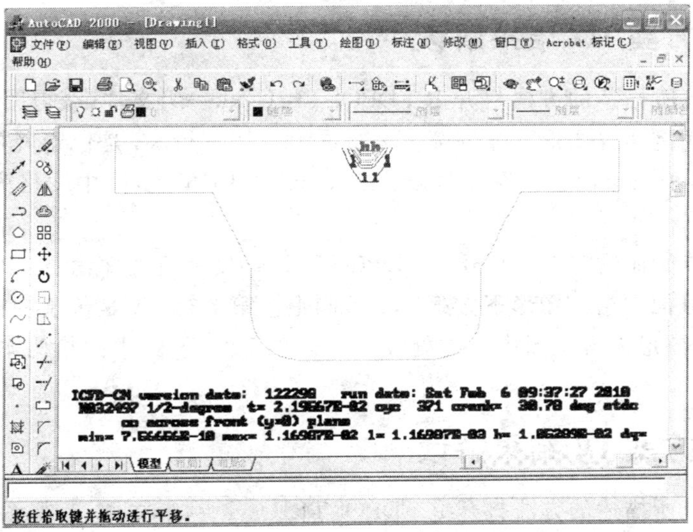

图 5.61　CO 分布等高线图($y=0.0$ cm)

(23) ICFDPOSTLIU NO 文件解读

按照 3.5.3 节所描述的方法打开 ICFDPOSTLIU NO 组文件，获得图 5.62 所示的一氧化氮质量分数等高线图。图形下方第 1、2 行同上。第 3 行 NO 是图形内容。第 4 行 min、max、l 和 h 分别是一氧化氮质量分数最小值、一氧化氮质量分数最大值、图中 l 等高线值和图中 h 等高线值。图中气缸处在 crank=−29.33°位置，其余曲轴转角位置的一氧化氮质量分数等高线图说明同此。

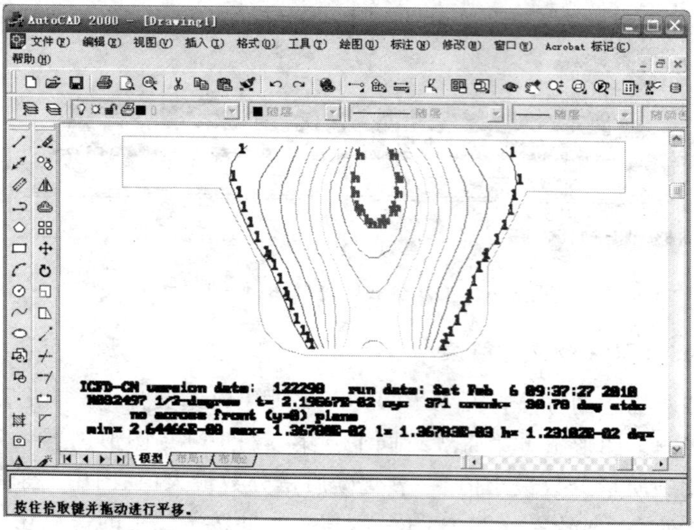

图 5.62　NO 分布等高线图(y=0.0 cm)

5.5.3　操作方案 III 结果解读

按照 3.5.3 节所描述的方法打开 ICFDPOSTLIU xk=组文件，获得图 5.63 所示的位于节点位置的 x 截面网格。图形下方的第 1、2 行同上。第 3 行 xk 是位于网格节点位置的 x=−2.1 cm 截面，属于图形内容。图中气缸处在 crank=15°位置，图中网格为本书仿真案例 II 的网格。

按照 3.5.3 节所描述的方法打开 ICFDPOSTLIU xk =组文件，获得如图 5.64 所示的位于节点位置的 x 截面网格。图形下方第 1、2 行同上。第 3 行 xk 是位于网格节点位置的 x=3.5 cm 截面，属于图形内容。图中气缸处在 crank=15°位置，图中网格为本书仿真案例 II 的网格。

5.5.4　操作方案 IV 结果解读

按照 3.5.3 节所描述的方法打开 ICFDPOSTLIU yk =组文件，获得图 5.65 所示的位于节点位置的 y 截面网格。图形下方第 1、2 行同上。第 3 行 yk 是位于网格节点位置的 y=1.5 cm截面，属于图形内容。图中气缸处在 crank=15°位置，图中网格为本书仿真案例 II 的网格。

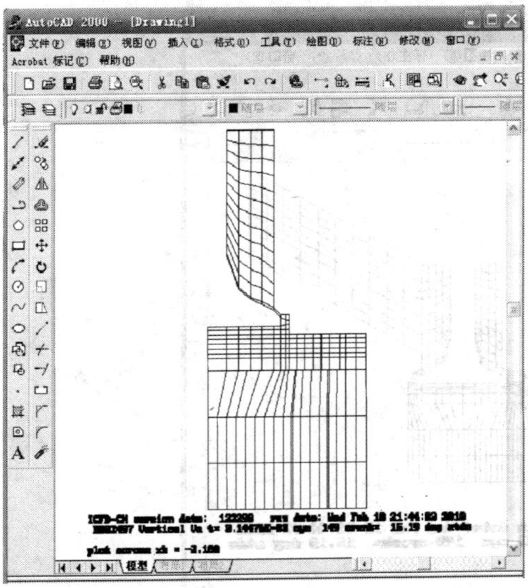

图 5.63　xk 截面网格(xk=-2.1 cm)

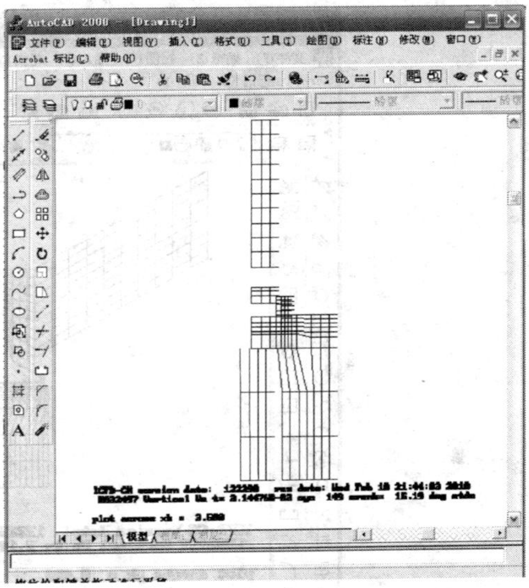

图 5.64　xk 截面网格(xk=3.5 cm)

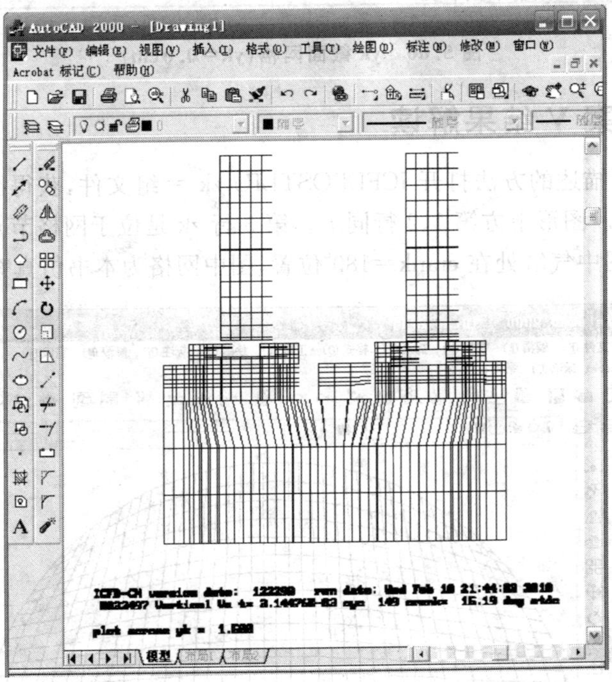

图 5.65　yk 截面网格(yk=1.5 cm)

按照 3.5.3 节所描述的方法打开 ICFDPOSTLIU yk =组文件，获得图 5.66 所示的位于节点位置的 y 截面网格。图形下方第 1、2 行同上。第 3 行 yk 是位于网格节点位置的 $y=0.0$ cm截面，属于图形内容。图中气缸处在 crank=15°位置，图中网格为本书仿真案例 II 的网格。

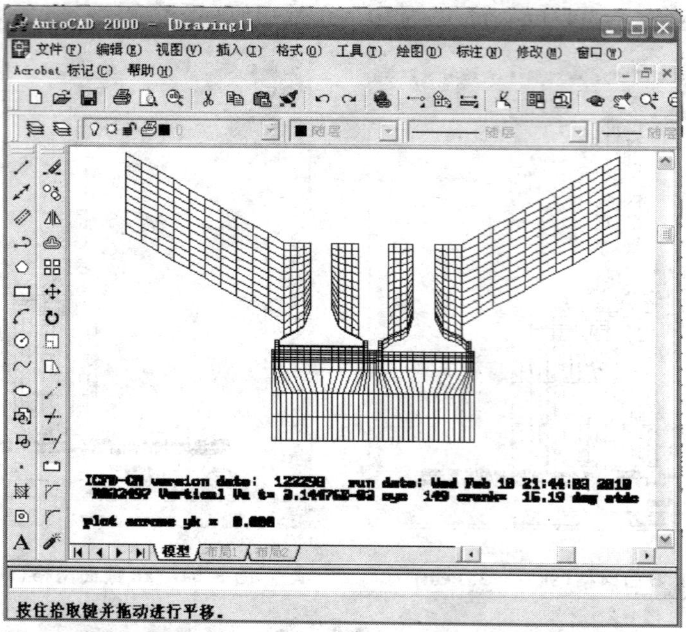

图 5.66　yk 截面网格(yk=0.0 cm)

5.5.5　操作方案 V 结果解读

按照 3.5.3 节所描述的方法打开 ICFDPOSTLIU zk ＝组文件，获得图 5.67 所示的位于节点位置的 z 截面网格。图形下方第 1、2 行同上。第 3 行 zk 是位于网格节点位置的 z=0.0 cm 截面，属于图形内容。图中气缸处在 crank=180°位置，图中网格为本书仿真案例 II 的网格。

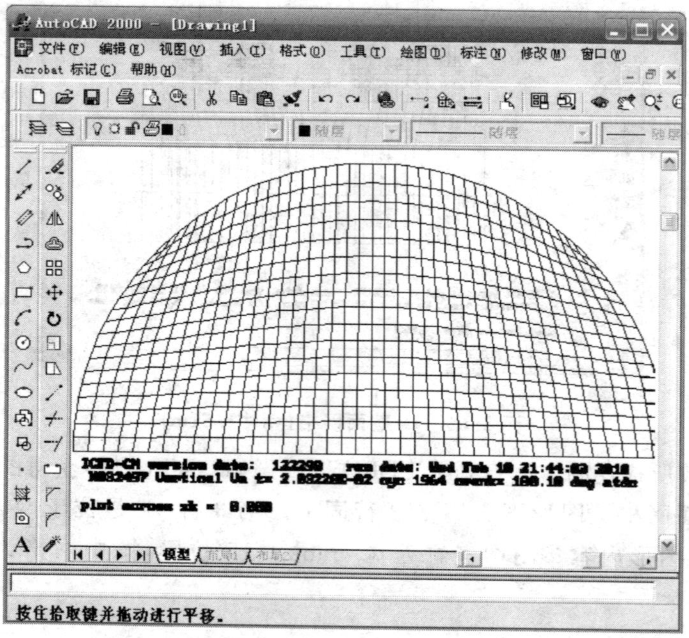

图 5.67　zk 截面网格(zk=0.0 cm)

按照 3.5.3 节所描述的方法打开 ICFDPOSTLIU zk =组文件，获得图 5.68 所示的位于节点位置的 z 截面网格。图形下方第 1、2 行同上。第 3 行 zk 是位于网格节点位置的 z=9.1 cm 截面，属于图形内容。图中气缸处在 crank=360°位置，图中网格为本书仿真案例 II 的网格。

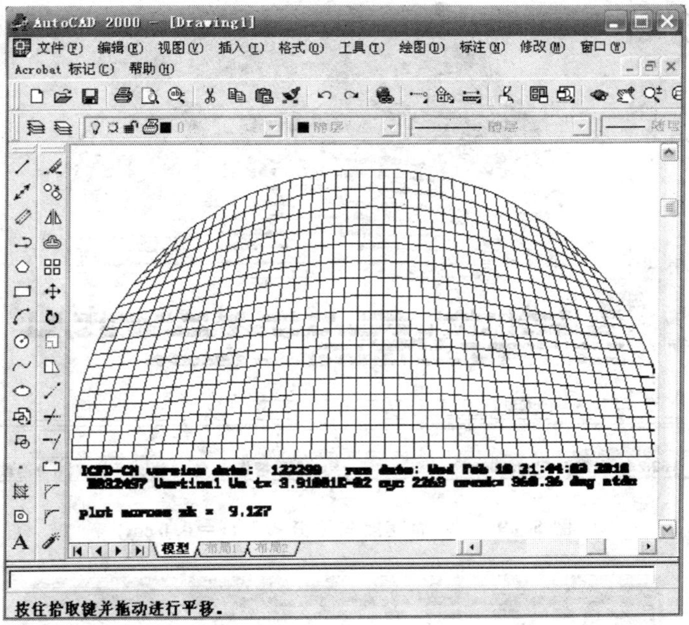

图 5.68 zk 截面网格(zk=9.1 cm)

5.5.6 操作方案 VI 结果解读

按照 3.5.3 节所描述的方法打开 ICFDPOSTLIU vel z=组文件，获得图 5.69 所示的 z 截面速度矢量图。图形下方第 1、2 行同上。第 3 行 velocity 是位于 z=0.0 cm 截面图形内容。第 4 行 umax、vmax 和 wmax 为 z=0.0 cm 截面三个坐标方向的最大速度。图中气缸处在 crank=640°位置，图中网格为本书仿真案例 II 的网格。

5.5.7 操作方案 VII 结果解读

(1) ICFDPOSTLIU contrs x=文件解读

按照 3.5.3 节所描述的方法打开 ICFDPOSTLIU contrs x=组文件，获得图 5.70 所示的 x 截面速度矢量图。图形下方第 1、2 行同上。第 3 行 velocity 是位于 x=2.1 cm 截面图形内容。第 4 行 um、vm 和 wm 为 x=2.1 cm 截面 3 个坐标方向的最大速度。图中气缸处在 crank=−15°位置，图中网格为本书仿真案例 II 的网格。

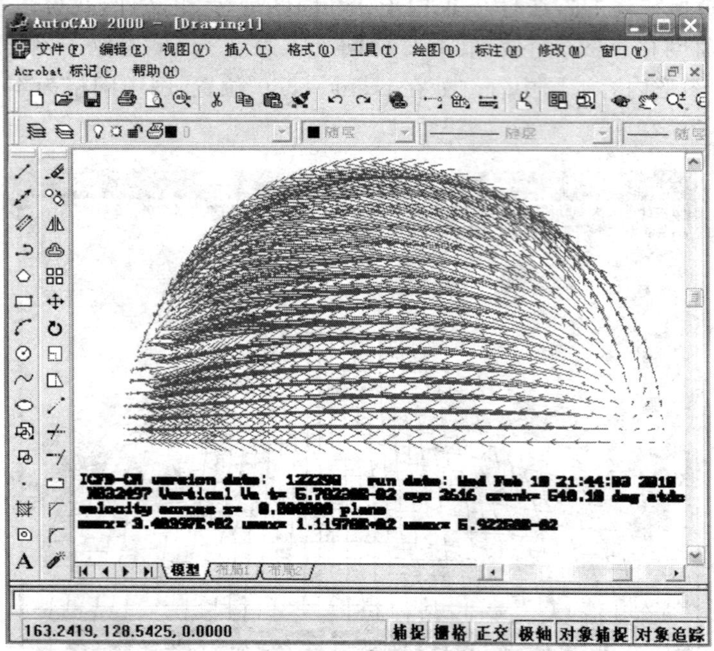

图 5.69　z 截面速度矢量分布图($z=0.0$ cm)

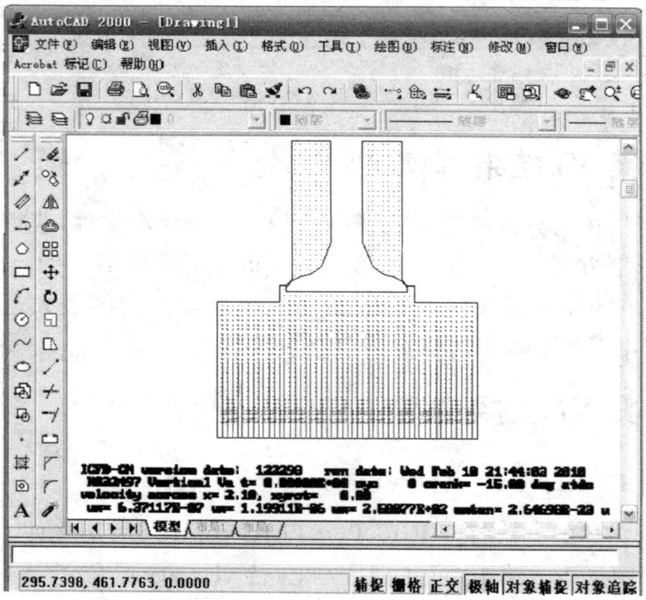

图 5.70　x 截面速度矢量图($x=2.1$ cm)

按照 3.5.3 节所描述的方法打开 ICFDPOSTLIU contrs x=组文件，获得图 5.71 所示的 x 截面速度等高线图。图形下方第 1、2 行同上。第 3 行 norm vel 是位于 $x=2.1\text{cm}$ 截面图形内容。第 4 行 min、max、l 和 h 分别为该截面最小速度、最大速度、图中 l 等高线的速度和 h 等高线的速度。图中气缸处在 crank=−15°位置，图中网格为本书仿真案例 II 的网格。

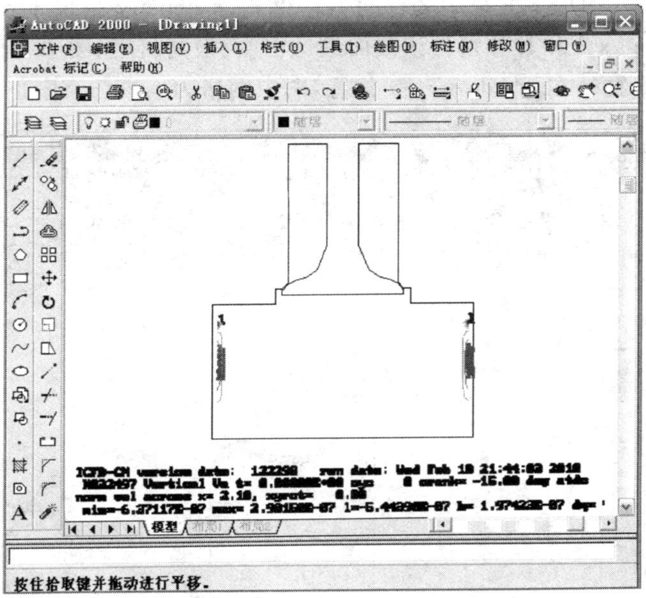

图 5.71　x 截面速度等高线图($x=2.1\text{cm}$)

按照 3.5.3 节所描述的方法打开 ICFDPOSTLIU contrs x=组文件，获得图 5.72 所示的

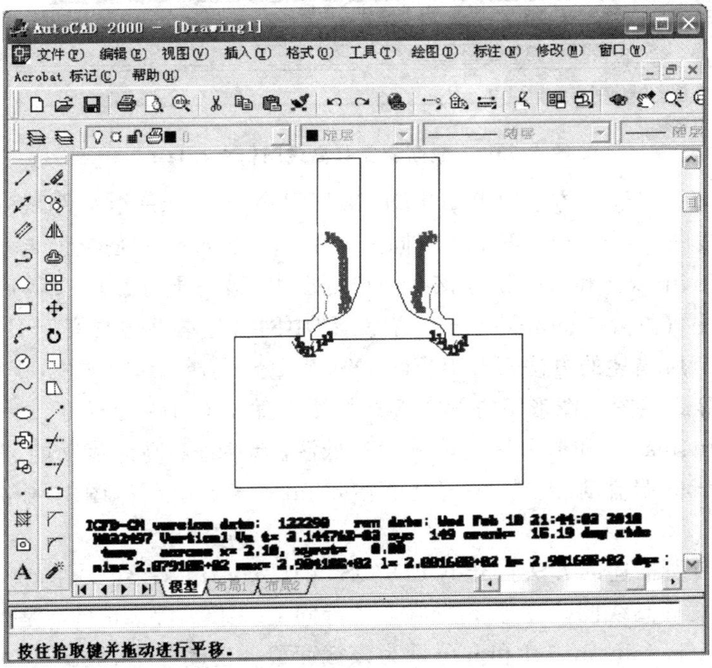

图 5.72　x 截面温度等高线图($x=2.1\text{cm}$)

x 截面温度等高线图。图形下方第 1、2 行同上。第 3 行 temp 是位于 x=2.1 cm 截面图形内容。第 4 行 min、max、l 和 h 分别为该截面最低温度、最高温度、图中 l 等高线的温度和 h 等高线的温度。图中气缸处在 crank=−15°位置，图中网格为本书仿真案例 II 的网格。

按照 3.5.3 节所描述的方法打开 ICFDPOSTLIU contrs x=组文件，获得图 5.73 所示的 x 截面密度等高线图。图形下方第 1、2 行同上。第 3 行 density 是位于 x=2.1 cm 截面图形内容。第 4 行 min、max、l 和 h 分别为该截面最低密度、最高密度、图中 l 等高线的密度和 h 等高线的密度。图中气缸处在 crank=−15°位置，图中网格为本书仿真案例 II 的网格。

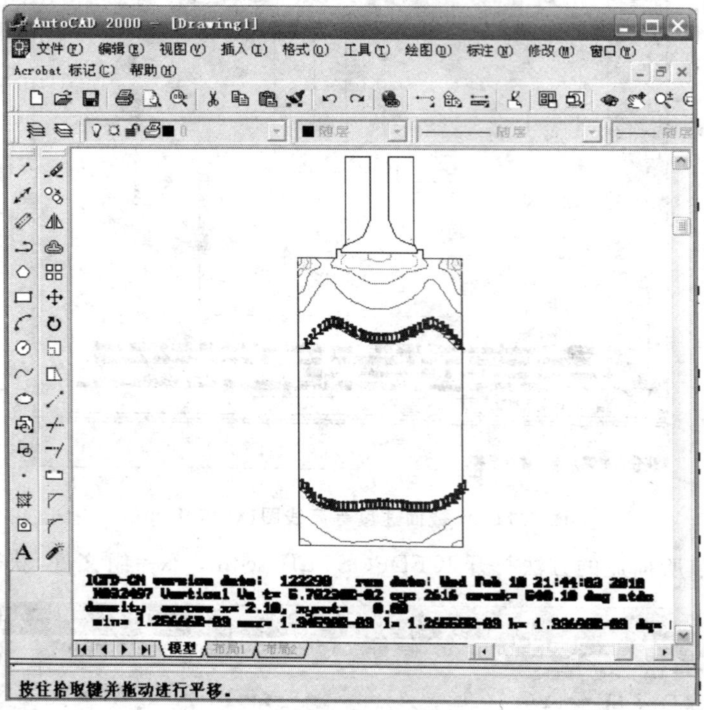

图 5.73　x 截面密度等高线图(x=2.1 cm)

按照 3.5.3 节所描述的方法打开 ICFDPOSTLIU contrs x=组文件，获得图 5.74 所示的 x 截面压力等高线图。图形下方第 1、2 行同上。第 3 行 pressure 是位于 x=2.1 cm 截面图形内容。第 4 行 min、max、l 和 h 分别为该截面最低压力、最高压力、图中 l 等高线的压力和 h 等高线的压力。图中气缸处在 crank=−15°位置，图中网格为本书仿真案例 II 的网格。

按照 3.5.3 节所描述的方法打开 ICFDPOSTLIU contrs x=组文件，获得图 5.75 所示的 x 截面湍流动能等高线图。图形下方第 1、2 行同上。第 3 行 tke 是位于 x=2.1 cm 截面图形内容。第 4 行 min、max、l 和 h 分别为该截面最低湍流动能、最高湍流动能、图中 l 等高线的湍流动能和 h 等高线的湍流动能。图中气缸处在 crank=−15°位置，图中网格为本书仿真案例 II 的网格。

按照 3.5.3 节所描述的方法打开 ICFDPOSTLIU contrs x=组文件，获得如图 5.76 所示的 x 截面运动黏度等高线图。图形下方第 1、2 行同上。第 3 行 kin visc 是位于 x=2.1cm 截面图形内容。第 4 行 min、max、l 和 h 分别为该截面最低运动黏度、最高运动黏度、图中 l 等高

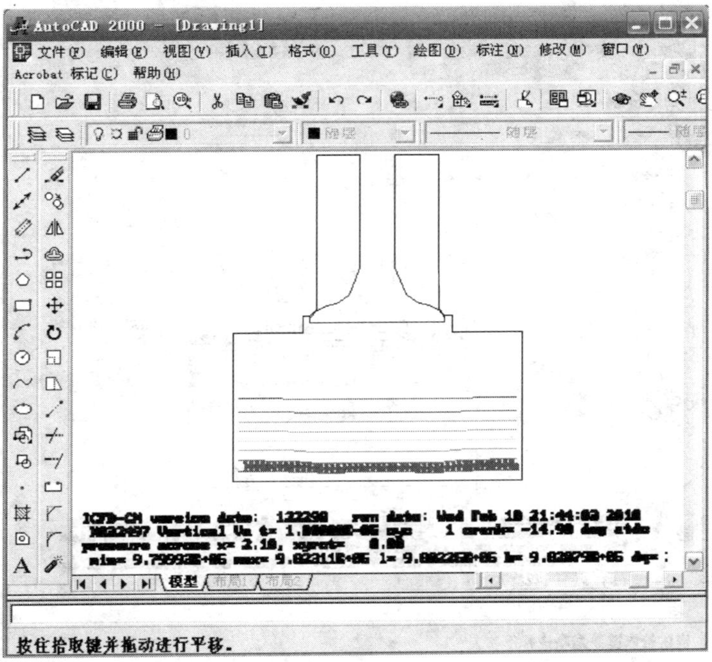

图 5.74 x 截面压力等高线图($x=2.1\,\text{cm}$)

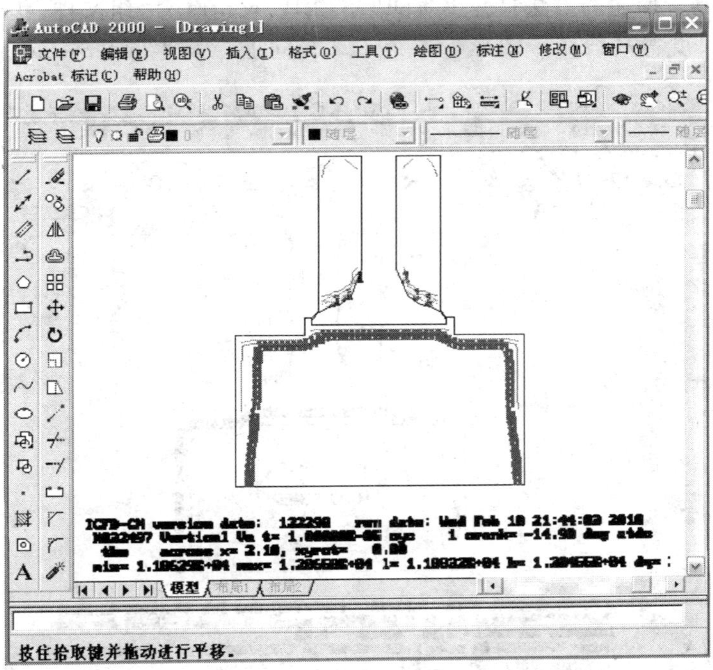

图 5.75 x 截面湍流动能等高线图($x=2.1\,\text{cm}$)

线的运动黏度和 h 等高线的运动黏度。图中气缸处在 crank＝－15°位置，图中网格为本书仿真案例 II 的网格。

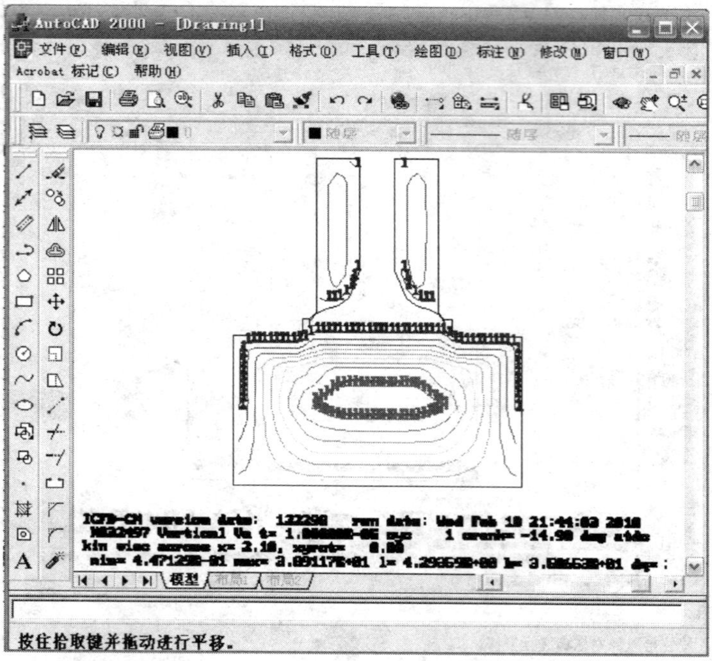

图 5.76　x 截面运动黏度等高线图(x=2.1 cm)

按照 3.5.3 节所描述的方法打开 ICFDPOSTLIU contrs x=组文件，获得图 5.77 所示的 x 截面湍流长度尺度等高线图。图形下方第 1、2 行同上。第 3 行 lenscale 是位于 x=2.1 cm

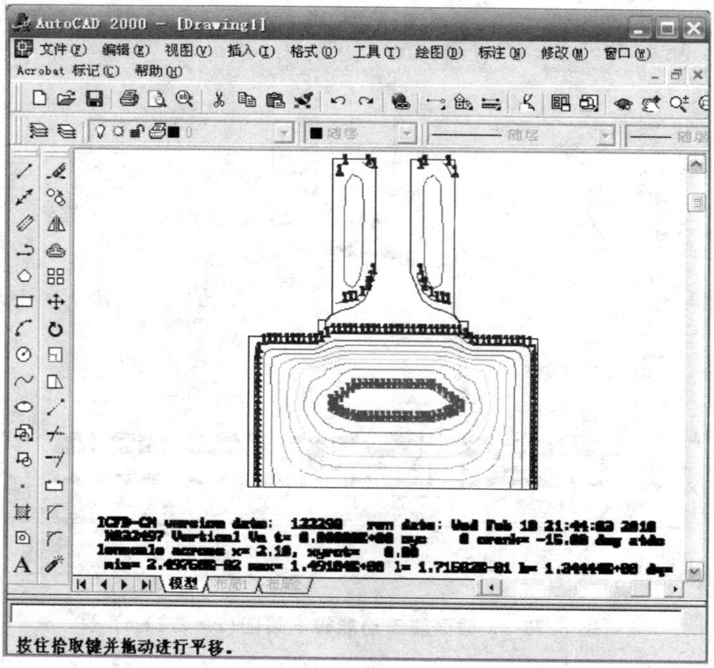

图 5.77　x 截面湍流长度尺度等高线图(x=2.1 cm)

截面图形内容。第 4 行 min、max、l 和 h 分别为该截面最小湍流长度尺度、最大湍流长度尺度、图中 l 等高线的湍流长度尺度和 h 等高线的湍流长度尺度。图中气缸处在 crank＝－15°位置，图中网格为本书仿真案例 II 的网格。

按照 3.5.3 节所描述的方法打开 ICFDPOSTLIU contrs x＝组文件，获得图 5.78 所示的 x 截面 N_2 等高线图。图形下方第 1、2 行同上。第 3 行 N_2 是位于 $x=2.1\,\text{cm}$ 截面图形内容。第 4 行 min、max、l 和 h 分别为该截面最低氮气质量分数、最高氮气质量分数、图中 l 等高线的氮气质量分数和 h 等高线的氮气质量分数。图中气缸处在 crank＝－15°位置，图中网格为本书仿真案例 II 的网格。

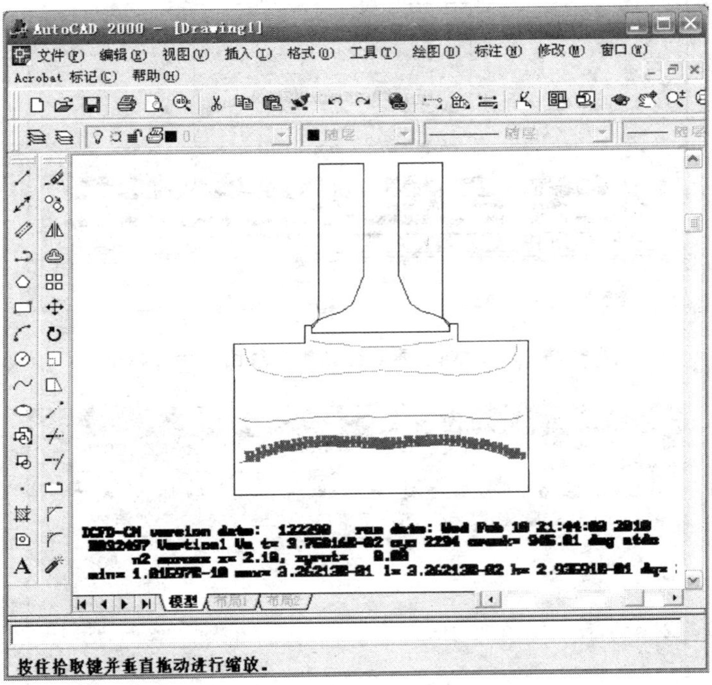

图 5.78 x 截面 N_2 质量分数等高线图($x=2.1\,\text{cm}$)

按照 3.5.3 节所描述的方法打开 ICFDPOSTLIU contrs x＝组文件，获得图 5.79 所示的 x 截面氧气等高线图。图形下方第 1、2 行同上。第 3 行 O_2 是位于 $x=2.1\,\text{cm}$ 截面图形内容。第 4 行 min、max、l 和 h 分别为该截面最低氧气质量分数、最高氧气质量分数、图中 l 等高线的氧气质量分数和 h 等高线的氧气质量分数。图中气缸处在 crank＝－15°位置，图中网格为本书仿真案例 II 的网格。

(2) ICFDPOSTLIU contrs y＝文件解读

按照 3.5.3 节所描述的方法打开 ICFDPOSTLIU contrs y＝组文件，获得图 5.80 所示的 y 截面速度矢量图。图形下方第 1、2 行同上。第 3 行 velocity 是位于 $y=1.0\,\text{cm}$ 截面图形内容。第 4 行 um、vm 和 wm 为 $y=1.0\,\text{cm}$ 截面 3 个坐标方向的最大速度。图中气缸处在 crank＝15°位置，图中网格为本书仿真案例 II 的网格。

按照 3.5.3 节所描述的方法打开 ICFDPOSTLIU contrs y＝组文件，获得如图 5.81 所示的 y 截面速度等高线图。图形下方第 1、2 行同上。第 3 行 norm vel 是位于 $y=1.0\,\text{cm}$ 截面图

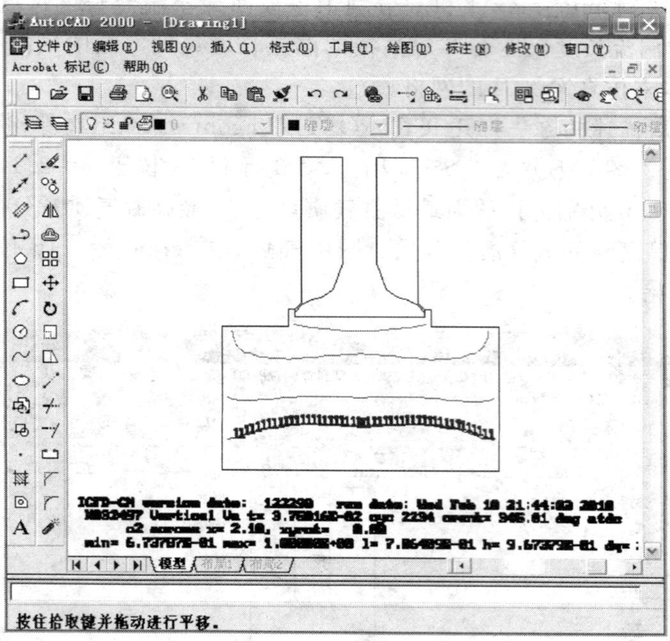

图 5.79　x 截面 O_2 质量分数等高线图(x=2.1 cm)

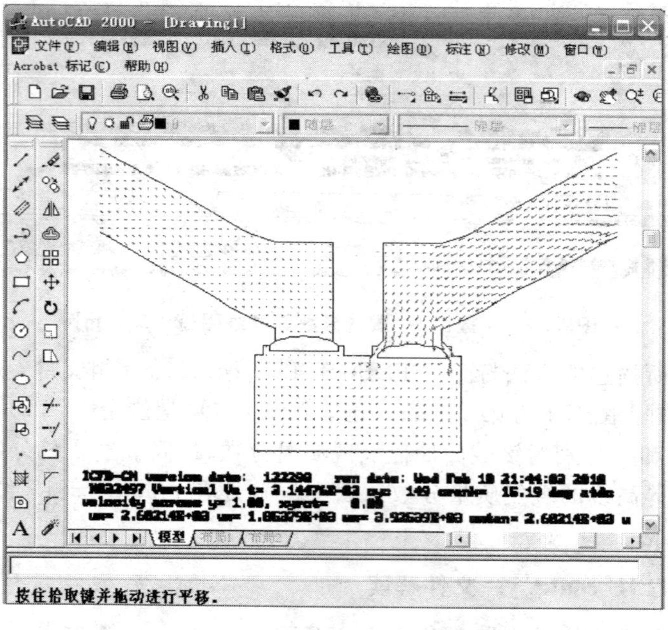

图 5.80　y 截面速度矢量图(y=1.0 cm)

形内容。第 4 行 min、max、l 和 h 分别为该截面最小速度、最大速度、图中 l 等高线的速度和 h 等高线的速度。图中气缸处在 crank=15°位置，图中网格为本书仿真案例 II 的网格。

按照 3.5.3 节所描述的方法打开 ICFDPOSTLIU contrs y=组文件，获得图 5.82 所示的 y 截面温度等高线图。图形下方第 1、2 行同上。第 3 行 temp 是位于 y=1.0 cm 截面图形内

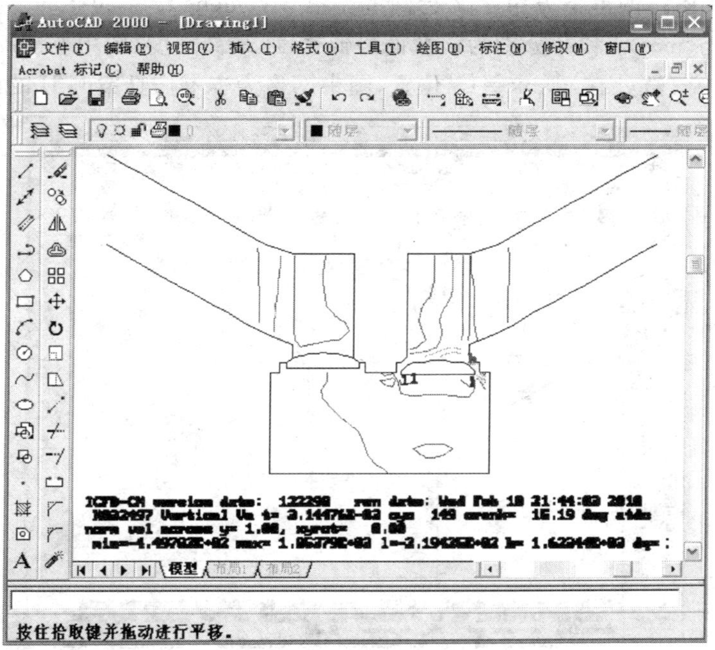

图 5.81 y 截面速度等高线图($y=1.0$cm)

容。第 4 行 min、max、l 和 h 分别为该截面最低温度、最高温度、图中 l 等高线的温度和 h 等高线的温度。图中气缸处在 crank=15°位置,图中网格为本书仿真案例 II 的网格。

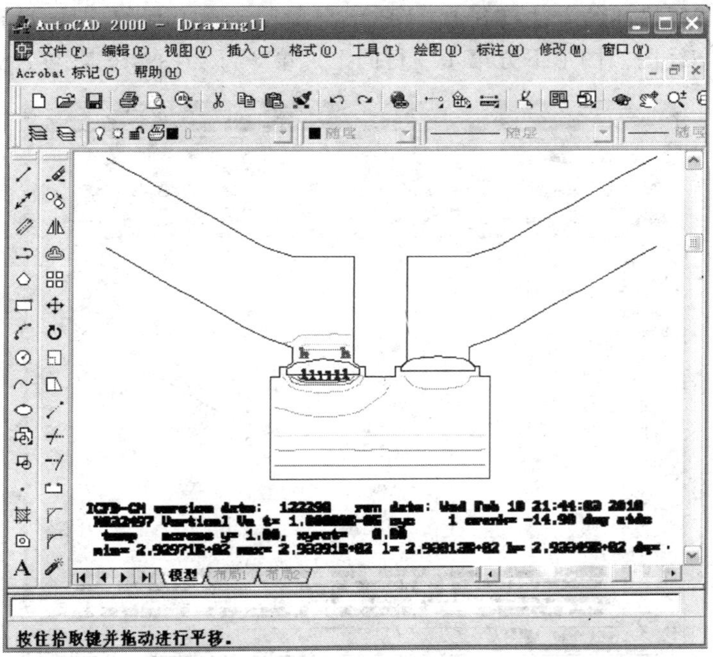

图 5.82 y 截面温度等高线图($y=1.0$cm)

按照 3.5.3 节所描述的方法打开 ICFDPOSTLIU contrs y=组文件,获得图 5.83 所示的

y 截面密度等高线图。图形下方第 1、2 行同上。第 3 行 density 是位于 $y=1.0\,\text{cm}$ 截面图形内容。第 4 行 min、max、l 和 h 分别为该截面最低密度、最高密度、图中 l 等高线的密度和 h 等高线的密度。图中气缸处在 crank=15°位置，图中网格为本书仿真案例 II 的网格。

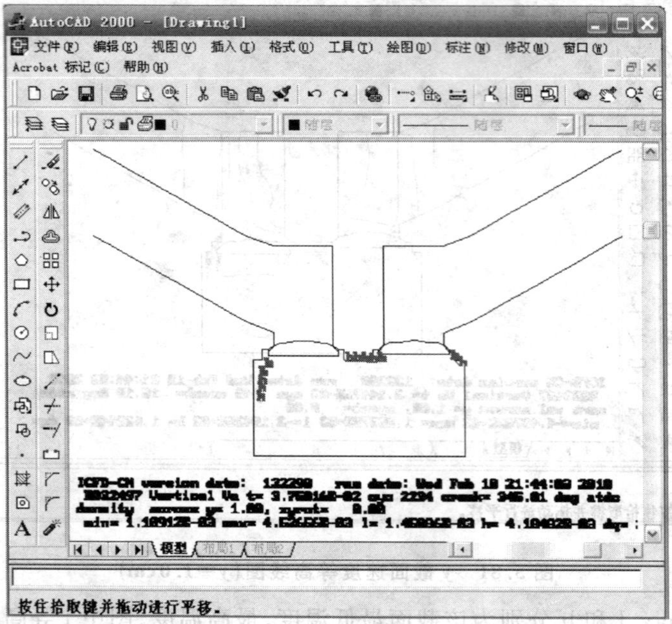

图 5.83　y 截面密度等高线图($y=1.0\,\text{cm}$)

按照 3.5.3 节所描述的方法打开 ICFDPOSTLIU contrs y=组文件，获得如图 5.84 所示的 y 截面压力等高线图。图形下方第 1、2 行同上。第 3 行 pressure 是位于 $y=1.0\,\text{cm}$ 截面图

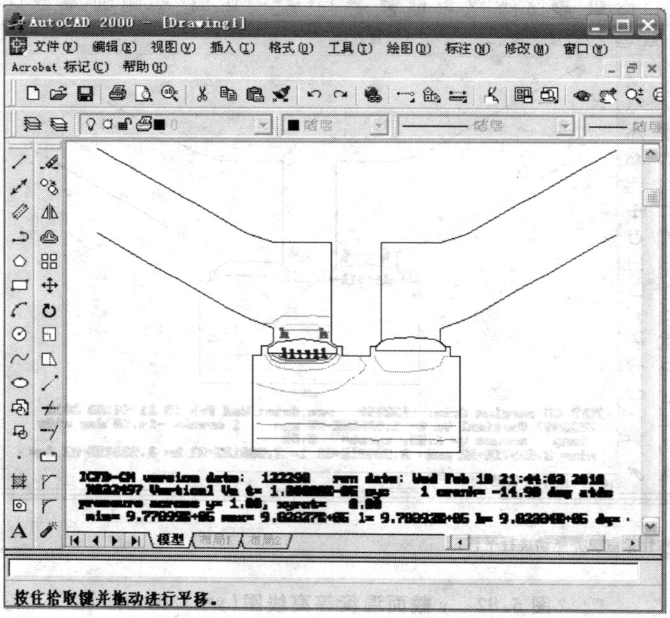

图 5.84　y 截面压力等高线图($y=1.0\,\text{cm}$)

形内容。第 4 行 min、max、l 和 h 分别为该截面最低压力、最高压力、图中 l 等高线的压力和 h 等高线的压力。图中气缸处在 crank＝15°位置，图中网格为本书仿真案例 II 的网格。

按照 3.5.3 节所描述的方法打开 ICFDPOSTLIU contrs x＝组文件，获得图 5.85 所示的 y 截面湍流动能等高线图。图形下方第 1、2 行同上。第 3 行 tke 是位于 $y=1.0\,\text{cm}$ 截面图形内容。图中第 4 行 min、max、l 和 h 分别为该截面最低湍流动能、最高湍流动能、图中 l 等高线的湍流动能和 h 等高线的湍流动能。图中气缸处在 crank＝15°位置，图中网格为本书仿真案例 II 的网格。

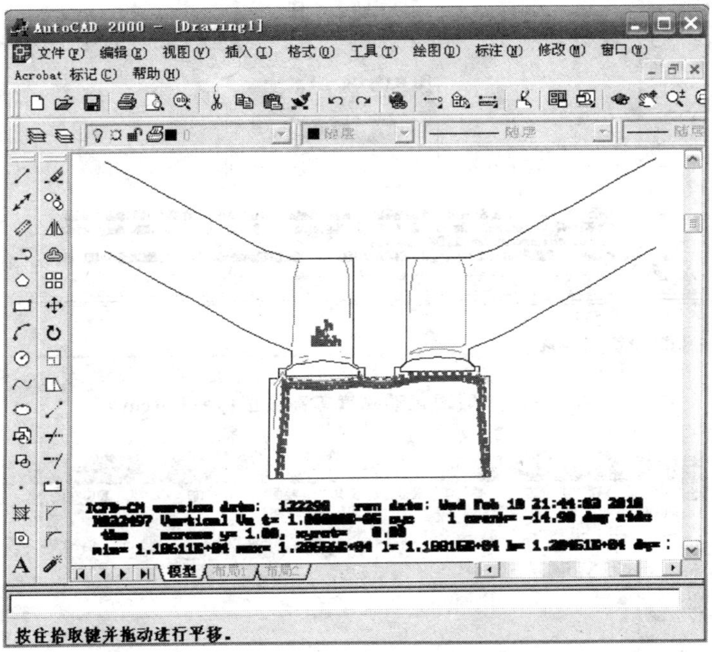

图 5.85　y 截面湍流动能等高线图($y=1.0\,\text{cm}$)

按照 3.5.3 节所描述的方法打开 ICFDPOSTLIU contrs x＝组文件，获得如图 5.86 所示的 y 截面运动黏度等高线图。图形下方第 1、2 行同上。第 3 行 kin visc 是位于 $y=1.0\,\text{cm}$ 截面图形内容。第 4 行 min、max、l 和 h 分别为该截面最低运动黏度、最高运动黏度、图中 l 等高线的运动黏度和 h 等高线的运动黏度。图中气缸处在 crank＝15°位置，图中网格为本书仿真案例 II 的网格。

按照 3.5.3 节所描述的方法打开 ICFDPOSTLIU contrs y＝组文件，获得图 5.87 所示的 y 截面湍流长度尺度等高线图。图形下方第 1、2 行同上。第 3 行 lenscale 是位于 $y=1.0\,\text{cm}$ 截面图形内容。第 4 行 min、max、l 和 h 分别为该截面最低湍流长度尺度、最高湍流长度尺度、图中 l 等高线的湍流长度尺度和 h 等高线的湍流长度尺度。图中气缸处在 crank＝15°位置，图中网格为本书仿真案例 II 的网格。

按照 3.5.3 节所描述的方法打开 ICFDPOSTLIU contrs y＝组文件，获得图 5.88 所示的 y 截面氮气等高线图。图形下方第 1、2 行同上。第 3 行 N_2 是位于 $y=1.0\,\text{cm}$ 截面图形内容。第 4 行 min、max、l 和 h 分别为该截面最低氮气质量分数、最高氮气质量分数、图中 l 等高线的氮气质量分数和 h 等高线的氮气质量分数。图中气缸处在 crank＝15°位置，图中网格为本书

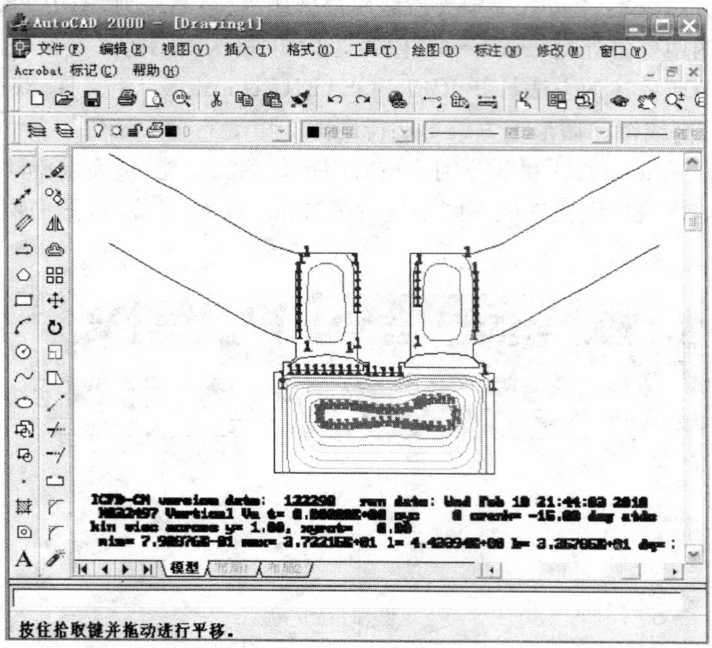

图 5.86　y 截面运动黏度等高线图($y=1.0$ cm)

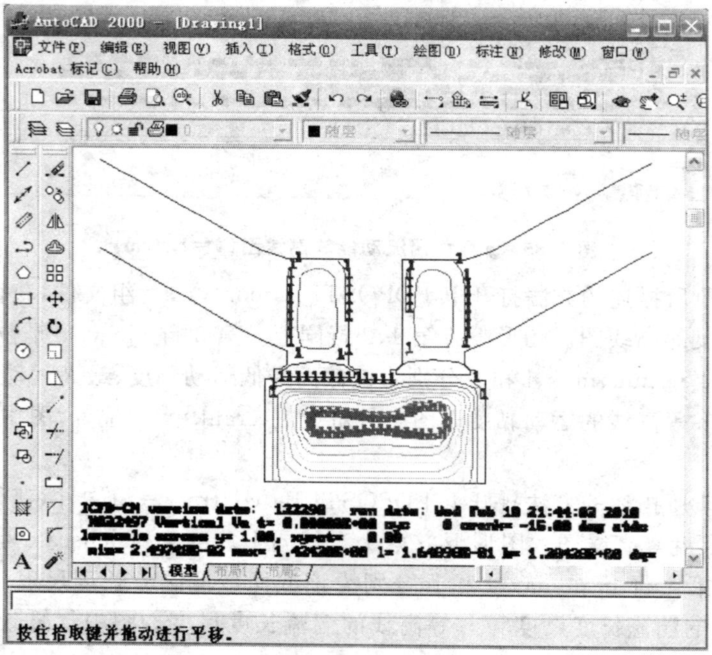

图 5.87　y 截面湍流长度尺度等高线图($y=1.0$ cm)

仿真案例 II 的网格。

按照 3.5.3 节所描述的方法打开 ICFDPOSTLIU contrs y=组文件，获得图 5.89 所示的 y 截面氧气等高线图。图形下方第 1、2 行同上。第 3 行 O_2 是位于 $y=1.0$ cm 截面图形内容。

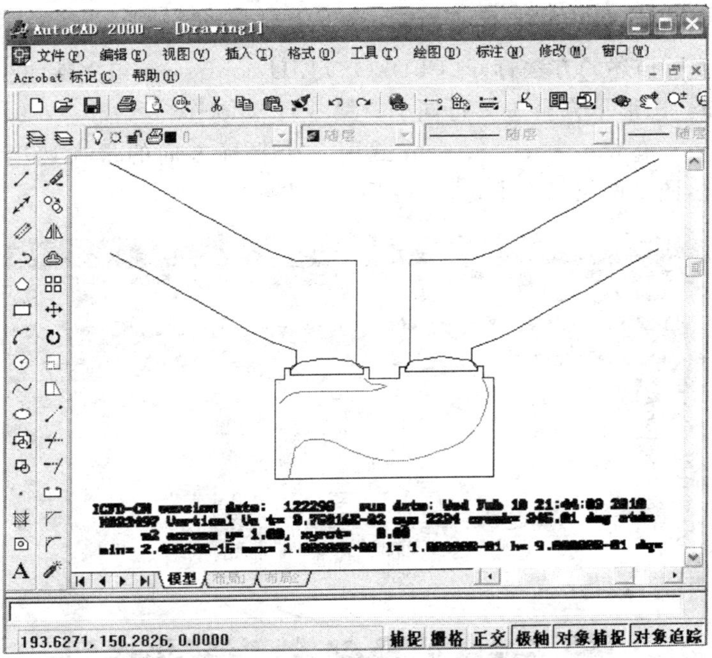

图 5.88 y 截面 N_2 质量分数等高线图(y=1.0 cm)

第 4 行 min、max、l 和 h 分别为该截面最低氧气质量分数、最高氧气质量分数、图中 l 等高线的氧气质量分数和 h 等高线的氧气质量分数。图中气缸处在 crank=15°位置，图中网格为本书仿真案例 II 的网格。

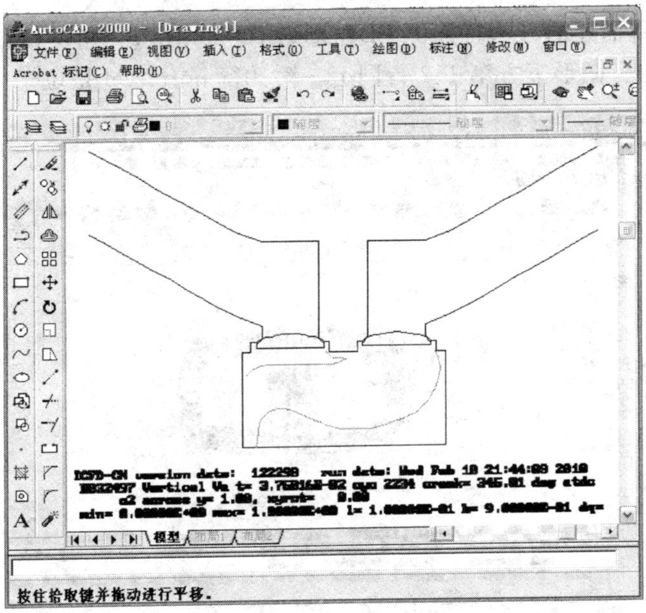

图 5.89 y 截面 O_2 质量分数等高线图(y=1.0 cm)

(3) ICFDPOSTLIU contrs z=文件解读

按照 3.5.3 节所描述的方法打开 ICFDPOSTLIU contrs z=组文件，获得图 5.90 所示的 z 截面速度矢量图。图形下方第 1、2 行同上。第 3 行 velocity 是位于 $z=9.1$ cm 截面图形内容。第 4 行 um、vm 和 wm 为 $z=9.1$ cm 截面 3 个坐标方向的最大速度。图中气缸处在 crank=−15°位置，图中网格为本书仿真案例 II 的网格。

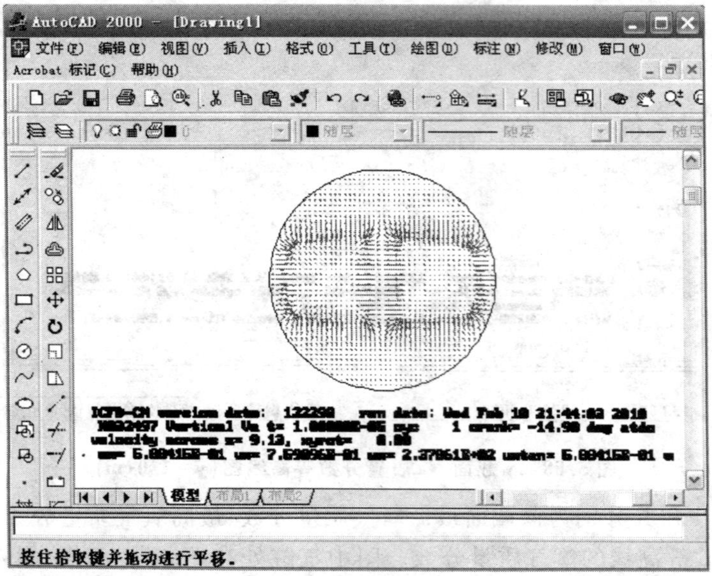

图 5.90　z 截面速度矢量图($z=9.1$ cm)

按照 3.5.3 节所描述的方法打开 ICFDPOSTLIU contrs z=组文件，获得图 5.91 所示的 z 截面速度等高线图。图形下方第 1、2 行同上。第 3 行 norm vel 是位于 $z=9.1$ cm 截面图形

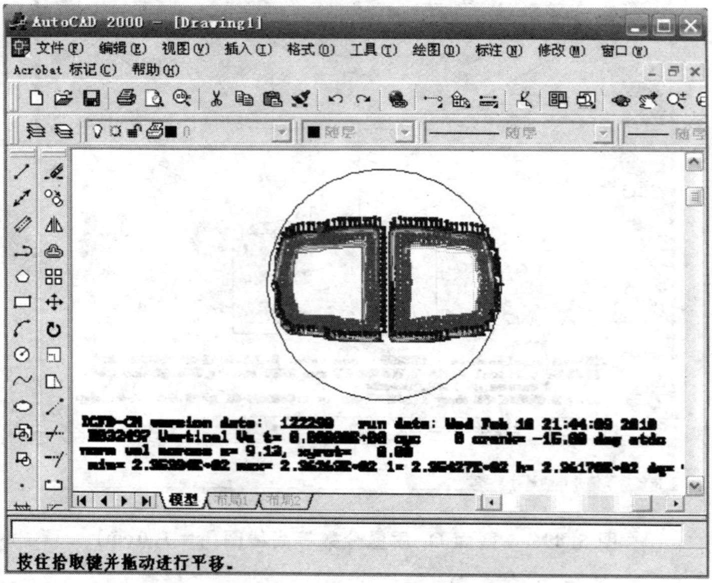

图 5.91　z 截面速度等高线图($z=9.1$ cm)

内容。第 4 行 min、max、l 和 h 分别为该截面最小速度、最大速度、图中 l 等高线的速度和 h 等高线的速度。图中气缸处在 crank＝－15°位置，图中网格为本书仿真案例 II 的网格。

按照 3.5.3 节所描述的方法打开 ICFDPOSTLIU contrs z＝组文件，获得图 5.92 所示的 z 截面温度等高线图。图形下方第 1、2 行同上。第 3 行 temp 是位于 $z=9.1\,\text{cm}$ 截面图形内容。第 4 行 min、max、l 和 h 分别为该截面最低温度、最高温度、图中 l 等高线的温度和 h 等高线的温度。图中气缸处在 crank＝345°位置，图中网格为本书仿真案例 II 的网格。

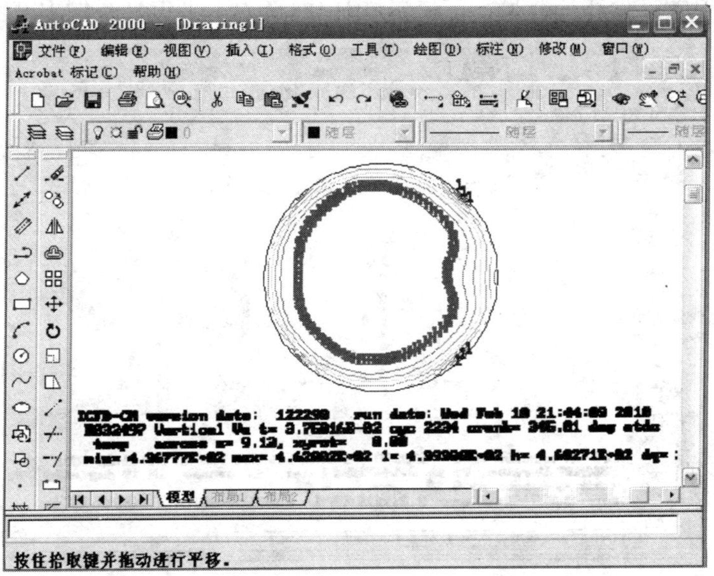

图 5.92　z 截面温度等高线图($z=9.1\,\text{cm}$)

按照 3.5.3 节所描述的方法打开 ICFDPOSTLIU contrs z＝组文件，获得图 5.93 所示的

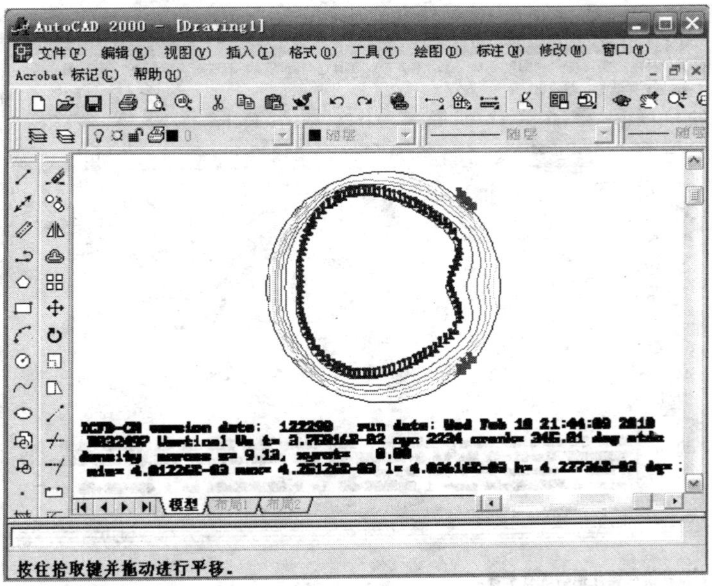

图 5.93　z 截面密度等高线图($z=9.1\,\text{cm}$)

z 截面密度等高线图。图形下方第 1、2 行同上。第 3 行 density 是位于 $z=9.1$cm 截面图形内容。第 4 行 min、max、l 和 h 分别为该截面最低密度、最高密度、图中 l 等高线的密度和 h 等高线的密度。图中气缸处在 crank=345°位置，图中网格为本书仿真案例 II 的网格。

按照 3.5.3 节所描述的方法打开 ICFDPOSTLIU contrs z=组文件，获得图 5.94 所示的 z 截面压力等高线图。图形下方第 1、2 行同上。第 3 行 pressure 是位于 $z=9.1$cm 截面图形内容。第 4 行 min、max、l 和 h 分别为该截面最低压力、最高压力、图中 l 等高线的压力和 h 等高线的压力。图中气缸处在 crank=15°位置，图中网格为本书仿真案例 II 的网格。

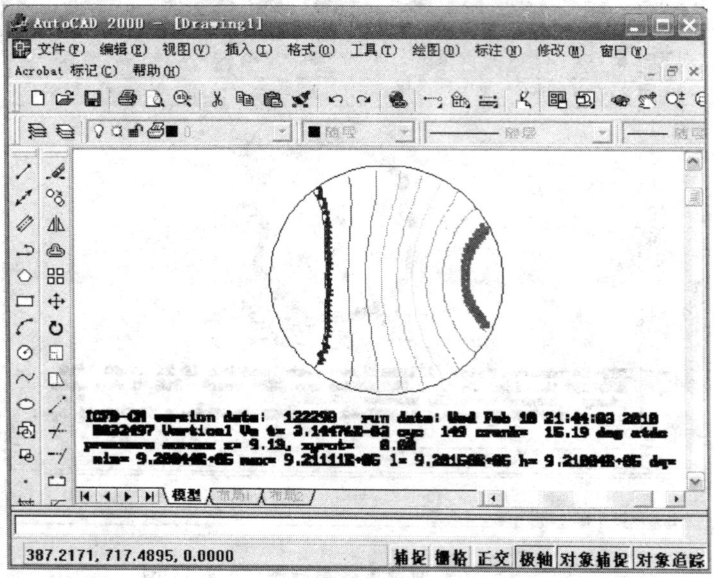

图 5.94　z 截面压力等高线图($z=9.1$cm)

按照 3.5.3 节所描述的方法打开 ICFDPOSTLIU contrs z=组文件，获得图 5.95 所示的

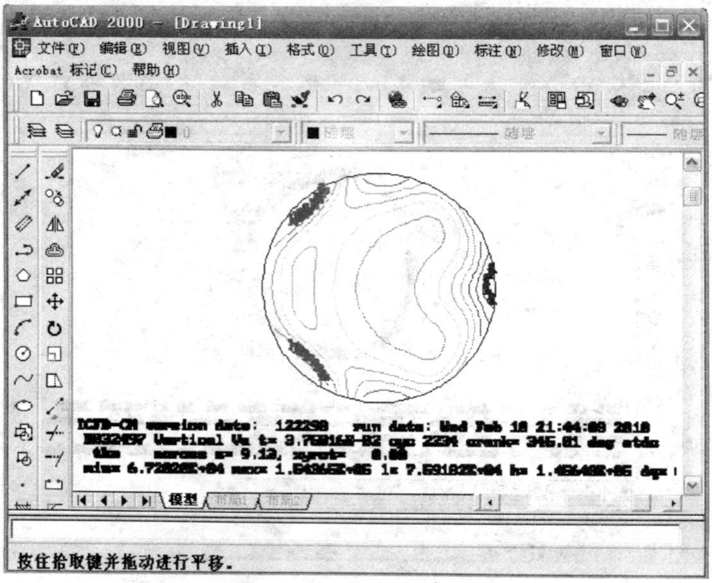

图 5.95　z 截面湍流动能等高线图($z=9.1$cm)

z 截面湍流动能等高线图。图形下方第 1、2 行同上。第 3 行 tke 是位于 $z=9.1\,\mathrm{cm}$ 截面图形内容。第 4 行 min、max、l 和 h 分别为该截面最低湍流动能、最高湍流动能、图中 l 等高线的湍流动能和 h 等高线的湍流动能。图中气缸处在 crank=345°位置，图中网格为本书仿真案例 II 的网格。

按照 3.5.3 节所描述的方法打开 ICFDPOSTLIU contrs x=组文件，获得图 5.96 所示的 z 截面运动黏度等高线图。图形下方第 1、2 行同上。第 3 行 kin visc 是位于 $z=9.1\,\mathrm{cm}$ 截面图形内容。第 4 行 min、max、l 和 h 分别为该截面最低运动黏度、最高运动黏度、图中 l 等高线的运动黏度和 h 等高线的运动黏度。图中气缸处在 crank=345°位置，图中网格为本书仿真案例 II 的网格。

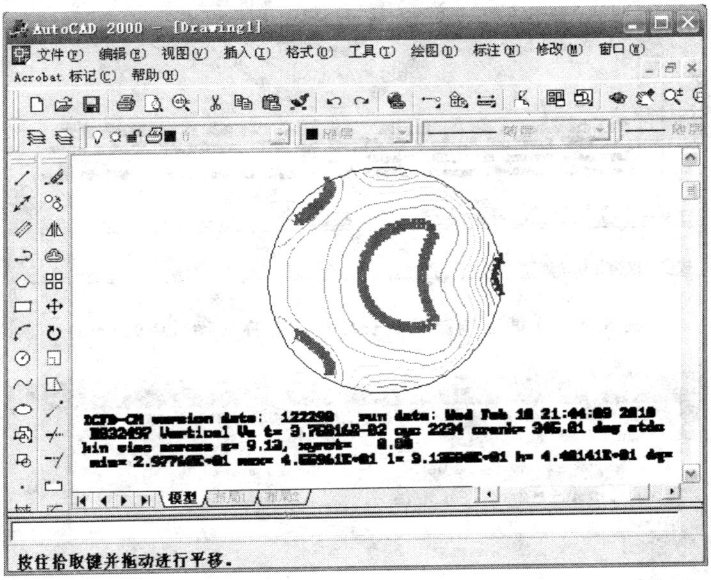

图 5.96　z 截面运动黏度等高线图($z=9.1\,\mathrm{cm}$)

按照 3.5.3 节所描述的方法打开 ICFDPOSTLIU contrs z=组文件，获得图 5.97 所示的 z 截面湍流长度尺度等高线图。图形下方第 1、2 行同上。第 3 行 lenscale 是位于 $z=9.1\,\mathrm{cm}$ 截面图形内容。第 4 行 min、max、l 和 h 分别为该截面最低湍流长度尺度、最高湍流长度尺度、图中 l 等高线的湍流长度尺度和 h 等高线的湍流长度尺度。图中气缸处在 crank=345°位置，图中网格为本书仿真案例 II 的网格。

按照 3.5.3 节所描述的方法打开 ICFDPOSTLIU contrs z=组文件，获得图 5.98 所示的 z 截面氮气等高线图。图形下方第 1、2 行同上。第 3 行 N_2 是位于 $z=9.1\,\mathrm{cm}$ 截面图形内容。第 4 行 min、max、l 和 h 分别为该截面最低氮气质量分数、最高氮气质量分数、图中 l 等高线的氮气质量分数和 h 等高线的氮气质量分数。图中气缸处在 crank=345°位置，图中网格为本书仿真案例 II 的网格。

按照 3.5.3 节所描述的方法打开 ICFDPOSTLIU contrs z=组文件，获得图 5.99 所示的 z 截面氧气等高线图。图形下方第 1、2 行同上。第 3 行 O_2 是位于 $z=9.1\,\mathrm{cm}$ 截面图形内容。第 4 行 min、max、l 和 h 分别为该截面最低氧气质量分数、最高氧气质量分数、图中 l 等高线的氧气质量分数和 h 等高线的氧气质量分数。图中气缸处在 crank=345°位置，图中网格为本书仿真案例 II 的网格。

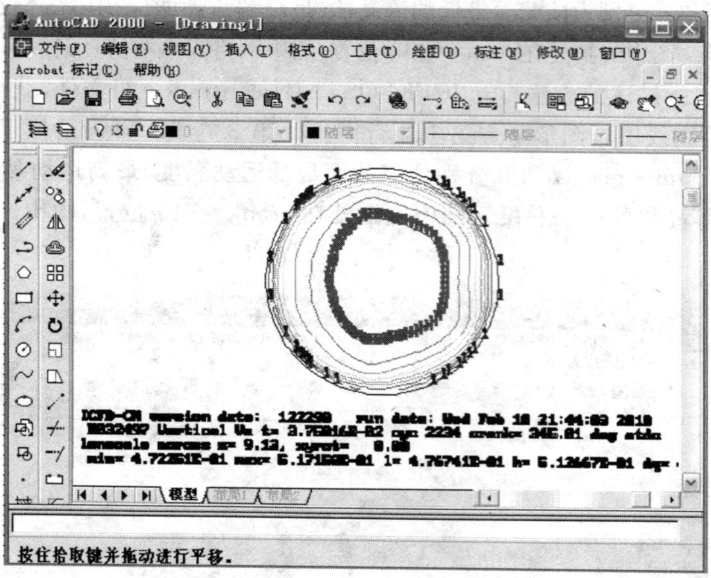

图 5.97　z 截面湍流动能长度尺度等高线图(z=9.1 cm)

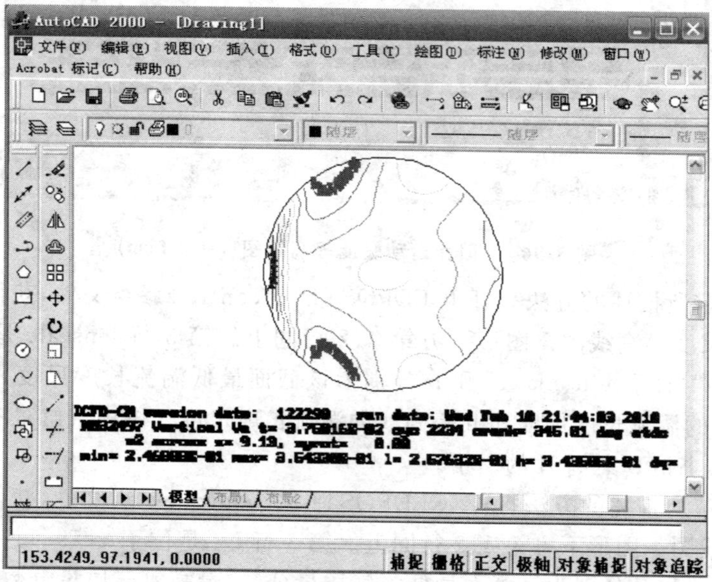

图 5.98　z 截面 N_2 质量分数等高线图(z=9.1 cm)

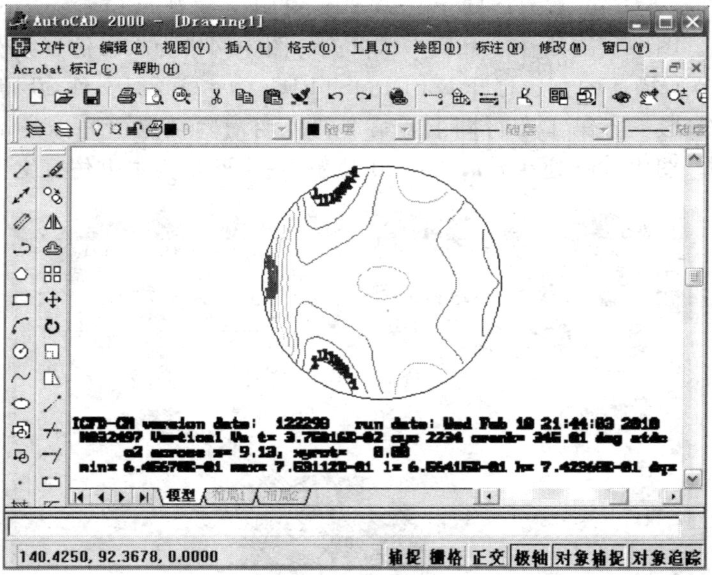

图 5.99 z 截面氧气质量分数等高线图(z=9.1cm)

5.5.8 操作方案 VIII 结果解读

按照 3.5.3 节所描述的方法打开 ICFDPOSTLIU Z0=0.5 组文件，获得图 5.100 所示的

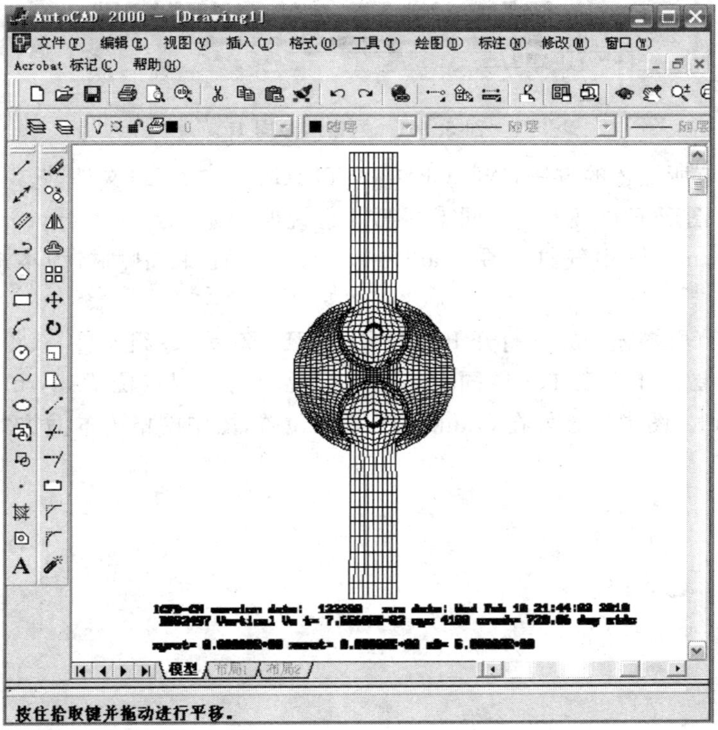

图 5.100 网格消隐图 I

网格消隐图 I。图形下方第 1、2 行同上。第 3 行说明消隐视点位置：xyrot＝0.0°，xzrot＝0.0°，Z0＝5.0 cm。图中气缸处在 crank＝720°位置，图中网格为本书仿真案例 II 的网格。

按照 3.5.3 节所描述的方法打开 ICFDPOSTLIU Z0＝0.5 组文件，获得图 5.101 所示的网格消隐图 II。图形下方第 1、2 行同上。第 3 行说明消隐视点位置：xyrot＝45.0°，xzrot＝0.0°，Z0＝5.0 cm。图中气缸处在 crank＝720°位置，图中网格为本书仿真案例 II 的网格。

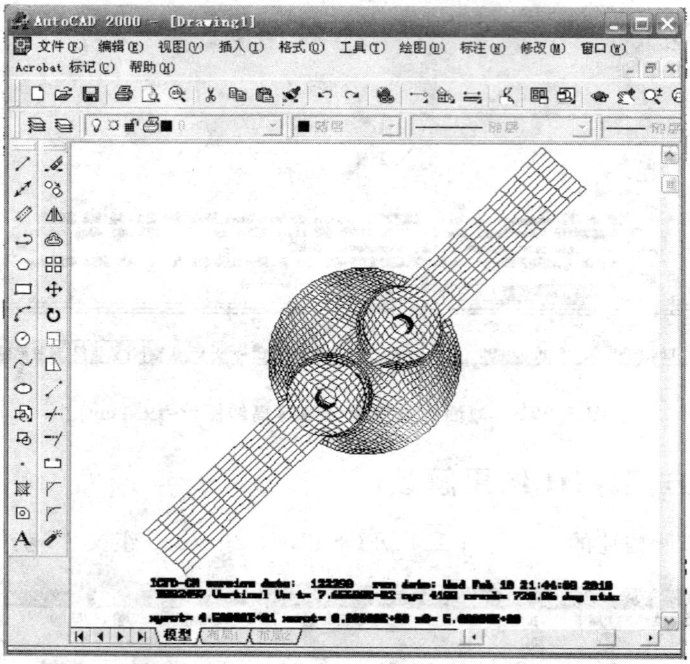

图 5.101　网格消隐图 II

按照 3.5.3 节所描述的方法打开 ICFDPOSTLIU Z0＝0.5 组文件，获得图 5.102 所示的网格消隐图 III。图形下方第 1、2 行同上。第 3 行说明消隐视点位置：xyrot＝45.0°，xzrot＝135.0°，Z0＝5.0 cm。图中气缸处在 crank＝－15.0°位置，图中网格为本书仿真案例 II 的网格。

按照 3.5.3 节所描述的方法打开 ICFDPOSTLIU Z0＝0.5 组文件，获得图 5.103 所示的网格消隐图 IV。图形下方第 1、2 行同上。第 3 行说明消隐视点位置：xyrot＝45.0°，xzrot＝45.0°，Z0＝5.0 cm。图中气缸处在 crank＝－15.0°位置，图中网格为本书仿真案例 II 的网格。

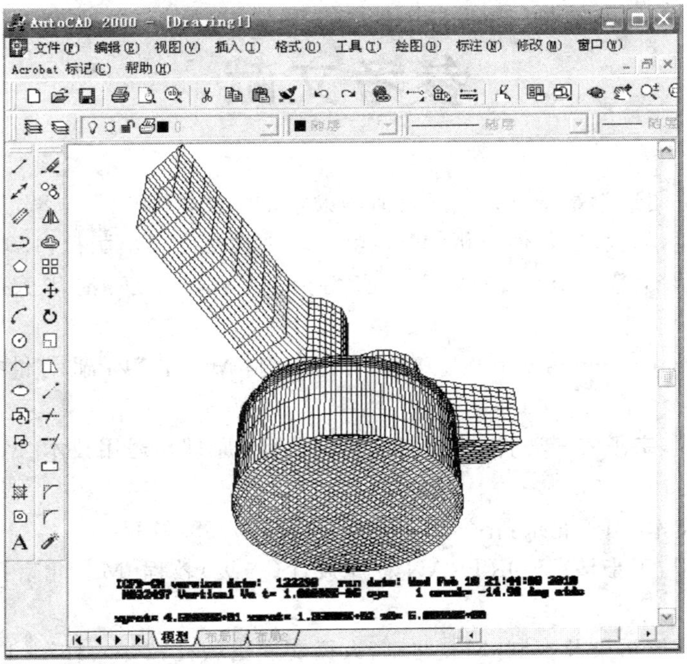

图 5.102 网格消隐图 III

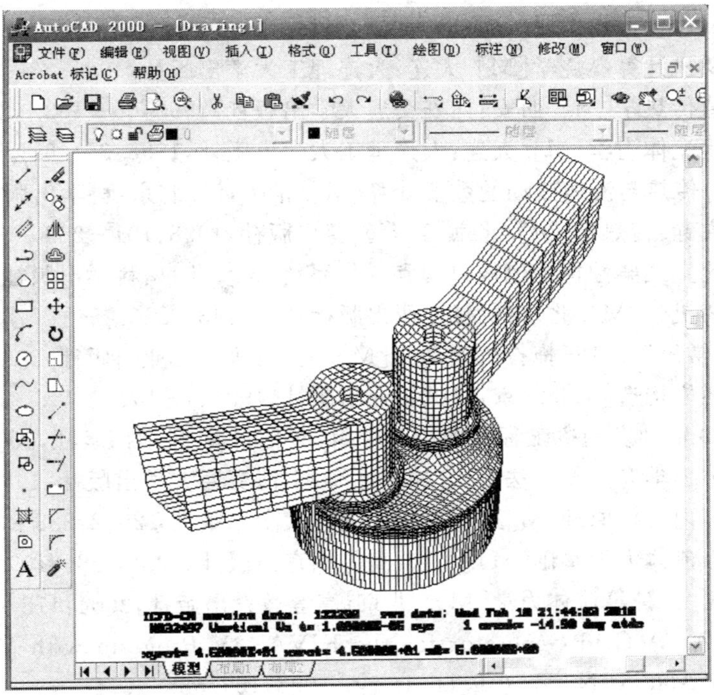

图 5.103 网格消隐图 IV

参考文献

[1] 唐泽圣.计算机图形学基础[M].北京:清华大学出版社,1999:26-87.
[2] 李庆扬,王能超,易大义.数值分析[M].武汉:华中理工大学出版社,1999:48-135.
[3] 黎广生,张振峰,等. AutoCAD 2002 实用指南[M].北京:清华大学出版社,2001:120-260.
[4] 杨晓辉. Fortran powerstation 4.0 程序员指南[M].长沙:湖南科技出版社,1999:35-94.
[5] 刘子建,黄红武,宗子安,等.计算机辅助设计(CAD)原理与运用技术[M].长沙:湖南大学出版社,1997:65-149.
[6] 吴重光.仿真技术[M].北京:化学工业出版社,2000:58-137.
[7] 潭浩强,崔武子,天淑清. FORTRAN 程序设计(二级)教程[M].北京:清华大学出版社,2000:8-210.
[8] 龚金科.汽车排放污染及控制[M].北京:人民交通出版社,2005:167-182.
[9] 沈维道,激昂智敏,童均耕.工程热力学[M].北京:高等教育出版社,2001:29-212.
[10] Hanjalic K. Advanced Turbulence Closure Models: a View of Current Status and Futureprospects[J]. Int. J. Numerical and Fluid Flow, 1994,15(3):178-203 .
[11] 解茂昭.内燃机计算燃烧学[M].大连:大连理工大学出版社,1995:23-165.
[12] 陶文铨.数值传热学[M].西安:西安交通大学出版社,1996:46-153.
[13] 孙文策.工程流体力学[M].大连:大连理工大学出版社,1998:31-61 .
[14] 帕坦卡 S V.传热与流体流动的数值计算[M].张政,译.北京:科学出版社,1984:26-97.
[15] 扬世铭,陶文铨.传热学[M].北京:高等教育出版社,1998:101-202 .
[16] 李德桃.涡流室式柴油机的燃烧过程和燃烧系统[M].北京:科学出版社,2000:78-156.
[17] 周龙保.内燃机学[M].北京:机械工业出版社,2003:43-210.
[18] 董敬,庄志,常思勤.汽车拖拉机发动机[M].北京:机械工业出版社,2000:23-38.
[19] 谭正三.内燃机构造[M].北京:机械工业出版社,1996:1-87.
[20] 蒋炎坤.CFD 辅助发动机工程的理论与应用[M].北京:科学出版社,2004:155-231.
[21] 顾尔祚.流体力学有限差分法基础[M].上海:上海交通大学出版社,1988:34-67.
[22] 蒋德明.高等内燃机原理[M].西安:西安交通大学出版社,2002:288-317.
[23] 陈懋章.黏性流体力学基础[M].北京:高等教育出版社,2004:28-109.
[24] 傅德薰,马延文.计算流体力学[M].北京:高等教育出版社,2004:178-189.
[25] Amsden A A. A Grid Generator for the KIVA-3V Program with Valves[M]. New Mexico: Los Alamos National Laboratory, 1998,15-58.
[26] Amsden A A. KIVA-3V: A Block Structured KIVA Program for Engines with Vertical or Canted Valves[M]. New Mexico :Los Alamos National Laboratory ,1997:1-56.
[27] Amsden A A, Ramshaw J D, Rourke P J O, et al. KIVA: A Computer Program for

Two-and Three-Dimensional Fluid Flows with Chemical Reactions and Fuel Sprays [M]. New Mexico :Los Alamos National Laboratory, 1985:21 - 60.

[28] AmsdenA A,Rourke P J O,Butler T D. KIVA-II: A Computer Program for Chemically Reactive Flows with Sprays[M]. New Mexico: Los Alamos National Laboratory , 1989:6 - 45.

[29] Amsden A A. A Grid Generator for the KIVA-3V Program with Valves[M]. New Mexico :Los Alamos National Laboratory, 1998:15 - 58.

[30] Amsden Anthoy A,e al. The KIVA - Ⅱ Computer Program for Transient Multidimensional Chemically Reactive Flows with Sprays[J]. SAE Transactions,1987,96 (7): 373 -384.

[31] 刘金武,龚金科,易际明,等. 斜气门三维动网格算法[J]. 内燃机学报,2009,27(5): 458 -462.

[32] Liu Jinwu, Gong Jinke, Cai Longyu,et al. Multi-dimensional Simulation of Air/Fuel Premixing and Stratified Combustion in a Gasoline Direct Injection Engine with Combustion Chamber Bowl Offset[J]. SAE Paper,2006,75(9):75 - 82.

[33] 刘金武,易际明. HSDI 柴油机雾化与排放特性瞬态多维建模与数值研究[M]. 北京:北京理工大学出版社,2009.

[34] 刘金武,易际明,许建民. 内燃机缸内行为仿真平台(ICFD-CN)可视化软件:中国,2009SR1008[P]. 2009 - 03 - 12.

[35] 刘金武,龚金科,谭理刚,等. 基于多维模型的电喷汽油机 MAP 图的数值生成[J]. 汽车工程,2006,145(8):719 - 724.

[36] 刘金武,龚金科,唐大学,等. 基于多维模型的天然气发动机敲缸趋势数值研究[J]. 内燃机工程,2006,27(3):1 - 6.

[37] 刘金武,龚金科,钟志华,等. 内燃机缸内复杂空间三维动态网格生成技术[J]. 计算机辅助设计与图形学学报,2006,18(4):487 - 492.

[38] 刘金武,龚金科,钟志华,等. 内燃机工作过程多维模型计算机仿真平台设计与实现[J]. 湖南大学学报,2006,33(3):58 - 62.

[39] 刘金武,龚金科,谭理刚,等. 直喷柴油机碳烟生成和氧化历程的数值研究[J]. 内燃机学报,2006,24(1):42 - 49.

[40] 刘金武,杨靖,高为国,等. 直喷式发动机喷雾模型研究进展[J]. 内燃机工程,2005,26(1):81 - 84.

[41] 刘金武. KIVA 研究及 SL1126 柴油机燃烧过程的计算机仿真[D]. 长沙:湖南大学机械与汽车工程学院,2002.

[42] 刘金武. HSDI 柴油机雾化与排放特性瞬态多维建模与数值研究[D]. 长沙:湖南大学机械与汽车工程学院,2007.

[43] 刘金武,倪小丹,高为国. 留用数据文件对 2 - valve 发动机燃烧系统几何造型[J]. 计算机应用与软件,2003,20(3):67 - 68.

[44] 刘金武,杨靖,高为国,等. 直喷式发动机燃油喷射过程的多维模型仿真[J]. 系统仿真学报, 2004,16(3):525 - 528.

[45] 刘金武,倪小丹,高为国.缸内流体有限元予处理平台的输入模块设计[J].计算机仿真,2003,20(8):138-139.
[46] 刘金武,杨靖,高为国,等.内燃机燃烧过程多维模型计算机仿真平台开发及应用[J].柴油机设计与制造,2004,106(1):24-27.
[47] 刘金武,杨靖,高为国,等.内燃机燃烧过程仿真计算的双精度系统设计[J].湖南工程学院学报,2004,14(6):40-43.
[48] 刘金武,倪小丹.基于 AutoCAD 的内燃机燃烧过程仿真计算结果的可视化[J].湖南工程学院学报,2002,12(3):39-41.
[49] 刘金武,龚金科,倪小丹,等.内燃机缸内流体动力学(CFD)仿真系统的开发与应用[J].湖南工程学院学报,2005,15(2):33-36.
[50] 刘金武,杨靖,高为国,等.内燃机燃烧过程仿真后处理输入文件 IPOST 的设计[J].湖南工程学院学报,2003,13(3):34-36.

后　记

从2001年9月接触KIVA到2010年8月本书完稿，整整10个年头。持续10年的研究是由于研究内容多、研究意义大和作者追求完美的性格所致。研究意义一方面在于推动内燃机仿真技术进步本身，更重要的是学习、总结、推广CAE技术。目前商业计算机仿真软件很多，核心技术大多掌握在欧美等发达国家手中。中国作为发展中国家，提倡科技强国的基本国策。科技强国需要原创技术。CAE技术如果只停留在使用商用软件，那么，我国的CAE技术本身很难有自主知识产权的成果。这不仅影响我国CAE技术水平，更重要的是会影响我国受CAE支持的广大相关的科技领域的创新、水平和发展，随之影响到我国基本国策的实施。

作者个人的力量是微薄的。本书的出版也许不会对我国的内燃机研究、开发、教育起到显著的推动作用，但是对内燃机仿真技术的核心进行解剖、认识、学习和研究不仅对内燃机行业，而且对于各个学科的CAE领域都是开拓性、全面、完整、深入的尝试。希望这种尝试能传播一种原创方法，还希望倡导一种脚踏实地、崇尚原创、追求真理的精神，更希望会有益于推动一种悠然、自然和坦然的科学之风的形成。

本书从粗到细先后介绍了ICFD-CN软件包的逻辑结构与功能，前处理、求解、后处理3个阶段有关文件的设计、格式、打开方式和内容，3个阶段的编译操作、计算操作和计算结果解读。提供了完整的案例文件和说明：案例I是燃烧室-气缸2空间流体动力学系统，介绍了IPREP、ITAPE5、IPOST模板文件；案例II是燃烧室-气缸-气门-气道4空间流体动力学系统，介绍了IPREP、ITAPE5、ITAPE18、IPOST四个模板文件。

本书的支持软件是：Compaq Visual Fortran 6.0、Auto CAD 2000、Tecplot 10.6、Windows XP。

本书配备了源代码和有关案例文件。配备的源代码分为K3PREP-CN前处理文件夹、KIVA3V-CN求解文件夹、ICFDPOSTLIU后处理文件夹。K3PREP-CN前处理文件夹源代码有K3PREP.F、COMPREP.I；KIVA3V-CN求解文件夹源代码有KIVA3.F、COMKIVA.I、SECOND.F、UTILITY.F、COMFUEL.I、FDATE.F；ICFDPOSTLIU后处理文件夹源代码有K3POST.F、COMPOST。有关案例文件位于CASEI和CASEII两个文件夹中。CASEI中装有IPREP、ITAPE5、IPOST三个文件；CASEII中装有IPREP、ITAPE5、ITAPE18、IPOST四个文件。两个文件夹中文件名虽相同，但是文件内容不同，使用时需要注意。

通过案例的练习，读者可以学习ICFD-CN的使用方法。根据该方法可以使用原版的KIVA-3V。通过对案例文件的修改，可以进行汽油机、柴油机的方案设计、性能预测、参数研究，可以进行燃油模型、雾化、燃烧、点火、排放、流体动力学研究。通过对源代码的修改，可以进行湍流模型、雾化模型、点火模型、燃烧模型和排放模型、网格算法、数值算法、计算机图形学和可视化方法的研究。